机械工程技术人员必备技术丛书

机械优化设计与实例

于惠力　冯新敏　编著

机 械 工 业 出 版 社

本书主要介绍机械优化设计方法与实例，全书共有9章，内容主要包括机械优化设计的基本要素及数学模型、优化设计的理论基础、常见的优化设计方法和优化设计软件简介。书中对工程中常见的六大类优化设计方法——一维搜索、无约束优化、约束优化、多目标函数优化、离散变量的优化和模糊优化做了较详细的介绍，不仅介绍了基本原理和数学模型，还介绍了优化设计方法框图，并为每种优化设计方法都配了详细的机械优化设计实例。

本书是机械工程技术人员必备的技术资料，可供从事机械设计制造及其自动化专业的工程技术人员使用，尤其对于初、中级的机械工程技术人员具有指导意义。本书也可供高等院校机械设计及制造专业本科生学习时参考。

图书在版编目(CIP)数据

机械优化设计与实例/于惠力，冯新敏编著. —北京：机械工业出版社，2016.6
（机械工程技术人员必备技术丛书）
ISBN 978-7-111-53920-9

Ⅰ.①机… Ⅱ.①于… ②冯… Ⅲ.①机械设计—最优设计 Ⅳ.①TH122

中国版本图书馆CIP数据核字（2016）第117557号

机械工业出版社（北京市百万庄大街22号 邮政编码100037）
策划编辑：黄丽梅 责任编辑：黄丽梅 李 乐
版式设计：霍永明 责任校对：陈 越
封面设计：陈 沛 责任印制：常天培
北京圣夫亚美印刷有限公司印刷
2016年8月第1版第1次印刷
169mm×239mm · 12.25印张 · 246千字
0001—3000册
标准书号：ISBN 978-7-111-53920-9
定价：39.00元

凡购本书，如有缺页、倒页、脱页，由本社发行部调换
电话服务 网络服务
服务咨询热线：010-88361066 机 工 官 网：www.cmpbook.com
读者购书热线：010-68326294 机 工 官 博：weibo.com/cmp1952
010-88379203 金 书 网：www.golden-book.com
封面无防伪标均为盗版 教育服务网：www.cmpedu.com

前　　言

随着我国机械工业的快速发展，从事机械行业的工程技术人员数量不断增加，如何尽快提高机械工程技术人员尤其是初、中级技术人员最基本的机械设计能力，在最短时间内尽快掌握工程中常见的优化设计方法，是我们编写本书的初衷。

优化设计为设计提供了一种重要的科学设计方法，因而是构成和推进现代设计方法产生与发展的重要内容。优化设计是工程技术人员进行设计的重要技术，该技术建立在最优化的原理和方法的基础上，借助计算技术与计算机这一强有力的手段，对某项设计问题，在规定的限制条件下，优选设计参数，使某一项或某几项设计指标获得最优值的设计技术。采用优化方法，对提高新产品的设计水平和改进现有设备的设计方案是极有价值的。

优化设计涉及的数学基础较深，设计方法类型多，设计难度也很大。如何将各种优化设计方法概括成浅显易懂的方式来表达，使读者在最短时间内消化理解，是我们编写的难题。本书的编写有如下特点：

1. 编写采用通俗易懂的方法，本书的编写以循序渐进、兼顾理论与工程应用的原则为出发点。全书内容在组织安排上，力求由浅入深，逐层推进。在优化方法的论述方面对其优化理论做了适当深度的讨论，并着重于概念的阐述和方法的运用，便于初学者学习。

2. 编写内容方面突出实用的原则。本书以实用为主，在阐述每一种优化设计的原理和设计方法之后，紧接着有相关的机械优化设计实例，实例具有代表性，并且对设计实例按步骤进行了详细的解答，具有很强的实用性。

本书共有9章，包括机械优化设计的基本要素及数学模型、优化设计的理论基础、一维搜索方法、无约束优化方法、约束优化方法、多目标函数优化方法、离散变量的优化设计方法、模糊优化设计和优化设计软件简介。

本书是机械工程技术人员必备的技术资料，可供从事机械设计制造及其自动化专业的工程技术人员使用，尤其对于初、中级的机械工程技术人员具有指导意义。

在本书的编写过程中，编者参阅了大量文献资料，引用了有关教材和参考书中的精华及许多专家、学者的部分成果和观点，书后以参考文献一并列出。

在此特对有关作者致以真诚的感谢！

鉴于机械优化设计内容涉及面广，发展迅速，加之编者水平有限，书中难免会有不足之处，恳请读者批评指正。

编　者

目　　录

第 1 章　机械优化设计的基本要素及数学模型

机械优化设计，就是借助最优化数值计算方法和计算机技术，求取机械工程问题的最优设计方案。进行最优化设计时，首先必须将实际问题加以数学描述，形成一组由数学表达式组成的数学模型，然后选择一种最优化数值计算方法和计算机程序，在计算机上运算求解，得到一组最佳的设计参数。这组设计参数就是设计的最优解。

数学模型是对实际问题的数学描述和概括，是进行优化设计的基础。优化问题的计算求解完全是围绕数学模型进行的，也就是说，优化计算所得的最优解实际上只是数学模型的最优解。此解是否满足实际问题的要求，是否就是实际问题的最优解，完全取决于数学模型与实际问题的符合程度。因此，根据设计问题的具体要求和条件建立完备的数学模型是优化设计成败的关键。

综上所述，机械优化设计的基本要素是：设计变量、约束条件、目标函数。

1.1　设计变量

工程问题的一个设计方案通常是用特征参数表示的，一组特征参数值代表一个具体的设计方案。这种代表设计方案的特征参数一般应选作该问题优化设计的设计变量。

设计变量的全体，实际上是一组变量，变量的个数称为设计的维数，如有几个设计变量，则称为几维优化设计问题。若将 n 个设计变量按一定的次序排列起来，构成一个 n 维向量，即写成：

$$\boldsymbol{X}=\begin{pmatrix}x_1\\x_2\\\vdots\\x_n\end{pmatrix}=(x_1,x_2,\cdots,x_n)^{\mathrm{T}}$$

式中，右上角“T”为矩阵的转置符号。我们把 $\boldsymbol{X}$ 定义为 n 维欧氏空间的一个向量，设计变量 x_1，x_2，…，x_n 为向量 $\boldsymbol{X}$ 的几个分量。在优化设计中，这种以 n 个设计变量为坐标轴组成的实空间称为 n 维实空间，用 $\mathbf{R}^n$ 表示，它是以设计变量 x_1，x_2，…，x_n 为坐标轴的 n 维空间。设计空间包含着该项设计所有可能的设计方案，且每一个设计方案对应着设计空间的一个设计向量或者说一个设计点 $\boldsymbol{X}$。

任何一项产品都是众多设计变量标志结构尺寸的综合体，变量多可以淋漓尽致地描述产品结构，但会增加建模的难度，造成优化规模过大。选取设计变量时应注意以下几点：

1）抓主要，舍次要。对产品性能和结构影响大的参数可取为设计变量，影响小的可先根据经验取为试探性的常量，有的甚至可以不考虑。例如，车辆离合器弹簧的工作频率很低，使用温度也不高，可以不考虑共振和温度对弹簧工作性能的影响，但发动机的气门弹簧就要考虑共振和温度的影响。

2）根据要解决设计问题的特殊性来选择设计变量。例如，圆柱螺旋拉压弹簧的设计变量有 4 个，即钢丝直径 d、弹簧中径、工作圈和自由高度。在设计中将材料的许用切应力和切变模量等作为常量，在给定径向空间内设计弹簧时，则可把弹簧中径作为设计常量。

3）注意独立变量和相关变量。独立变量是指仅在选定的子系统边界内、在模型中可独立取得的变量，它不受子系统边界外的影响，也不影响其他子系统的性能和结构。当把总系统分解为若干个子系统来分别进行优化设计时，难免有一个或几个变量同时包含在相邻子系统中，这种变量在这个子系统中的最优值在相关子系统中就不是最优值，把有这种特点的变量称为相关变量。

4）应尽量选取有实际意义的无因次变量作为设计变量。有量纲的参数，当取单位不同时，其值的大小发生变化，将导致对数学模型产生不同的影响，这对优化结果一般不会产生影响。但会影响计算的效率，甚至导致一些优化方法失效。用无量纲的参数作为设计变量就不存在这一问题。例如，一对齿轮传动，大小齿轮的齿数 z_1 和 z_2 可以作为设计变量，因为传动比 $i=\dfrac{z_2}{z_1}$ 为无量纲的量，所以用 z_1 和 i 作为设计变量较好。

1.2 约束条件

优化设计不仅要使所选择方案的设计指标达到最优值，同时还必须满足一些附加的条件，这些附加的设计条件都是对设计变量取值的限制，在优化设计中叫作设计约束，它的表现形式有两种。一种是不等式约束，即

$$g_u(\boldsymbol{X}) \leqslant 0$$

或

$$g_u(\boldsymbol{X}) \geqslant 0 \quad (u=1,2,\cdots,m)$$

另一种是等式约束，即

$$h_v(\boldsymbol{X}) = 0 \quad (v=1,2,\cdots,p<n)$$

式中，$g_u(\boldsymbol{X})$ 和 $h_v(\boldsymbol{X})$ 分别为设计变量的函数，统称为约束函数；m 和 p 分别表示不等式约束和等式约束的个数，而且等式约束的个数 p 必须小于设计变量的个数 n。因为从理论上讲存在一个等式约束就可以用它消去一个设计变量，这样便可以降低优化设计问题的维数。

根据约束的性质不同，可以将约束分为区域约束和性能约束两类。区域约束是直接限定设计变量取值范围的约束条件；而性能约束是由某些必须满足的设计性能要求推导出来的约束条件。在求解时对这两类约束有时不同对待。

不等式约束及其有关概念在优化设计中是相当重要的。每一个不等式约束都把设计空间划分成两部分。一部分满足该不等式约束条件，另一部分则不满足，两部分的分界面叫作约束面。一个优化设计问题的所有不等式约束的边界将组成一个复合约束边界，复合边界内的区域是满足所有不等式约束条件的部分，在这个区域中所选择的设计变量是允许采用的，这个区域称为设计可行域或简称可行域。除去可行域的设计空间称为非可行域。据此，可行域内的任何设计点都代表一个允许采用的设计方案，这样的点叫作可行解或内点，在约束边界上的点叫作极限设计点或边界点，此时这个边界所代表的约束叫作适时约束或起作用约束。

在建立数学模型时，目标函数与约束函数不是绝对的；对于同一对象的优化设计问题（如齿轮传动优化设计），不同的设计要求（如要求质量最轻或承载能力大等）反映在数学模型上是选择不同的目标函数和约束函数，设定不同的约束边界值。换言之，目标函数和约束函数都是设计问题的性能函数，只是在数学模型中允许不同的角色。所以，通常的做法是将目标函数和约束函数视为问题函数，建立起某一对象的优化设计通用数学模型，再根据具体的设计要求，指定某个或某些问题函数为目标函数，某些问题函数为约束函数且设定边界值。

当优化数学模型中的问题函数均为设计变量的线性函数时，则称为线性规划问题。问题函数中包含非线性函数时，则称为非线性规划问题。多数工程优化设计问题的数学模型是属于有约束的非线性规划问题。

1.3　目标函数和等值线

每一个设计问题，都有一个或多个设计中所追求的目标，它们可以用设计变量的函数来加以描述，在优化设计中称它们为目标函数，当给定一组设计变量值时，就可计算出相应的目标函数值，因此，在优化设计中，就是用目标函数值的大小来衡量设计方案的优劣。优化设计的目的就是要求所选择的设计变量使目标函数值达到最优值。最优值可能是极大值，也可能是极小值，由于求目标函数 $f(\boldsymbol{X})$ 的极大值等价于求目标函数 $-f(\boldsymbol{X})$ 的极小值，因此，为了算法和程序的统一，通常最优化就是指极小值 $f(\boldsymbol{X})\to\min$。

在工程设计问题中，设计所追求的目标可能是各式各样的，当目标函数只包含一项设计指标极小化时，称为单目标设计问题。当目标函数包含多项设计指标极小化时，这就是所谓的多目标设计问题。单目标优化设计问题由于指标单一，易于衡量设计方案的优劣，求解过程比较简单明确，而多目标问题则比较复杂，多个指标往往构成矛盾，很难或者不可能同时达到极小值。多目标问题的求解较为简单的方法是采用线性加权的形式，将多目标问题转化为单目标问题求解。或将一些目标转化为约束函数，这样处理后的数学模型往往不能很好地体现多目标问题的实质。求得的最优解不能很好地满足设计要求。

由于目标函数是设计变量的函数。故给定一组设计变量，就相应有一个函数值。并在设计空间相应有个设计点，因此也可以说设计空间任何一点都有一个函数值与之相对应。具有相同函数值的点集在设计空间形成一个曲面或曲线，称为目标函数的等值面或等值线。

1.4 优化设计的数学模型

优化设计的数学模型由设计变量、目标函数和约束条件三部分组成，可写成以下统一形式：

求变量：$x_1, x_2, \cdots, x_n$

使极小化函数：$f(x_1, x_2, \cdots, x_n)$

满足约束条件：

$$g_u(x_1, x_2, \cdots, x_n) \leqslant 0 \quad (u = 1, 2, \cdots, m)$$
$$h_v(x_1, x_2, \cdots, x_n) = 0 \quad (v = 1, 2, \cdots, p, p < n)$$

其中 $g_u(x_1, x_2, \cdots, x_n) \leqslant 0$ 称为不等式约束条件，$h_v(x_1, x_2, \cdots, x_n) = 0$ 称为等式约束条件。

用向量 $\boldsymbol{X} = (x_1, x_2, \cdots, x_n)^{\mathrm{T}}$ 表示设计变量，$\boldsymbol{X} \in \mathbf{R}^n$ 表示向量 $\boldsymbol{X}$ 属于 n 维欧氏空间，用 min、max 表示极小化和极大化，s. t. 表示“满足于”，m 和 p 分别表示不等式约束和等式约束的个数。数学模型可写成以下向量形式：

$$\min f(\boldsymbol{X}) \quad (\boldsymbol{X} \in \mathbf{R}^n)$$
$$\text{s. t. } g_u(x_1, x_2, \cdots, x_n) \leqslant 0 \quad (u = 1, 2, \cdots, m)$$
$$h_v(x_1, x_2, \cdots, x_n) = 0 \quad (v = 1, 2, \cdots, p, p < n)$$

由于工程设计的解一般都是实数解，故可省略 $\boldsymbol{X} \in \mathbf{R}^n$，将优化设计的数学模型简记为

$$\min f(\boldsymbol{X})$$
$$\text{s. t. } g_u(x_1, x_2, \cdots, x_n) \leqslant 0 \quad (u = 1, 2, \cdots, m)$$
$$h_v(x_1, x_2, \cdots, x_n) = 0 \quad (v = 1, 2, \cdots, p, p < n)$$

当设计问题要求极大化目标函数 $f(\boldsymbol{X})$ 时，只需要将目标函数改写为 $-f(\boldsymbol{X})$ 即可，这是因为 $\max f(\boldsymbol{X})$ 和 $\min[-f(\boldsymbol{X})]$ 具有相同的解。同样，当不等式约束条件中的不等号为“$\geqslant 0$”时，只要将不等式两端同乘以“-1”，即可得到“$\leqslant 0$”的一般形式。

最优化问题也称为数学规划问题，最优化问题根据数学模型中是否包含约束条

件而分为无约束优化问题和约束优化问题；根据设计变量的多少可分为单变量优化问题和多变量优化问题；根据目标函数和约束函数的性质可分为线性规划问题和非线性规划问题。

当数学模型中的目标函数均为设计变量的线性函数时，称此设计问题为线性优化问题或线性规划问题。当目标函数和约束函数中至少有一个为非线性函数时，称此设计问题为非线性优化问题或非线性规划问题。

线性规划和非线性规划是数学规划的两个重要分支。生产计划和经济管理方面的问题一般属于线性规划问题，而工程设计问题则属于非线性规划问题。

第 2 章　优化设计的理论基础

2.1　优化设计问题的几何意义

2.1.1　目标函数的等值面（线）

目标函数的值是评价设计方案优劣的指标。n 维变量的目标函数，其函数图像只能在 $n+1$ 维空间中描述出来。当给定一个设计方案，即给定一组 x_1，x_2，…，x_n 的值时，目标函数 $f(\boldsymbol{X})=f(x_1,x_2,\cdots,x_n)$ 必相应有一确定的函数值；但若给定一个 $f(\boldsymbol{X})$ 值，却有无限多组 x_1，x_2，…，x_n 值与之对应，也就是当 $f(\boldsymbol{X})=a$ 时，$\boldsymbol{X}=(x_1,x_2,\cdots,x_n)^{\mathrm{T}}$ 在设计空间中对应有一个点集。通常这个点集是一个曲面（二维是曲线，大于三维称为曲面），称之为目标函数的等值面。当给定一系列的 a 值，取 $a=a_1$，a_2，…时，相应地有 $f(\boldsymbol{X})=a_1$，a_2，…，这样可以得到一组超曲面族——等值面族。显然，等值面具有下述特性，即在一个特定的等值面上，尽管设计方案很多，但每一个设计方案的目标函数值却是相等的。

现以二维无约束最优化设计问题为例阐明其几何意义。如图 2-1 所示，二维目标函数值 $f(\boldsymbol{X})=f(x_1,x_2)$ 在以 x_1、x_2 和 $f(\boldsymbol{X})$ 为坐标的三维坐标系空间内是一个曲面。在二维设计平面 x_1Ox_2 中，每一个点 $\boldsymbol{X}=(x_1,x_2)$ 都有一个相应的目标函数值 $f(\boldsymbol{X})=f(x_1,x_2)$，它在图中反映为沿 $f(X)$ 轴方向的高度。若将 $f(\boldsymbol{X})=f(x_1,x_2)$ 面上具有相同高度的点投影到设计平面 x_1Ox_2 上，则得 $f(\boldsymbol{X})=f(x_1,x_2)=a$ 的点集，称为目标函数的等值线（等值线是等值面在二维设计空间中的特定形态）。当给定一系列不同的 a 值时，可以得到一组平面曲线：$f(\boldsymbol{X})=f(x_1,x_2)=a_1,f(\boldsymbol{X})=f(x_1,x_2)=a_2$，…，这组曲线构成目标函数的等值线族。由图可以清楚地看到，等值线的分布情况反映了目标函数值的变化情况，等值线越向里，目标函数值越小，对于一个有中心的曲线族来说，目标函数的无约束极小点就是等值线族的一个共同中心 $\boldsymbol{X}^*$。故从几何意义上说，求目标函数无约束极小点也就是求其等值线族的共同中心。

以上二维设计空间等值线的讨论，可以推广到分析多组问题。但需注意，对于三维问题在设计空间中是等值面，高于三维的问题在设计空间中则是等值超曲面。

2.1.2　约束最优解和无约束最优解

n 维目标函数 $f(\boldsymbol{X})=f(x_1,x_2,\cdots,x_n)$，若在无约束条件下极小化，即在整个 n

维设计空间寻找$\boldsymbol{X}^*=(x_1^*,x_2^*,\cdots,x_n^*)^{\mathrm{T}}$，使满足$\min f(\boldsymbol{X})=f(\boldsymbol{X}^*),\boldsymbol{X}\in\mathbf{R}^n$，其最优点$\boldsymbol{X}^*$、最优值$f(\boldsymbol{X}^*)$构成无约束最优解；若在约束条件限制下极小化，即在可行域中寻找$\boldsymbol{X}^*=(x_1^*,x_2^*,\cdots,x_n^*)^{\mathrm{T}}$，使满足$\min f(\boldsymbol{X})=f(\boldsymbol{X}^*)$，$\boldsymbol{X}\in\mathbf{R}^n$，其最优点$\boldsymbol{X}^*$、最优值$f(\boldsymbol{X}^*)$构成约束最优解，无论在数学模型还是几何意义上，两者均是不同的概念。

现用一个二维非线性最优化问题，从几何意义上来说明约束最优解和无约束最优解。

设已知目标函数$f(\boldsymbol{X})=x_1^2+x_2^2-4x_1+4$，受约束于$g_1(\boldsymbol{X})=x_1-x_2+2\geqslant 0$，$g_2(\boldsymbol{X})=x_1\geqslant 0$，$g_3(\boldsymbol{X})=x_2\geqslant 0$，$g_4(\boldsymbol{X})=-x_1^2+x_2-1\geqslant 0$，求其最优解$\boldsymbol{X}^*$和$f(\boldsymbol{X}^*)$。图 2-1a 表示其目标函数和约束函数的立体图，图 2-1b 表示其平面图。当目标函数$f(\boldsymbol{X})=0.25$、1、4、6.25 时，相应在x_1Ox_2设计平面内得一系列平面曲线（同心圆）——等值线，它表示了目标函数值的变化情况，越向里边的代表目标函数值越小。显然其无约束最优解为目标函数等值线同心圆中心$\boldsymbol{X}^{*(1)}=(x_1^{*(1)},x_2^{*(1)})^{\mathrm{T}}=(2,0)^{\mathrm{T}}$，$f(\boldsymbol{X}^{*(1)})=0$。而其约束最优解则需在由约束线$g_1(\boldsymbol{X})=0$，$g_2(\boldsymbol{X})=0$，$g_3(\boldsymbol{X})=0$，$g_4(\boldsymbol{X})=0$ 组成的可行域（阴影线里侧）内寻找使目标函数值为最小的点，由图可见，约束线$g_4(\boldsymbol{X})=0$ 与某等值线的一个切点$\boldsymbol{X}^{*(2)}$即为所求，$\boldsymbol{X}^{*(2)}=(x_1^{*(2)},x_2^{*(2)})^{\mathrm{T}}=(0.58,1.34)^{\mathrm{T}}$，$f(\boldsymbol{X}^{*(2)})=3.8$ 为其约束最优解。

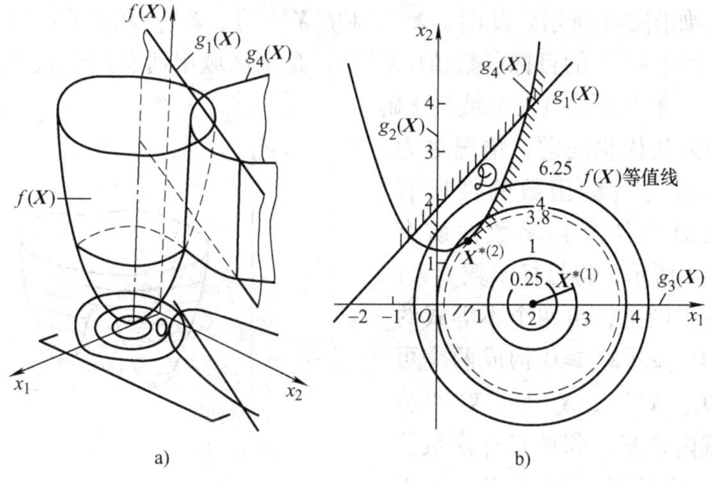

图 2-1　二维函数的约束最优解和无约束最优解

以上二维问题关于约束最优解和无约束最优解几何意义的讨论，同样可以推广到多维问题。n 个设计变量$(x_1,x_2,\cdots,x_n)$组成设计空间。在这个空间中的每个点代表一个设计方案。此时 n 个变量有确定的值。当给定目标函数某一值时，就在 n 维设计空间内构成一个目标函数的等值超曲面，给定目标函数一系列数值时就得一系列目标函数的等值超曲面。这些等值超曲面反映了目标函数的变化情况。无约束最优点为这些等值超曲面的共同中心。对于约束最优化问题，每一个约束条件在 n 维设计空间中是一个约束超曲面，全部约束超曲面在设计空间中构成可行域。在其上寻找目标函数值最小的点即为约束最优点。这一点可以是目标函数等值超曲面与某个约束超曲面的一个切点，也可以是目标函数值较小的某些约束超曲面的交点（如图 2-2 所示的 $\boldsymbol{X}^*$ 点）。

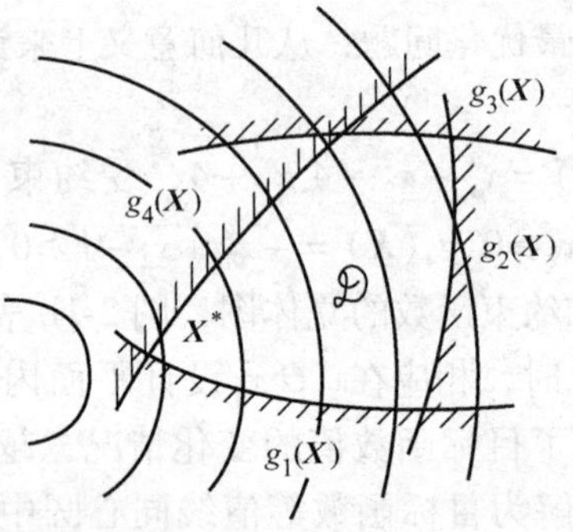

图 2-2　n 维问题的约束最优点和无约束最优点

2.1.3　局部最优解和全域最优解

对无约束最优化问题，当目标函数不是单峰函数时，有多个极值点 $\boldsymbol{X}^{*(1)}$，$\boldsymbol{X}^{*(2)}$，…，如图 2-3 所示。此时，$\boldsymbol{X}^{*(1)}$ 和 $f(\boldsymbol{X}^{*(1)})$、$\boldsymbol{X}^{*(2)}$ 和 $f(\boldsymbol{X}^{*(2)})$ 均称为局部最优解。如其中 $\boldsymbol{X}^{*(1)}$ 的目标函数值 $f(\boldsymbol{X}^{*(1)})$ 是全区域中所有局部最优解中的最小者，则称 $\boldsymbol{X}^{*(1)}$ 和 $f(\boldsymbol{X}^{*(1)})$ 为全域最优解。

对于约束最优化问题，情况更为复杂，它不仅与目标函数的性质有关，还与约束条件及其函数性质有关。如图 2-4 所示，将目标函数 $f(\boldsymbol{X})$ 的等值线绘于图上，由两个不等式约束 $g_1(\boldsymbol{X})\geqslant 0$、$g_2(\boldsymbol{X})\geqslant 0$ 构成两个可行域 D_1 和 D_2。$\boldsymbol{X}^{*(1)}$、$\boldsymbol{X}^{*(2)}$、$\boldsymbol{X}^{*(3)}$ 分别是可行域内在某一邻域目标函数值最小的点，都是局部极小点，亦即 $\boldsymbol{X}^{*(1)}$、$f(\boldsymbol{X}^{*(1)})$，$\boldsymbol{X}^{*(2)}$、$f(\boldsymbol{X}^{*(2)})$，$\boldsymbol{X}^{*(3)}$、$f(\boldsymbol{X}^{*(3)})$ 均称为局部最优解。由于 $f(\boldsymbol{X}^{*(1)}) < f(\boldsymbol{X}^{*(2)}) < f(\boldsymbol{X}^{*(3)})$，可知 $\boldsymbol{X}^{*(3)}$ 为全域极小点，亦即 $\boldsymbol{X}^{*(3)}$ 和 $f(\boldsymbol{X}^{*(3)})$ 为全域最优解。

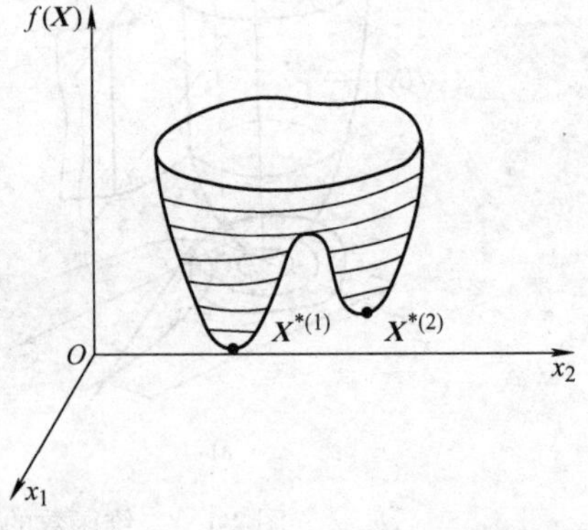

图 2-3　无约束优化的全域和局部最优解

优化设计总是期望得到全域最优解，但目前的优化方法只能求出局部最优解，并采取对各局部最优解的函数值加以比较，取其中最小的一个作为全域最优解。

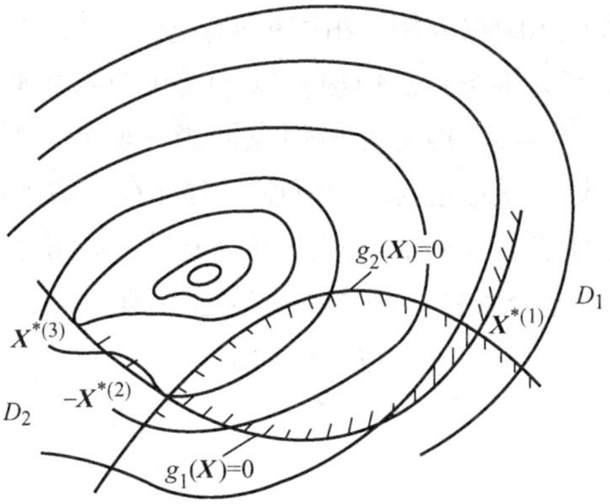

图 2-4　约束优化的全域和局部最优解

2.2　无约束目标函数的极值点存在条件

2.2.1　函数的极值与极值点

以一元函数为例说明函数的极值与极值点。图 2-5 所示为定义在区间 $[a,b]$ 上的一元函数 $f(x)$。

图上有两个特殊点 $x^{(1)}$ 与 $x^{(2)}$，在 $x^{(1)}$ 附近，函数 $f(x)$ 恒以 $f(x^{(1)})$ 为最大；在 $x^{(2)}$ 附近，函数值以 $f(x^{(2)})$ 为最小。因此 $x^{(1)}$ 与 $x^{(2)}$ 即为函数的极大点与极小点，统称为函数 $f(x)$ 的极值点。需要注意，这里所谓的极值是相对于一点的附近邻域各点而言的，仅具有局部的性质，所以这种极值又称为局部极值，而函数的最大值与最小值是对整个区间而言的。如图 2-5 中函数的最大值为 $f(b)$，函数的最小值为 $f(a)$。函数的极值并不一定是最大值或最小值。

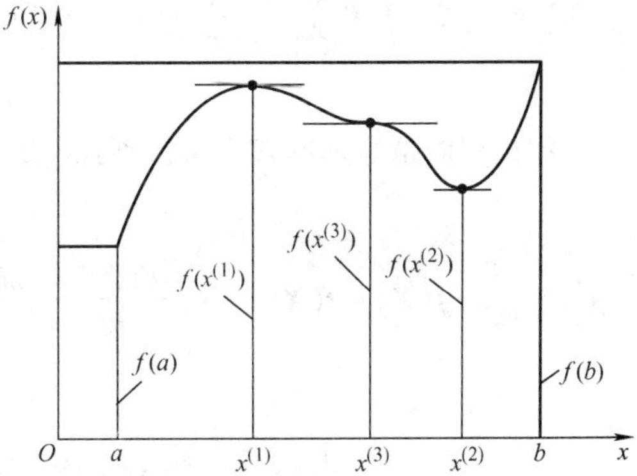

图 2-5　函数的极值与极值点

2.2.2　极值点存在的条件

1. 一元函数（即单变量函数）的情况

（1）极值点存在的必要条件　我们在高等数学中已经学过：如果函数 $f(x)$ 的一阶导数 $f'(x)$ 存在的话，则欲使 x^* 为极值点的必要条件为

$$f'(x^*)=0 \tag{2-1}$$

仍以图 2-5 中所示一元函数为例，由图可见，在$x^{(1)}$与$x^{(2)}$处的斜率均等于零，即函数在该两点处的切线与 x 轴平行。但使$f'(x^*)=0$的点并不一定都是极值点，如图中的$x^{(3)}$点，虽然$f'(x^{(3)})=0$，但并非极值点而为一驻点。使函数$f(x)$的一阶导数$f'(x^*)=0$的点称为函数$f(x)$的驻点。极值点（对存在导数的函数）必为驻点，但驻点不一定是极值点。至于驻点是否为极值点可以通过二阶导数$f''(x)$来判断。

（2）极值点存在的充分条件　若在驻点附近，有

$$f''(x)<0 \tag{2-2}$$

则该点为极大点；

若在驻点附近，有

$$f''(x)>0 \tag{2-3}$$

则该点为极小点。

在图 2-5 中的$x^{(3)}$附近，其右侧$f''(x)<0$，但其左侧$f''(x)>0$，因此它不是一个极值点。可见函数二阶导数的符号成为判断极值点的充分条件。

2. 多元函数（即多变量函数）**的情况**

设$f(x)$为定义在$\boldsymbol{X}\in D\subset \mathbf{R}^n$中的 n 元函数。向量 $\boldsymbol{X}$ 的分量x_1，x_2，…，x_n就是函数的自变量。设$\boldsymbol{X}^{(k)}$为定义域内的一个点，且在该点有连续的 $n+1$ 阶偏导数，则在该点附近可用泰勒级数展开，如取到二次项，有

$$f(\boldsymbol{X})\approx f(\boldsymbol{X}^{(k)})+\sum_{i=1}^{n}\frac{\partial f(\boldsymbol{X}^{k})}{\partial x_i}(x_i-x_i^{(k)})+\frac{1}{2}\sum_{i,j=1}^{n}\frac{\partial^2 f(\boldsymbol{X}^{(k)})}{\partial x_i\partial x_j}(x_i-x_i^{(k)})(x_j-x_j^{(k)}) \tag{2-4}$$

如果用向量矩阵形式表示，则式（2-4）可写为

$$f(\boldsymbol{X})\approx f(\boldsymbol{X}^{(k)})+\left(\frac{\partial f(\boldsymbol{X}^{(k)})}{\partial x_1},\frac{\partial f(\boldsymbol{X}^{(k)})}{\partial x_2},\cdots,\frac{\partial f(\boldsymbol{X}^{(k)})}{\partial x_n}\right)\begin{pmatrix}x_1-x_1^{(k)}\\x_2-x_2^{(k)}\\\vdots\\x_n-x_n^{(k)}\end{pmatrix}+$$

$$\frac{1}{2}(x_1-x_1^{(k)},x_2-x_2^{(k)},\cdots,x_n-x_n^{(k)})\cdot$$

$$\begin{pmatrix}\frac{\partial^2 f(\boldsymbol{X}^{(k)})}{\partial x_1\partial x_1} & \frac{\partial^2 f(\boldsymbol{X}^{(k)})}{\partial x_1\partial x_2} & \cdots & \frac{\partial^2 f(\boldsymbol{X}^{(k)})}{\partial x_1\partial x_n}\\ \frac{\partial^2 f(\boldsymbol{X}^{(k)})}{\partial x_2\partial x_1} & \frac{\partial^2 f(\boldsymbol{X}^{(k)})}{\partial x_2\partial x_2} & \cdots & \frac{\partial^2 f(\boldsymbol{X}^{(k)})}{\partial x_2\partial x_n}\\ \vdots & \vdots & & \vdots\\ \frac{\partial^2 f(\boldsymbol{X}^{(k)})}{\partial x_n\partial x_1} & \frac{\partial^2 f(\boldsymbol{X}^{(k)})}{\partial x_n\partial x_2} & \cdots & \frac{\partial^2 f(\boldsymbol{X}^{(k)})}{\partial x_n\partial x_n}\end{pmatrix}\begin{pmatrix}x_1-x_1^{(k)}\\x_2-x_2^{(k)}\\\vdots\\x_n-x_n^{(k)}\end{pmatrix} \tag{2-5}$$

可简写为

$$f(\boldsymbol{X}) \approx f(\boldsymbol{X}^{(k)}) + [\nabla f(\boldsymbol{X}^{(k)})]^{\mathrm{T}}(\boldsymbol{X}-\boldsymbol{X}^{(k)}) + \frac{1}{2}(\boldsymbol{X}-\boldsymbol{X}^{(k)})^{\mathrm{T}} \nabla^2 f(\boldsymbol{X}^{(k)})(\boldsymbol{X}-\boldsymbol{X}^{(k)}) \tag{2-6}$$

式中，

$$\nabla f(\boldsymbol{X}^{(k)}) = \begin{pmatrix} \dfrac{\partial f(\boldsymbol{X}^{(k)})}{\partial x_1} \\ \dfrac{\partial f(\boldsymbol{X}^{(k)})}{\partial x_2} \\ \vdots \\ \dfrac{\partial f(\boldsymbol{X}^{(k)})}{\partial x_n} \end{pmatrix} = \left(\frac{\partial f(\boldsymbol{X}^{(k)})}{\partial x_1}, \frac{\partial f(\boldsymbol{X}^{(k)})}{\partial x_2}, \cdots, \frac{\partial f(\boldsymbol{X}^{(k)})}{\partial x_n}\right)^{\mathrm{T}} \tag{2-7}$$

$$\nabla^2 f(\boldsymbol{X}^{(k)}) = \boldsymbol{H}(\boldsymbol{X}^{(k)}) = \begin{pmatrix} \dfrac{\partial^2 f(\boldsymbol{X}^{(k)})}{\partial x_1 \partial x_1} & \dfrac{\partial^2 f(\boldsymbol{X}^{(k)})}{\partial x_1 \partial x_2} & \cdots & \dfrac{\partial^2 f(\boldsymbol{X}^{(k)})}{\partial x_1 \partial x_n} \\ \dfrac{\partial^2 f(\boldsymbol{X}^{(k)})}{\partial x_2 \partial x_1} & \dfrac{\partial^2 f(\boldsymbol{X}^{(k)})}{\partial x_2 \partial x_2} & \cdots & \dfrac{\partial^2 f(\boldsymbol{X}^{(k)})}{\partial x_2 \partial x_n} \\ \vdots & \vdots & & \vdots \\ \dfrac{\partial^2 f(\boldsymbol{X}^{(k)})}{\partial x_n \partial x_1} & \dfrac{\partial^2 f(\boldsymbol{X}^{(k)})}{\partial x_n \partial x_2} & \cdots & \dfrac{\partial^2 f(\boldsymbol{X}^{(k)})}{\partial x_n \partial x_n} \end{pmatrix} \tag{2-8}$$

$\nabla f(\boldsymbol{X}^{(k)})$是函数$f(\boldsymbol{X})$在$\boldsymbol{X}^{(k)}$点的一阶偏导数矩阵，称为函数在该点的梯度。梯度 $\nabla f(\boldsymbol{X}^{(k)})$是一个向量，其方向是函数$f(\boldsymbol{X})$在$\boldsymbol{X}^{(k)}$点数值增长最快的方向，亦即负梯度$-\nabla f(\boldsymbol{X}^{(k)})$。方向是函数$f(\boldsymbol{X})$在$\boldsymbol{X}^{(k)}$点数值下降最快的方向，梯度的模

$$\|\nabla f(\boldsymbol{X}^{(k)})\| = \sqrt{\sum_{i=1}^{n}\left(\frac{\partial f(\boldsymbol{X}^{(k)})}{\partial x_i}\right)^2}$$

但需注意，函数$f(\boldsymbol{X})$在某点$\boldsymbol{X}^{(k)}$的梯度向量 $\nabla f(\boldsymbol{X}^{(k)})$仅仅反映$f(\boldsymbol{X})$在$\boldsymbol{X}^{(k)}$点附近极小邻域的性质，因而它是一种局部性质。函数在定义域内的各点都各自对应着一个确定的梯度。此外，函数$f(\boldsymbol{X})$在$\boldsymbol{X}^{(k)}$点的梯度向量 $\nabla f(\boldsymbol{X}^{(k)})$正是函数等值线或等值超曲面在该点的法向量。图 2-6 表示二元函数$f(\boldsymbol{X})$在$\boldsymbol{X}^{(1)}$、$\boldsymbol{X}^{(2)}$点的梯度 $\nabla f(\boldsymbol{X}^{(1)})$、$\nabla f(\boldsymbol{X}^{(2)})$和负梯度$-\nabla f(\boldsymbol{X}^{(1)})$、$-\nabla f(\boldsymbol{X}^{(2)})$。$\nabla^2 f(\boldsymbol{X}^{(k)})$是函数$f(\boldsymbol{X})$在$\boldsymbol{X}^{(k)}$点的二阶偏导数组成的$n \times n$阶对称矩阵，或称为$f(\boldsymbol{X})$的黑塞（Hessian）矩阵，记$\boldsymbol{H}(\boldsymbol{X}^{(k)})$。

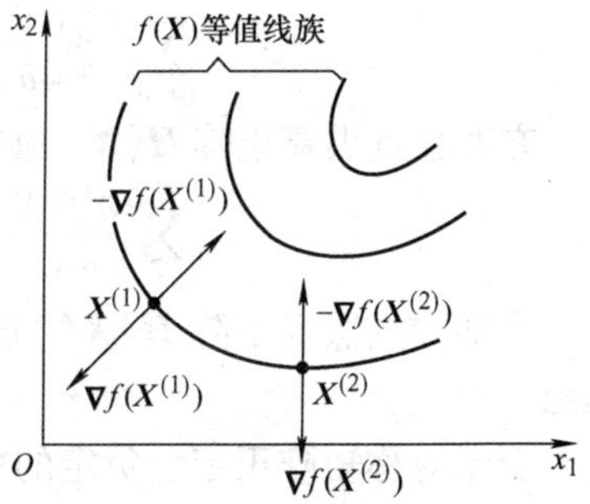

图 2-6　二元函数的梯度和负梯度

式（2-4）～式（2-6）只取到泰勒级数二次项，称为函数的二次近似表达式。

(1) 极值点存在的必要条件　n 元函数在定义域内极值点存在的必要条件为

$$\nabla f(\boldsymbol{X}^*)=\left(\frac{\partial f(\boldsymbol{X}^*)}{\partial x_1},\frac{\partial f(\boldsymbol{X}^*)}{\partial x_2},\cdots,\frac{\partial f(\boldsymbol{X}^*)}{\partial x_n}\right)^{\mathrm{T}}=\boldsymbol{0} \tag{2-9}$$

即对每一个变量的一阶偏导数值必须为零，或者说梯度为零（n 维零向量）。

和一元函数对应，满足式（2-9）只是多元函数极值点存在的必要条件，而并非充分条件，满足 $\nabla f(\boldsymbol{X}^*)=\boldsymbol{0}$ 的点 $\boldsymbol{X}^*$ 称为驻点，至于驻点是否为极值点，尚需通过二阶偏导数矩阵来判断。

(2) 极值点存在的充分条件　如何判断多元函数的一个驻点是否为极值点呢？

将多元函数 $f(\boldsymbol{X})$ 在驻点 $\boldsymbol{X}^*$ 附近用泰勒公式的二次近似式来表示，则由式（2-6）得

$$f(\boldsymbol{X})\approx f(\boldsymbol{X}^*)+[\nabla f(\boldsymbol{X}^*)]^{\mathrm{T}}(\boldsymbol{X}-\boldsymbol{X}^*)+\frac{1}{2}(\boldsymbol{X}-\boldsymbol{X}^*)^{\mathrm{T}}\boldsymbol{H}(\boldsymbol{X}^*)(\boldsymbol{X}-\boldsymbol{X}^*)$$

因为 $\boldsymbol{X}^*$ 为驻点，$\nabla f(\boldsymbol{X}^*)=\boldsymbol{0}$，于是有

$$f(\boldsymbol{X})-f(\boldsymbol{X}^*)\approx\frac{1}{2}(\boldsymbol{X}-\boldsymbol{X}^*)^{\mathrm{T}}\boldsymbol{H}(\boldsymbol{X}^*)(\boldsymbol{X}-\boldsymbol{X}^*)$$

在 $\boldsymbol{X}^*$ 点附近的邻域内，若对一切的 $\boldsymbol{X}$ 恒有

$$f(\boldsymbol{X})-f(\boldsymbol{X}^*)>0$$

亦即

$$(\boldsymbol{X}-\boldsymbol{X}^*)^{\mathrm{T}}\boldsymbol{H}(\boldsymbol{X}^*)(\boldsymbol{X}-\boldsymbol{X}^*)>0 \tag{2-10}$$

则 $\boldsymbol{X}^*$ 为极小点；否则，当恒有

$$(\boldsymbol{X}-\boldsymbol{X}^*)^{\mathrm{T}}\boldsymbol{H}(\boldsymbol{X}^*)(\boldsymbol{X}-\boldsymbol{X}^*)<0 \tag{2-11}$$

时，则 $\boldsymbol{X}^*$ 为极大点。

根据矩阵理论知，由式（2-10）、式（2-11），得极小点的充分条件为

$$\sum_{i,j=1}^{n}\frac{\partial^2 f(\boldsymbol{X}^*)}{\partial x_i\partial x_j}(x_i-x_i^*)(x_j-x_j^*)>0 \tag{2-12}$$

亦即驻点黑塞矩阵 $\boldsymbol{H}(\boldsymbol{X}^*)$ 必须为正定。同理知极大点的充分条件为

$$\sum_{i,j=1}^{n}\frac{\partial^2 f(\boldsymbol{X}^*)}{\partial x_i\partial x_j}(x_i-x_i^*)(x_j-x_j^*)<0 \tag{2-13}$$

亦即驻点黑塞矩阵 $\boldsymbol{H}(\boldsymbol{X}^*)$ 必须为负定。而当

$$\sum_{i,j=1}^{n}\frac{\partial^2 f(\boldsymbol{X}^*)}{\partial x_i\partial x_j}(x_i-x_i^*)(x_j-x_j^*)=0 \tag{2-14}$$

亦即驻点黑塞矩阵 $\boldsymbol{H}(\boldsymbol{X}^*)$ 既非正定，又非负定，而是不定，$f(\boldsymbol{X})$ 在 $\boldsymbol{X}^*$ 处无极值。

至于对称矩阵正定、负定的检验，由线性代数可知，对称矩阵

$$\boldsymbol{A}=\begin{pmatrix}a_{11}&a_{12}&\cdots&a_{1n}\\a_{21}&a_{22}&\cdots&a_{2n}\\\vdots&\vdots&&\vdots\\a_{n1}&a_{n2}&\cdots&a_{nn}\end{pmatrix}$$

正定的条件是它的行列式 $|\boldsymbol{A}|$ 的顺序主子式全部大于零，即

$$a_{11}>0,\begin{vmatrix}a_{11}&a_{12}\\a_{21}&a_{22}\end{vmatrix}>0,\begin{vmatrix}a_{11}&a_{12}&\cdots&a_{1n}\\a_{21}&a_{22}&\cdots&a_{2n}\\\vdots&\vdots&&\vdots\\a_{n1}&a_{n2}&\cdots&a_{nn}\end{vmatrix}>0 \tag{2-15}$$

负定的条件是它的行列式 $|\boldsymbol{A}|$ 中一串主子式为相间的一负一正，即

$$a_{11}<0,\begin{vmatrix}a_{11}&a_{12}\\a_{21}&a_{22}\end{vmatrix}>0,(-1^{n})\begin{vmatrix}a_{11}&a_{12}&\cdots&a_{1n}\\a_{21}&a_{22}&\cdots&a_{2n}\\\vdots&\vdots&&\vdots\\a_{n1}&a_{n2}&\cdots&a_{nn}\end{vmatrix}>0 \tag{2-16}$$

至此，读者完全不难自行归纳得出无约束目标函数极值点存在的充分必要条件和用数学分析作为工具对 n 维无约束优化问题寻求最优解。

2.3　函数的凸性

由前述讨论可知，函数的最优值与极值是有区别的。前者是指全域而言，而后者仅为局部的性质。一般来说，在函数定义的区域内部，最优点必是极值点，反之却不一定。如果能得到两者等同条件，就可以用求极值的方法来求最优值，因此对于函数的最优值与极值之间的关系需做进一步的讨论。目标函数的凸性与所需讨论的问题有密切的关系。

我们可以先用一元函数来说明函数的凸性。如图 2-7 所示，图 2-7a 中在 $(x^{(1)}, x^{(2)})$ 区间上曲线是下凸的，图 2-7b 的曲线是上凸的，它们的极值点（极小点或极大点）在区间内都是唯一的。这样的函数称为具有凸性的函数，或称为单峰函数。

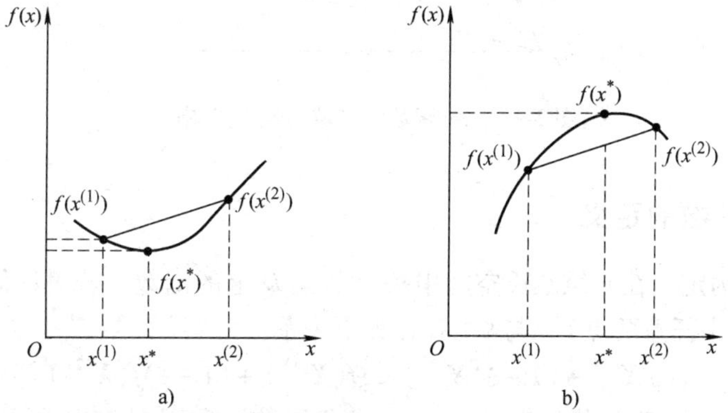

图 2-7　函数的凹凸性定义

2.3.1 凸集与非凸集

为了考虑多元函数的凸性，首先要说明函数定义域应具有的性态。

设 D 为 n 维欧氏空间中设计点 $\boldsymbol{X}$ 的一个集合，若其中任意两点$\boldsymbol{X}^{(1)}$和$\boldsymbol{X}^{(2)}$的连线都在集合 D 中，则称这种集合是 n 维欧氏空间的一个凸集。二维函数的情况如图 2-8 所示，其中图 2-8a 所示为凸集，图 2-8b 所示为非凸集。

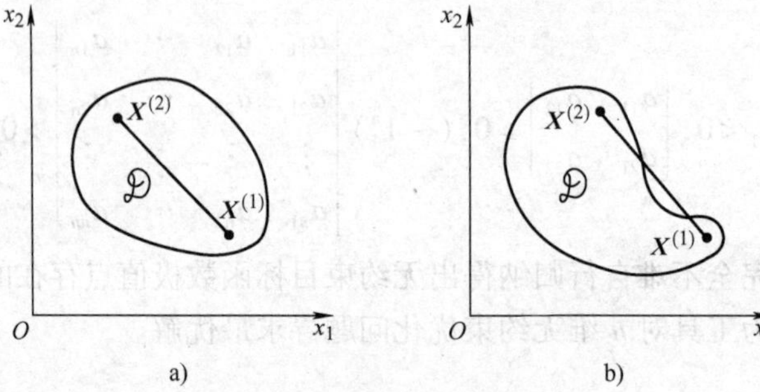

图 2-8　函数定义域的性态

在 n 维空间中，若对某集合 D 内的任意两点$\boldsymbol{X}^{(1)}$与$\boldsymbol{X}^{(2)}$作连线，使连线上的各个内点对任何实数 $a(0\leqslant a\leqslant 1)$ 恒有

$$\boldsymbol{X}=a\boldsymbol{X}^{(1)}+(1-a)\boldsymbol{X}^{(2)}\in D \tag{2-17}$$

则称 D 为凸集。图 2-9 所示是对于二维问题、式（2-17）对应的向量图解。

n 维无约束最优化问题的整个设计空间$\mathbf{R}^n$是凸集。

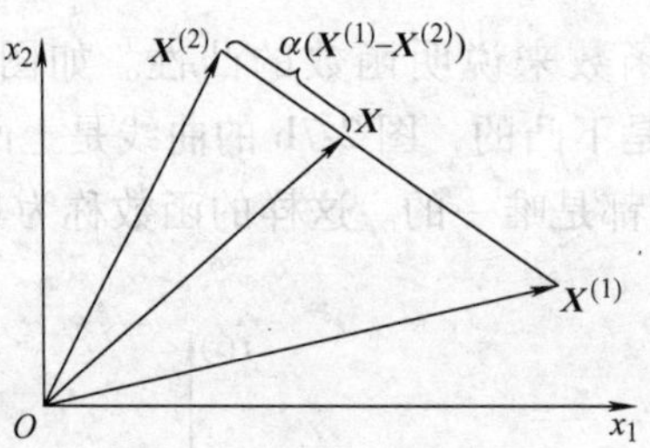

图 2-9　二维函数定义域凸性定义图解

2.3.2 凸函数的定义

设$f(\boldsymbol{X})$为定义在 n 维欧氏空间中一个凸集 D 上的函数，若对任何实数 $\xi(0\leqslant\xi\leqslant 1)$ 及 D 域中任意两点$\boldsymbol{X}^{(1)}$与$\boldsymbol{X}^{(2)}$存在如下关系：

$$f(\xi\boldsymbol{X}^{(1)}+(1-\xi)\boldsymbol{X}^{(2)})\leqslant\xi f(\boldsymbol{X}^{(1)})+(1-\xi)f(\boldsymbol{X}^{(2)}) \tag{2-18}$$

则称函数 $f(\boldsymbol{X})$ 是定义在凸集 D 上的一个凸函数。现用图 2-10 所示定义于区间$[a,b]$上的单变量函数来说明这一概念。若连接函数曲线上任意两点的直线段，某一点$x^{(k)}$的函数值恒低于此直线段上相应的纵坐标值，则这种函数就是凸函数，也就是单峰函数。

若将式（2-18）中的符号“≤”改为“<”，则称函数$f(\boldsymbol{X})$为严格凸函数。若将式（2-18）中的符号“≤”改为“≥”，则如图 2-7b 所示，函数曲线上凸（有极大点），通常称为凹函数。显然，若$f(x)$为凸函数，则$-f(x)$为凹函数。

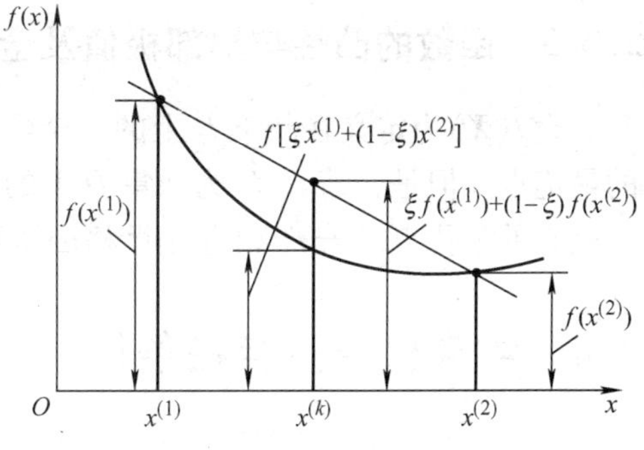

图 2-10　凸函数的定义

2.3.3　凸函数的基本性质

1）若函数$f_1(\boldsymbol{X})$和$f_2(\boldsymbol{X})$为凸集 D 上的两个凸函数，对任意正数 a 和 b，函数$f(\boldsymbol{X})=af_1(\boldsymbol{X})+bf_2(\boldsymbol{X})$仍为 D 集上的凸函数。

2）若$\boldsymbol{X}^{(1)}$与$\boldsymbol{X}^{(2)}$为凸函数$f(\boldsymbol{X})$中的两个最小点，则其连线上的一切点也都是$f(\boldsymbol{X})$的最小点。

证明略。

2.3.4　凸函数的判定

判别法 1：若函数$f(\boldsymbol{X})$在D_1上具有连续一阶导数，而 D 为D_1内部的一个凸集，则$f(\boldsymbol{X})$为 D 上的凸函数的充分必要条件为：对任意的$\boldsymbol{X}^{(1)}$，$\boldsymbol{X}^{(2)}\in D$ 恒有

$$f(\boldsymbol{X}^{(2)})\geqslant f(\boldsymbol{X}^{(1)})+(\boldsymbol{X}^{(2)}-\boldsymbol{X}^{(1)})^{\mathrm{T}}\nabla f(\boldsymbol{X}^{(1)})\tag{2-19}$$

判别法 2：若函数$f(\boldsymbol{X})$在凸集 D 上存在二阶导数并且连续，$f(\boldsymbol{X})$在 D 上为凸函数的充分必要条件为：对于任意的$\boldsymbol{X}\in D$，$f(\boldsymbol{X})$的黑塞矩阵$\boldsymbol{H}(\boldsymbol{X})$处处是正半定矩阵。

若黑塞矩阵$\boldsymbol{H}(\boldsymbol{X})$对一切$\boldsymbol{X}\in D$都是正定的，则$f(\boldsymbol{X})$是 D 上的严格凸函数，反之不一定成立。

例 2-1　判别函数$f(\boldsymbol{X})=50-10x_1-4x_2+x_1^2+x_2^2-x_1x_2$在$D=\{\boldsymbol{X}\mid-\infty<x_i<+\infty\ (i=1,2)\}$上是否为凸函数。

解：利用黑塞矩阵来判别：

$$\boldsymbol{H}(\boldsymbol{X})=\boldsymbol{A}=\begin{pmatrix}\dfrac{\partial^2 f(\boldsymbol{X})}{\partial x_1x_1} & \dfrac{\partial^2 f(\boldsymbol{X})}{\partial x_1x_2}\\ \dfrac{\partial^2 f(\boldsymbol{X})}{\partial x_2x_1} & \dfrac{\partial^2 f(\boldsymbol{X})}{\partial x_2x_2}\end{pmatrix}=\begin{pmatrix}2 & -1\\ -1 & 2\end{pmatrix}$$

$$a_{11}=2>0,\ \begin{vmatrix}a_{11} & a_{12}\\ a_{21} & a_{22}\end{vmatrix}=\begin{vmatrix}2 & -1\\ -1 & 2\end{vmatrix}=3>0$$

因此黑塞矩阵是正定的，故$f(\boldsymbol{X})$为严格凸函数。

2.3.5 函数的凸性与局部极值及全域最优值之间的关系

设$f(\boldsymbol{X})$为定义在凸集D上的一个函数，一般来说，$f(\boldsymbol{X})$的极值点不一定是它的最优点。但是，若$f(\boldsymbol{X})$为凸集D上的一个凸函数，则$f(\boldsymbol{X})$的任何极值点，同时也是它的最优点。若$f(\boldsymbol{X})$还是严格凸函数，则它有唯一的最优点。

2.4 约束极值点存在条件

2.4.1 等式约束优化问题极值点存在条件

求解等式约束优化问题：

$$\min f(\boldsymbol{X})$$
$$\text{s.t. } h_k(\boldsymbol{X})=0 \quad (k=1,2,\cdots,m)$$

需要导出极值存在的条件，这是求解等式约束优化问题的理论基础。对这一问题在数学上有两种处理方法：消元法（降维法）和拉格朗日乘子法（升维法），现分别予以介绍。

1. 消元法

为了便于理解，先讨论二元函数只有一个等式约束的简单情况，即

$$\min f(x_1,x_2)$$
$$\text{s.t. } h(x_1,x_2)=0$$

根据等式约束条件将一个变量x_1表示成另一个变量x_2的函数关系$x_1=\varphi(x_2)$，然后将这一函数关系代入到目标函数$f(x_1,x_2)$中消去x_1，变成一元函数$F(x_2)$，从而将等式约束优化问题转化成无约束优化问题。目标函数通过消元由二元函数变成一元函数，即由二维变成一维。所以消元法又称作降维法。

对n维情况

$$\min f(x_1,x_2,\cdots,x_n)$$
$$\text{s.t.} \quad h_k(x_1,x_2,\cdots,x_n)=0 \quad (k=1,2,\cdots,l)$$

由l个约束方程将n个变量中的前l个变量用其余$n-l$个变量表示，即有

$$x_1=\varphi_1(x_{l+1},x_{l+2},\cdots,x_n)$$
$$x_2=\varphi_2(x_{l+1},x_{l+2},\cdots,x_n)$$
$$\vdots$$
$$x_l=\varphi_l(x_{l+1},x_{l+2},\cdots,x_n)$$

将这些函数关系代入到目标函数中，从而得到只含x_{l+1}，x_{l+2}，$\cdots$，x_n共$n-l$个变量的函数，这样就可以利用无约束优化问题的极值条件求解。

消元法虽然看起来简单，但是实际求解困难却很大。因为将l个约束方程联立往往求不出解来。即使能求出解，当把它们代入目标函数之后，也会因为函数十分

复杂而难以处理。所以，以这种方法作为一种分析方法实用意义不大，而对某些数值迭代方法来说，却有很大的启发意义。

2. 拉格朗日乘子法

拉格朗日乘子法是求解等式约束优化问题的另一种经典方法，它是通过增加变量将约束优化问题变成无约束优化问题，所以又称作升维法。

对于具有 l 个等式约束的 n 维优化问题

$$\min f(\boldsymbol{X})$$
$$s.t.\ h_k(\boldsymbol{X})=0 \quad (k=1,2,\cdots,l)$$

在极值点 $\boldsymbol{X}^*$ 处有

$$\mathrm{d}f(\boldsymbol{X}^*)=\sum_{i=1}^{n}\frac{\partial f}{\partial x_i}\mathrm{d}x_i=\nabla f(\boldsymbol{X}^*)^{\mathrm{T}}\mathrm{d}\boldsymbol{X}=0$$

$$\mathrm{d}h_k(\boldsymbol{X}^*)=\sum_{i=1}^{n}\frac{\partial h_k}{\partial x_i}\mathrm{d}x_i=\nabla h_k(\boldsymbol{X}^*)^{\mathrm{T}}\mathrm{d}\boldsymbol{X}=0 \quad (k=1,2,\cdots,l)$$

把 l 个等式约束给出的 l 个 $\sum_{i=1}^{n}\frac{\partial h_k}{\partial x_i}\mathrm{d}x_i=0$，分别乘以待定系数 $\lambda_k(k=1,2,\cdots,l)$ 再和 $\sum_{i=1}^{n}\frac{\partial f}{\partial x_i}\mathrm{d}x_i=0$ 相加，得

$$\sum_{i=1}^{n}\left(\frac{\partial f}{\partial x_i}+\lambda_1\frac{\partial h_1}{\partial x_i}+\lambda_2\frac{\partial h_2}{\partial x_i}+\cdots+\lambda_k\frac{\partial h_k}{\partial x_i}\right)\mathrm{d}x_i=0 \tag{2-20}$$

可以通过其中的 l 个方程

$$\frac{\partial f}{\partial x_i}+\lambda_1\frac{\partial h_1}{\partial x_i}+\lambda_2\frac{\partial h_2}{\partial x_i}+\cdots+\lambda_k\frac{\partial h_k}{\partial x_i}=0 \tag{2-21}$$

来求解 l 个 λ_1，λ_2，…，λ_l，使得 l 个变量的微分 $\mathrm{d}x_1$，$\mathrm{d}x_2$，…，$\mathrm{d}x_l$ 的系数全为 0，这样，式（2-20）的等号左边就只剩下 $n-l$ 个变量的微分 $\mathrm{d}x_{l+1}$，$\mathrm{d}x_{l+2}$，…，$\mathrm{d}x_n$ 的项，即它变成

$$\sum_{j=l+1}^{n}\left(\frac{\partial f}{\partial x_j}+\lambda_1\frac{\partial h_1}{\partial x_j}+\lambda_2\frac{\partial h_2}{\partial x_j}+\cdots+\lambda_l\frac{\partial h_l}{\partial x_j}\right)\mathrm{d}x_j=0 \tag{2-22}$$

但 $\mathrm{d}x_{l+1}$，$\mathrm{d}x_{l+2}$，…，$\mathrm{d}x_n$ 应是任意量，则应有

$$\frac{\partial f}{\partial x_j}+\lambda_1\frac{\partial h_1}{\partial x_j}+\lambda_2\frac{\partial h_2}{\partial x_j}+\cdots+\lambda_l\frac{\partial h_l}{\partial x_j}=0 \quad (j=l+1,l+2,\cdots,n) \tag{2-23}$$

式（2-22）和式（2-23）及等式约束 $h_k(\boldsymbol{X})=0(k=1,2,\cdots,l)$ 就是点 $\boldsymbol{X}$ 达到约束极值的必要条件。

式（2-21）和式（2-23）可以合并写成

$$\frac{\partial f}{\partial x_i}+\lambda_1\frac{\partial h_1}{\partial x_i}+\lambda_2\frac{\partial h_2}{\partial x_i}+\cdots+\lambda_l\frac{\partial h_l}{\partial x_i}=0 \quad (i=1,2,\cdots,n) \tag{2-24}$$

根据目标函数 $f(\boldsymbol{X})$ 的无约束极值条件 $\frac{\partial f}{\partial x_i}=0 \quad (i=1,2,\cdots,n)$，则上述问题的约束

极值条件可以转换成无约束的函数极值条件。办法是，把原来的目标函数$f(\boldsymbol{X})$改造成为如下形式的新目标函数：

$$F(\boldsymbol{X},\lambda)=f(\boldsymbol{X})+\sum_{k=1}^{l}\lambda_k h_k(\boldsymbol{X})=0 \tag{2-25}$$

式中的$h_k(\boldsymbol{X})$就是原目标函数$f(\boldsymbol{X})$的等式约束条件，而待定系数$\boldsymbol{\lambda}_k$称为拉格朗日乘子，$F(\boldsymbol{X},\lambda)$称为拉格朗日函数。这种方法称为拉格朗日乘子法。

式（2-25）中显然多出了l个待定系数$\boldsymbol{\lambda}_k$（可看成是新的变量），而$\boldsymbol{X}=(x_1,x_2,\cdots,x_n)^{\mathrm{T}}$有$n$个变量。结果共有$n+l$个变量。但是$\frac{\partial F}{\partial x_i}=0$可提供$n$个方程，再加上$l$个等式约束条件$h_k(\boldsymbol{X})=0$，共有$n+l$个方程，足以解出这$n+l$个变量。

由于$\frac{\partial F}{\partial \boldsymbol{\lambda}_k}=0$给出$h_k(\boldsymbol{X})=0$，所以这$n+l$个方程可以看成是通过下述条件给出的：

$$\frac{\partial F}{\partial x_i}=0 \quad (i=1,2,\cdots,n)$$

$$\frac{\partial F}{\partial \boldsymbol{\lambda}_k}=0 \quad (k=1,2,\cdots,l)$$

这样，拉格朗日乘子法可以叙述如下：

设$\boldsymbol{X}^*$是目标函数$f(\boldsymbol{X})$在等式约束$h_k(\boldsymbol{X})=0$条件下的一个局部极值点，而且在该点处函数的梯度 $\nabla h_k(\boldsymbol{X}^*)=\boldsymbol{0}$ $(k=1,2,\cdots,l)$是线性无关的，则存在一个向量$\boldsymbol{\lambda}$（在l个约束函数规定的集内），使得下式成立：

$$\nabla F=\nabla f(\boldsymbol{X}^*)+\boldsymbol{\lambda}^{\mathrm{T}}\nabla h_k(\boldsymbol{X}^*)=\boldsymbol{0} \tag{2-26}$$

式中，$\boldsymbol{\lambda}^{\mathrm{T}}=(\lambda_1,\lambda_2,\cdots,\lambda_l)$，$\nabla h_k(\boldsymbol{X}^*)^{\mathrm{T}}=(\nabla h_1(\boldsymbol{X}^*),\nabla h_2(\boldsymbol{X}^*),\cdots,\nabla h_l(\boldsymbol{X}^*))$

为了说明拉格朗日乘子的物理意义，我们看函数$f(\boldsymbol{X})=f(x_1,x_2)$的一个二维问题，且只有一个约束条件$h(\boldsymbol{X})=h(x_1,x_2)=0$时的简单情况。此时，式（2-25）的形式是

$$F(\boldsymbol{X},\lambda)=f(\boldsymbol{X})+\lambda h(\boldsymbol{X})$$

由式（2-24）得

$$\frac{\partial f}{\partial x_1}+\lambda\frac{\partial h}{\partial x_1}=0 \text{ 或 } \lambda=-\frac{\partial f}{\partial x_1}\bigg/\frac{\partial h}{\partial x_1}$$

$$\frac{\partial f}{\partial x_2}+\lambda\frac{\partial h}{\partial x_2}=0 \text{ 或 } \lambda=-\frac{\partial f}{\partial x_2}\bigg/\frac{\partial h}{\partial x_2}$$

所以上式可以写成

$$\lambda=-\frac{\dfrac{\partial f}{\partial x_i}}{\dfrac{\partial h}{\partial x_i}} \quad (i=1,2)$$

式中的$\frac{\partial f}{\partial x_i}$是单位变量的目标值变化率，而$-\frac{\partial h}{\partial x_i}$则是单位变量的约束值变化率，可以称$\frac{\partial f}{\partial x_i}/\frac{\partial h}{\partial x_i}$为优化效率或敏度系数。而且从$-\frac{\partial f}{\partial x_1}\Big/\frac{\partial h}{\partial x_1}=-\frac{\partial f}{\partial x_2}\Big/\frac{\partial h}{\partial x_2}$可知，各变量的改变所导致的优化效率是相等的，且等于一个常数 λ。

对于机械优化设计问题，若目标函数$f(\boldsymbol{X})$是结构重量，约束条件是结构刚度或某点的变形，则$\frac{\partial f}{\partial x_i}$可以理解为结构重量的收益，而$-\frac{\partial h}{\partial x_i}$可以理解为结构刚度的支出。则$\lambda=-\frac{\partial f}{\partial x_1}\Big/\frac{\partial h}{\partial x_1}$就意味着单位结构的刚度支出所能获得的结构重量收益。这时的 λ 就反映结构刚度对其重量的优化率。

例 2-2　用拉格朗日乘子法计算在约束条件 $h(\boldsymbol{X})=h(x_1,x_2)=2x_1+3x_2-6=0$ 的情况下，$f(\boldsymbol{X})=f(x_1,x_2)=4x_1^2+5x_2^2$ 的极值点。

解：改造的目标函数是 $F(\boldsymbol{X},\lambda)=4x_1^2+5x_2^2+\lambda(2x_1+3x_2-6)$，则

$$\frac{\partial F}{\partial x_1}=8x_1+2\lambda=0,\frac{\partial F}{\partial x_2}=10x_2+3\lambda=0,\frac{\partial F}{\partial \lambda}=2x_1+3x_2-6=0$$

由

$$\frac{\partial F}{\partial x_1}=0 \text{ 和} \frac{\partial F}{\partial x_2}=0$$

解得极值点坐标是

$$x_1=-\frac{1}{4}\lambda,x_2=-\frac{3}{10}\lambda$$

把它们代入$\frac{\partial F}{\partial \lambda}=0$（即约束条件 $2x_1+3x_2-6=0$），求得　$\lambda=-\frac{30}{7}$

所以得　$x_1=\left(-\frac{1}{4}\right)\times\left(-\frac{30}{7}\right)=1.071,x_2=\left(-\frac{3}{10}\right)\times\left(-\frac{30}{7}\right)=1.286$

即极值点　$\boldsymbol{X}^*=(1.071,1.286)^{\mathrm{T}}$

2.4.2　不等式约束优化问题极值点存在条件

在约束条件下求得的函数极值点，称为约束极值点。在优化实用计算中常需判断和检查某个可行点是否为约束极值点，这通常借助于库恩-塔克（Kuhn-Tucker）条件（简称 K-T 条件）来进行。

K-T 条件可阐述为：如果$\boldsymbol{X}^{(k)}$是一个局部极小点，则该点的目标函数梯度$\nabla f(\boldsymbol{X}^{(k)})$可表示成该点诸约束面梯度 $\nabla g_u(\boldsymbol{X}^{(k)})$、$\nabla h_v(\boldsymbol{X}^{(k)})$如下线性组合：

$$\nabla f(\boldsymbol{X}^{(k)})-\sum_{u=1}^{q}\lambda_u\nabla g_u(\boldsymbol{X}^{(k)})-\sum_{v=1}^{j}\mu_v\nabla h_v(\boldsymbol{X}^{(k)})=\boldsymbol{0} \tag{2-27}$$

式中，q 为在$\boldsymbol{X}^{(k)}$点的不等式约束面数；j 为在$\boldsymbol{X}^{(k)}$点的等式约束面数；$\lambda_u(u=1,2,\cdots,q)$、$\mu_v(v=1,2,\cdots,j)$均为非负值的乘子，亦称拉格朗日乘子。如果无等式约束，而全部是不等式约束，则式（2-27）中 $j=0$，第三项全部为零。

也可以对 K-T 条件用图形来说明。式（2-27）表明，如果$\boldsymbol{X}^{(k)}$是一个局部极小点，则该点的目标函数梯度 $\nabla f(\boldsymbol{X}^{(k)})$应落在该点诸约束面梯度 $\nabla g_u(\boldsymbol{X}^{(k)})$、$\nabla h_v(\boldsymbol{X}^{(k)})$在设计空间所组成的锥角范围内。如图 2-11 所示，图 2-11a 中设计点$\boldsymbol{X}^{(k)}$不是约束极值点，图 2-11b 中的设计点$\boldsymbol{X}^{(k)}$是约束极值点。

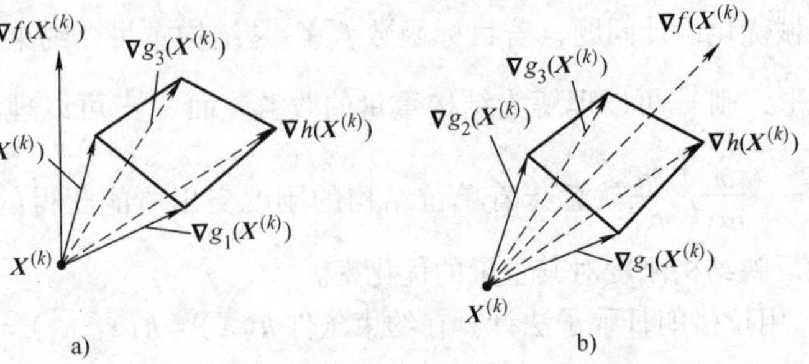

图 2-11 K-T 条件的几何意义

以二维情况为例，将更形象地表明 K-T 条件。

图 2-12 所示为在设计点$\boldsymbol{X}^{(k)}$处有两个约束，图 2-12a 表示$\boldsymbol{X}^{(k)}$点处目标函数梯度 $\nabla f(\boldsymbol{X}^{(k)})$在该点两个约束函数梯度 $\nabla g_1(\boldsymbol{X}^{(k)})$、$\nabla g_2(\boldsymbol{X}^{(k)})$组成的锥角 Γ 以外，这样在$\boldsymbol{X}^{(k)}$点邻近的可行域内存在目标函数值比 $f(\boldsymbol{X}^{(k)})$更小的设计点，故$\boldsymbol{X}^{(k)}$点不能成为约束极值点；而图 2-12b 表示$\boldsymbol{X}^{(k)}$点处 $\nabla f(\boldsymbol{X}^{(k)})$落在锥角 Γ 以内，则在该点附近邻域内任何目标函数值比 $f(\boldsymbol{X}^{(k)})$更小的设计点都在可行域以外，因而$\boldsymbol{X}^{(k)}$是约束极值点，它满足式（2-27）所示 K-T 条件

$$\nabla f(\boldsymbol{X}^{(k)}) - \lambda_1 \nabla g_1(\boldsymbol{X}^{(k)}) - \lambda_2 \nabla g_2(\boldsymbol{X}^{(k)}) = 0 \quad (\lambda_1 \geqslant 0, \lambda_2 \geqslant 0)$$

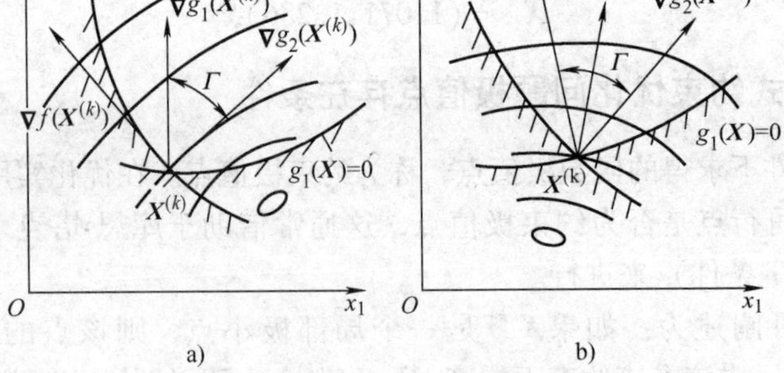

图 2-12 二维函数 K-T 条件图解

图 2-13 所示为在设计点$\boldsymbol{X}^{(k)}$处只有一个约束，图 2-13a 表示 $\nabla f(\boldsymbol{X}^{(k)})$和 $\nabla g(\boldsymbol{X}^{(k)})$的方向不重合，在$\boldsymbol{X}^{(k)}$邻近的可行域内存在目标函数值比$f(\boldsymbol{X}^{(k)})$更小的设计点，故$\boldsymbol{X}^{(k)}$不能成为约束极值点；而图 2-13b 中由于 $\nabla f(\boldsymbol{X}^{(k)})$和 $\nabla g(\boldsymbol{X}^{(k)})$

的方向重合，则 $-\nabla f(\boldsymbol{X}^{(k)})-\lambda\nabla g(\boldsymbol{X}^{(k)})=\boldsymbol{0}$，$\lambda>0$，此即当$\boldsymbol{X}^{(k)}$点处约束面数 $q=1$ 时的 K-T 条件，显然$\boldsymbol{X}^{(k)}$点附近邻域内任何目标函数值比$f(\boldsymbol{X}^{(k)})$更小的设计点都在可行域以外，$\boldsymbol{X}^{(k)}$点是约束极值点。

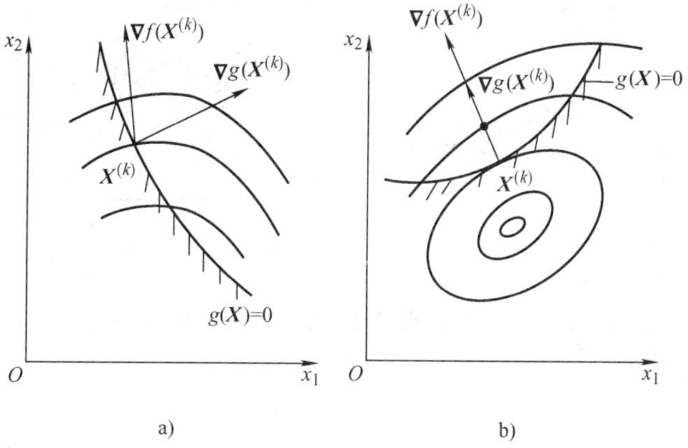

图 2-13 约束极值点存在的条件

必须指出，K-T 条件用于检验设计点是否为约束极值点，对于“凸规划”问题，即对于目标函数$f(\boldsymbol{X})$为凸函数、可行域为凸集的优化问题，局部极值点与全域最优点相重合，如图 2-12b、图 2-13b 皆为凸规划问题，$\boldsymbol{X}^{(k)}$点符合 K-T 条件，必为全域最优点，但对于非凸规划问题则不然。图 2-14a 所示是目标函数为非凸函数、约束可行域为凸集，图 2-14b 所示是目标函数为凸函数、约束可行域为非凸集，这两种情况在可行域中均可能出现两个或更多的局部极小点，它们必须都满足 K-T 条件；但其中只有一个函数值最小的点$\boldsymbol{X}^{(k)}$是约束最优点。在工程优化设计问题中函数在全域上的凸性不一定存在，在许多情况下，凸性的判断亦难进行。因此判断符合 K-T 条件的约束极值点是全域最优点还是局部极值点目前仍是优化研究的一个重大课题。但凸集、凸函数、K-T 条件等在优化理论和实践中仍具有重要意义。亦须指出，用 K-T 条件检验约束极值点是指具有起作用约束的可行点。如图 2-15 所示，无约束极值点$\boldsymbol{X}^*$处$g_u(\boldsymbol{X}^*)$均大于零$(u=1,2,3,4)$，这一约束条件对$\boldsymbol{X}^*$都不起作用，$\boldsymbol{X}^*$亦是约束极值点，但却不属于 K-T 条件的范围。

例 2-3 用 K-T 条件检验点$\boldsymbol{X}^{(k)}=(2,0)^{\mathrm{T}}$是否为目标函数$f(\boldsymbol{X})=(x_1-3)^2+x_2^2+5$ 在不等式约束：$g_1(\boldsymbol{X})=4-x_1^2-x_2\geqslant 0$、$g_2(\boldsymbol{X})=x_2\geqslant 0$、$g_3(\boldsymbol{X})=x_1-0.5\geqslant 0$ 条件下的约束最优点。

解：(1) 计算$\boldsymbol{X}^{(k)}$点的诸约束函数值

$$g_1(\boldsymbol{X}^{(k)})=4-2^2-0=0$$

$$g_2(\boldsymbol{X}^{(k)})=0$$

$$g_3(\boldsymbol{X}^{(k)})=2-0.5=1.5>0$$

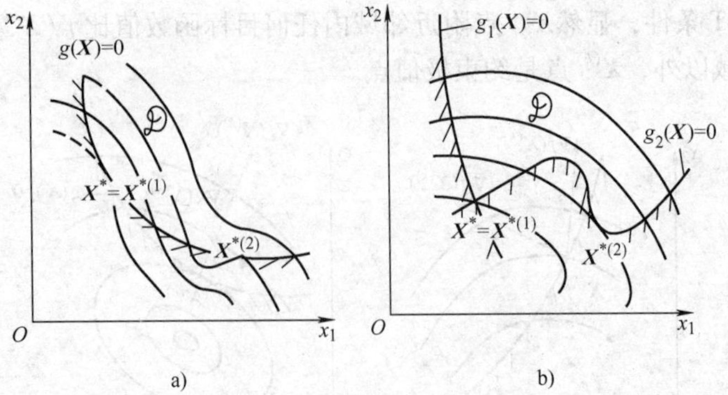

图 2-14 非凸集定义域凸函数极值存在情况

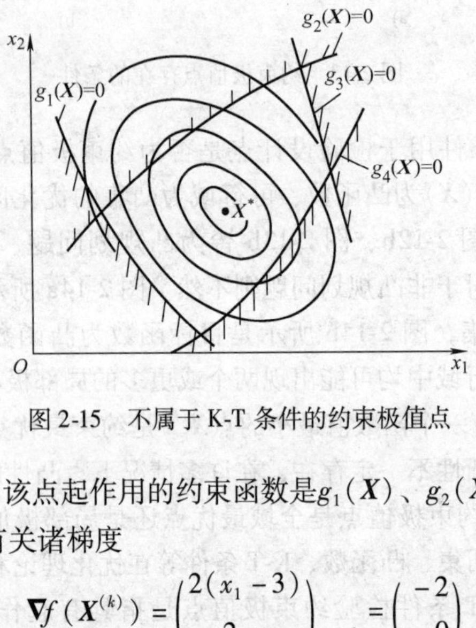

图 2-15 不属于 K-T 条件的约束极值点

$X^{(k)}$ 点是可行点，该点起作用的约束函数是$g_1(X)$、$g_2(X)$。

（2）求$X^{(k)}$点的有关诸梯度

$$\nabla f(X^{(k)}) = \begin{pmatrix} 2(x_1-3) \\ 2x_2 \end{pmatrix}_{\substack{x_1=2\\x_2=0}} = \begin{pmatrix} -2 \\ 0 \end{pmatrix}$$

$$\nabla g_1(X^{(k)}) = \begin{pmatrix} -2x_1 \\ -1 \end{pmatrix}_{\substack{x_1=2\\x_2=0}} = \begin{pmatrix} -4 \\ -1 \end{pmatrix}$$

$$\nabla g_2(X^{(k)}) = \begin{pmatrix} 0 \\ 1 \end{pmatrix}_{\substack{x_1=2\\x_2=0}} = \begin{pmatrix} 0 \\ 1 \end{pmatrix}$$

（3）代入式（2-27），求拉格朗日乘子

$$\nabla f(X^{(k)}) - \lambda_1 \nabla g_1(X^{(k)}) - \lambda_2 \nabla g_2(X^{(k)}) = \mathbf{0}$$

$$\begin{pmatrix} -2 \\ 0 \end{pmatrix} - \lambda_1 \begin{pmatrix} -4 \\ -1 \end{pmatrix} - \lambda_2 \begin{pmatrix} 0 \\ 1 \end{pmatrix} = \mathbf{0}$$

写成线性方程组

$$\begin{cases} -2+4\lambda_1=0 \\ \lambda_1-\lambda_2=0 \end{cases}$$

解得$\lambda_1=\lambda_2=0.5$，乘子均为非负，故满足 K-T 条件，即$\boldsymbol{X}^{(k)}=(2,0)^{\mathrm{T}}$点为约束极值点。参看图 2-16，亦得到证实。而且，由于$f(\boldsymbol{X})$是凸函数，可行域为凸集，所以点$\boldsymbol{X}^{(k)}=(2,0)^{\mathrm{T}}$也是约束最优点。

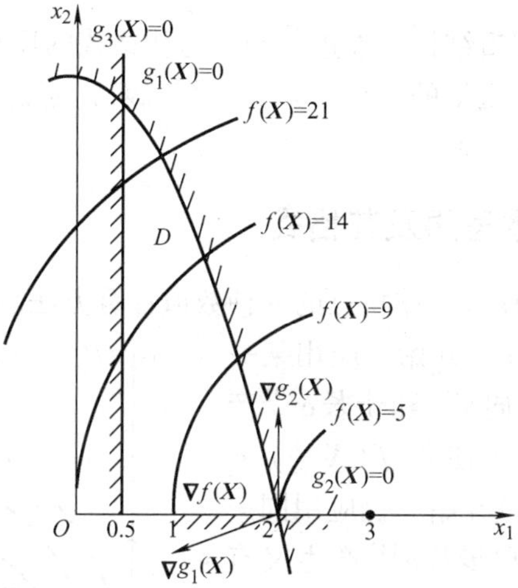

图 2-16　例 2-3 图解

2.5　最优化设计的数值计算迭代法

无约束优化问题和约束优化问题当其数学模型确定以后求其最优解，实质上都属于目标函数的极值问题。两者的优化求解方法联系紧密，其中无约束优化方法又是优化方法中最基本的方法。

非线性无约束最优化问题解法大致分为两类：解析法和数值计算迭代方法。

解析法是采用导数寻求函数极值的方法，其特点是以数学分析为工具，古典的微分法就属于这一类。例 2-1 表明了无约束非线性最优化问题用解析法求极值点的过程。它根据目标函数极值点存在的必要条件式（2-9），用数学分析的方法求出方程组的根$\boldsymbol{X}^*$（驻点），再用式（2-8）计算驻点处的黑塞矩阵来判别是否符合函数极值点存在的充分条件。如符合，驻点$\boldsymbol{X}^*$即为极值点，问题就能解决了。但在工程设计中，往往由于目标函数比较复杂，从而求不出或难以求出目标函数$f(\boldsymbol{X})$对各自变量的偏导数，此时无法形成方程组（2-9），同时即使能得到该方程组，也往往是高次非线性的方程组，使用解析法来求解驻点极为困难。此外，要判别黑塞矩阵是否为正定，一般是很烦琐的，有时甚至不能用于具体计算之中。这类寻优方法仅适用于求解目标函数具有简单而明确的数学形式的非线性规划问题。而对于目标函数比较复杂甚至无明确的数学表达式的情况，这种方法显得求解效率极低或无能为力。这时应采用数值计算迭代法。

数值计算迭代法是直接从目标函数 $f(\boldsymbol{X})$ 出发，使目标函数值逐次下降逼近，利用计算机进行迭代，一步步搜索、调优并最后逼近到函数极值点或达到最优点。根据确定搜索方向和步长的方法不同，数值计算寻优可有许多方法，但其共同点是：

1）要具有简单的逻辑结构并能进行同一迭代格式的反复运算；

2）这种计算方法所取得的结果不是理论精确解，而是近似解，但其精度是可以根据需要加以控制的。

2.5.1 迭代法的基本思想及其格式

迭代法是适应于计算机工作特点的一种数值计算方法。其基本思想是：在设计空间从一个初始设计点 $\boldsymbol{X}^{(0)}$ 开始，应用某一规定的算法，沿某一方向 $S^{(0)}$ 和步长 $\alpha^{(0)}$ 产生改进设计的新点 $\boldsymbol{X}^{(1)}$ 使得 $f(\boldsymbol{X}^{(1)}) < f(\boldsymbol{X}^{(0)})$，然后再从 $\boldsymbol{X}^{(1)}$ 点开始，仍应用同一算法，沿某一方向 $\boldsymbol{S}^{(1)}$ 和步长 $\alpha^{(1)}$ 产生又有改进的设计新点 $\boldsymbol{X}^{(2)}$，使得 $f(\boldsymbol{X}^{(2)}) < f(\boldsymbol{X}^{(1)})$，这样一步一步地搜索下去，使目标函数值步步下降，直至得到满足所规定精度要求的、逼近理论极小点的 $\boldsymbol{X}^*$ 点为止。这种寻找最优点的反复过程称为数值迭代过程。图 2-17 所示为二维无约束最优化迭代过程示意图。

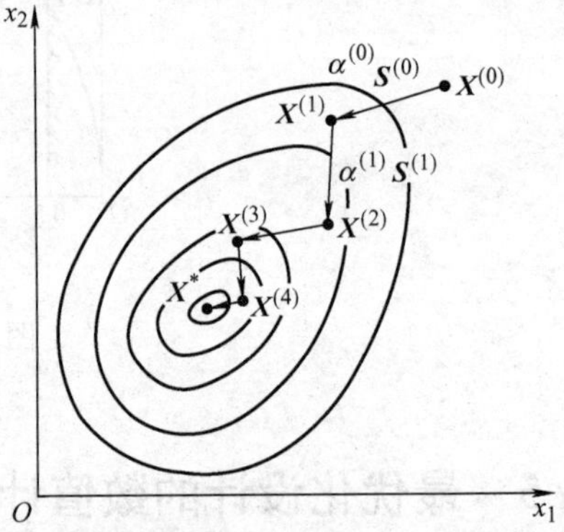

图 2-17 二维无约束最优化迭代过程

无约束最优化算法，每次迭代都按一选定方向 $\boldsymbol{S}$ 和一合适的步长 $\boldsymbol{\alpha}$ 向前搜索，可以写出迭代过程逐次搜索新点的向量方程：

$$\boldsymbol{X}^{(1)} = \boldsymbol{X}^{(0)} + \alpha^{(0)}\boldsymbol{S}^{(0)}$$
$$\boldsymbol{X}^{(2)} = \boldsymbol{X}^{(1)} + \alpha^{(1)}\boldsymbol{S}^{(1)}$$
$$\vdots$$

迭代过程的每一步向量方程，都可写成如下的迭代格式：

$$\boldsymbol{X}^{(k+1)} = \boldsymbol{X}^{(k)} + \alpha^{(k)}\boldsymbol{S}^{(k)} \quad (k=0,1,2,\cdots) \tag{2-28}$$

式中，$\boldsymbol{X}^{(k)}$ 为第 k 步迭代的出发点；$\boldsymbol{X}^{(k+1)}$ 为第 k 步迭代产生出的新点；$\boldsymbol{S}^{(k)}$ 为向量，代表第 k 步迭代的前进方向（或称搜索方向）；$\alpha^{(k)}$ 为标量，代表第 k 步沿 $\boldsymbol{S}^{(k)}$ 方向的迭代步长（或称步长因子）。

在一系列的迭代计算 $k=0$，1，2，…过程中，产生一系列的迭代点（点列）：

$\boldsymbol{X}^{(0)}$，$\boldsymbol{X}^{(1)}$，…，$\boldsymbol{X}^{(k)}$，$\boldsymbol{X}^{(k+1)}$，…，为实现极小化，目标函数 $f(\boldsymbol{X})$ 的值应一次比一次减小，即

$$f(\boldsymbol{X}^{(0)})>f(\boldsymbol{X}^{(1)})>f(\boldsymbol{X}^{(2)})>\cdots>f(\boldsymbol{X}^{(k)})>f(\boldsymbol{X}^{(k+1)})>\cdots \tag{2-29}$$

直至迭代计算满足一定的精度时，则认为目标函数值近似收敛于其理论极小值。

2.5.2　迭代计算的终止准则

按理我们当然希望迭代过程进行到最终迭代点到达理论极小点，或者使最终迭代点与理论极小点之间的距离足够小到允许的精度才终止迭代。但是，在实际上对于一个待求的优化问题，其理论极小点在哪里并不知道。实际上只能从迭代过程获得的迭代点序列 $\boldsymbol{X}^{(0)}$，$\boldsymbol{X}^{(1)}$，$\boldsymbol{X}^{(2)}$，…，$\boldsymbol{X}^{(k)}$，$\boldsymbol{X}^{(k+1)}$ 所提供的信息，根据一定的准则判断出已取得足够精确的近似极小点时，迭代即可终止。最后所得的点即认为是接近理论极小点的近似极小点。对无约束最优化问题常用的送代过程终止准则一般有以下几种：

（1）点距准则　当相邻两迭代点 $\boldsymbol{X}^{(k)}$、$\boldsymbol{X}^{(k+1)}$ 之间的距离已达到充分小时，即小于或等于规定的某一很小正数 ε 时，迭代终止。一般用两个迭代点向量差的模来表示，即

$$\|\boldsymbol{X}^{(k+1)}-\boldsymbol{X}^{(k)}\|\leqslant\varepsilon \tag{2-30}$$

或用 $\boldsymbol{X}^{(k+1)}$ 和 $\boldsymbol{X}^{(k)}$ 在各坐标轴上的分量差来表示，即

$$\|\boldsymbol{X}_i^{(k+1)}-\boldsymbol{X}_i^{(k)}\|\leqslant\varepsilon\quad(i=1,2,\cdots,n) \tag{2-31}$$

（2）函数下降量准则　当相邻两迭代点 $\boldsymbol{X}^{(k)}$、$\boldsymbol{X}^{(k+1)}$ 的目标函数值的下降量已达到充分小时，即小于或等于规定的某一很小正数 ε 时，迭代终止。一般用目标函数值下降量的绝对值来表示，即

$$|f(\boldsymbol{X}^{(k+1)})-f(\boldsymbol{X}^{(k)})|\leqslant\varepsilon(\text{当}|f(\boldsymbol{X}^{(k+1)})|\leqslant1) \tag{2-32}$$

或用目标函数值下降量的相对值来表示，即

$$\left|\frac{f(\boldsymbol{X}^{(k+1)})-f(\boldsymbol{X}^{(k)})}{f(\boldsymbol{X}^{(k)})}\right|\leqslant\varepsilon(\text{当}|f(\boldsymbol{X}^{(k+1)})|>1) \tag{2-33}$$

（3）梯度准则　当目标函数在迭代点 $\boldsymbol{X}^{(k+1)}$ 的梯度已达到充分小时，即小于或等于规定的某一很小正数 ε 时，迭代终止。一般用梯度向量的模来表示，即

$$\|\nabla f(\boldsymbol{X}^{(k+1)})\|\leqslant\varepsilon \tag{2-34}$$

以上各式中的 ε 根据不同的优化方法和具体设计问题对精度的要求而定。一般来说，这几个迭代过程终止准则都分别在某种意义上反映了逼近极值点的程度，只要满足其中任一个迭代终止准则，都可以认为目标函数 $f(\boldsymbol{X}^{(k+1)})$ 收敛于函数 $f(\boldsymbol{X}^{(k)})$ 的极小值，对凸规划问题即为近似最优解：$\boldsymbol{X}^*=\boldsymbol{X}^{(k+1)}$ 和 $f(\boldsymbol{X}^*)=f(\boldsymbol{X}^{(k+1)})$，从而可以结束迭代计算。迭代过程中每一步迭代得一新点，一般都要以终止准则判别是否收敛。如果不满足，则应再进行下一步迭代，直到满足迭代终

止准则为止。

上述几种迭代终止准则，除式（2-34）所示梯度准则仅用于那些需要计算目标函数梯度的最优化方法外，其余并无特别规定必须选用哪一种。有时为了防止函数变化剧烈式（2-30）所示点距准则失效（见图 2-18a），或当函数变化缓慢时式（2-32）所示函数下降量准则失效（见图 2-18b），这时往往将点距准则和函数下降量准则结合起来，使之同时成立。最后尚需指出，迭代终止准则并不限于上述几种，这将在讲述采用其他终止准则的优化方法时再做介绍。

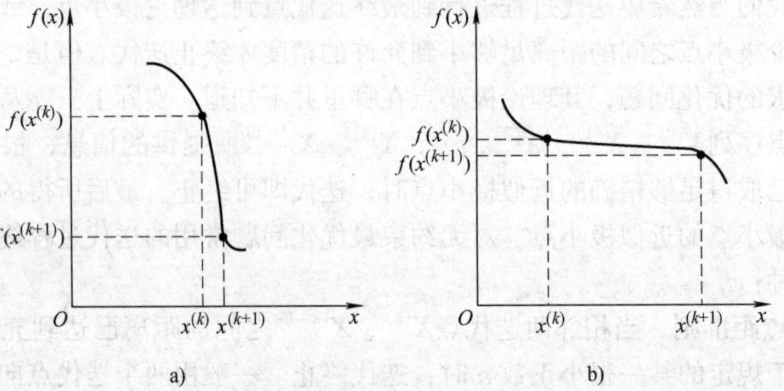

图 2-18　迭代终止准则

第 3 章　一维搜索方法

3.1　概述

在优化设计的迭代运算中，在搜索方向 $\boldsymbol{S}^{(k)}$ 上寻求最优步长 $\alpha^{(k)}$ 的方法称为一维搜索方法。其实，一维搜索方法就是一元函数极小化的数值迭代算法，其求解过程称为一维搜索。一维搜索方法是构成非线性优化方法的基本算法，因为多元函数的迭代解法都可归结为在一系列逐步产生的下降方向上的一维搜索。

从点 $\boldsymbol{X}^{(k)}$ 出发，在方向 $\boldsymbol{S}^{(k)}$ 上的一维搜索可用数学式表达如下：

$$\min f(\boldsymbol{X}^{(k)}+\alpha\boldsymbol{S}^{(k)})=f(\boldsymbol{X}^{(k)}+\alpha_k\boldsymbol{S}^{(k)})$$

$$\boldsymbol{X}^{(k+1)}=\boldsymbol{X}^{(k)}+\alpha_k\boldsymbol{S}^{(k)}$$

此式表示对包含唯一变量 α 的一元函数 $f(\boldsymbol{X}^{(k)}+\alpha_k\boldsymbol{S}^{(k)})$ 求极小值，得到最优步长 $\alpha^{(k)}$ 和方向 $\boldsymbol{S}^{(k)}$ 上的一维极小点 $\boldsymbol{X}^{(k+1)}$。

一维搜索的数值解法可分两步进行：首先在方向 $\boldsymbol{S}^{(k)}$ 上确定一个包含极小点的初始区间，然后用缩小区间或插值逼近的方法逐步得到最优步长和一维极小点。

3.2　搜索区间的确定与区间消去法原理

欲求一元函数 $f(x)$ 的极小点 x^*（为书写简便，这里仍用同一符号 f 表示相应的一元函数），必须先确定 x^* 所在的区间。

1. 确定搜索区间的外推法

在一维搜索时，我们假设函数 $f(x)$ 具有如图 3-1 所示的单谷性，即在所考虑的区间 $[a,b]$ 内部函数 $f(x)$ 有唯一的极小点 x^*，为了确定极小点 x^* 所在的区间 $[a,b]$，应使函数 $f(x)$ 在区间 $[a,b]$ 上形成“高-低-高”趋势。

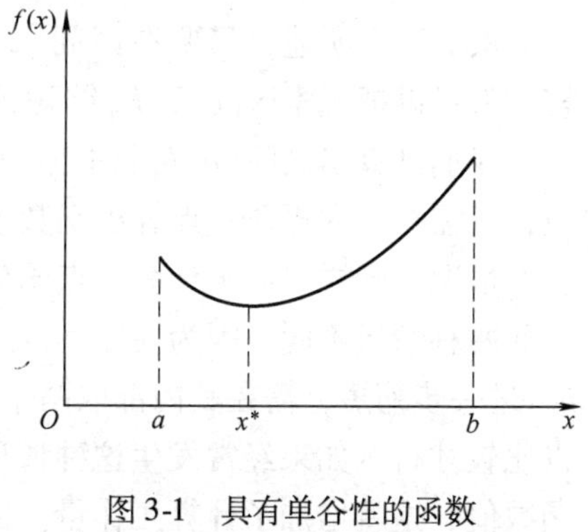

图 3-1　具有单谷性的函数

为此，从 $a=0$ 开始，以初始步长 h_0 向前试探。如果函数值上升，则步长变号，即改变试探方向。如果函数值下降，则维持原来的试探方向，并将步长加倍。区间的始点、中间点依次沿试探方向移动一步。此过程一直进行到函数值再次上升时为止，即可找到搜索区间的终点。最后得到的三点即为搜索区间的始点、中间点和终点，形成函数值的“高-低-高”趋势。

图 3-2 表示沿 a 的正向试探。每走一步都将区间的始点、中间点沿试探方向移动一步（进行换名）。经过三步最后确定搜索区间 $[a_1,a_3]$，并且得到区间始点、中间点和终点$a_1<a_2<a_3$所对应的函数值$y_1>y_2<y_3$。

图 3-3 所表示的情况是，开始是沿 a 的正方向试探，但由于函数值上升而改变了试探方向，最后得到始点、中间点和终点$a_1>a_2<a_3$及它们的对应函数值$y_1>y_2<y_3$，从而形成单谷区间$[a_3,a_1]$为一维搜索区间。

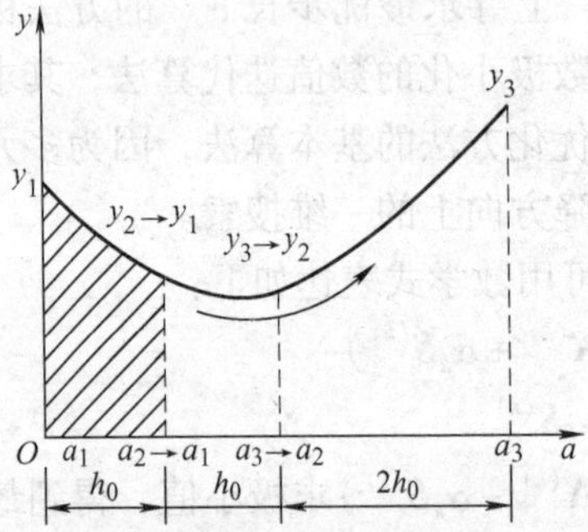

图 3-2　正向搜索的外推法

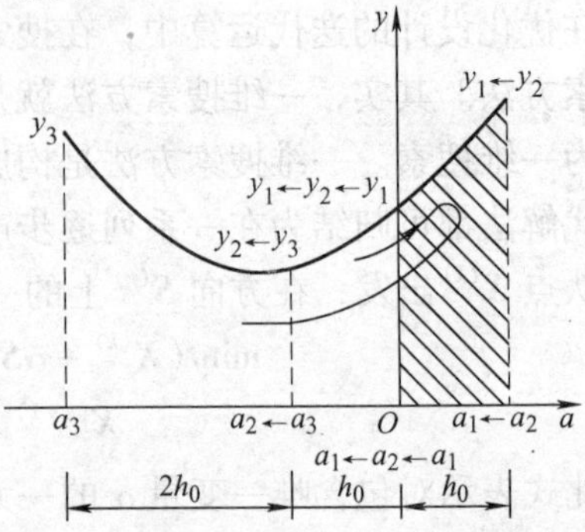

图 3-3　反向搜索的外推法

上述确定搜索区间的外推法，其程序框图如图 3-4 所示。

2. 区间消去法原理

搜索区间$[a,b]$确定之后，采用区间消去法逐步缩短搜索区间，从而找到极小点的数值近似解，假定在搜索区间内任取两点a_1、b_1，$a_1<b_1$，并计算函数值$f(a_1)$、$f(b_1)$。于是将有下列三种可能情形：

1）$f(a_1)<f(b_1)$，如图 3-5a 所示。由于函数为单谷，所以极小点必在区间$[a,b_1]$内。

2）$f(a_1)>f(b_1)$，如图 3-5b 所示。同理，极小点应在区间$[a_1,b]$内。

3）$f(a_1)=f(b_1)$，如图 3-5c 所示，这时极小点应在$[a_1,b_1]$内。

根据以上所述，只要在区间$[a,b]$内取两个点，算出它们的函数值并加以比较，就可以把搜索区间$[a,b]$缩短成$[a,b_1]$或$[a_1,b]$。应当指出，对于第一种情况，我们已算出区间$[a,b_1]$内点a_1的函数值，如果要把搜索区间$[a,b_1]$进一步缩短，只需在其内再取一点算出函数值并与$f(a_1)$加以比较，即可达到目的。对于第二种情况，同样只需再计算一点函数值就可以把搜索区间继续缩短。第三种情形与前面两种情形不同，因为在区间$[a_1,b_1]$内缺少已算出的函数值。要想把区间$[a_1,b_1]$进一步缩短，需在其内部取两个点（而不是一个点）计算出相应的函数值再加以比较才行。如果经常发生这种情形，为了缩短搜索区间，需要多计算一倍数量的函数值，这就增加了计算工作量。因此，为了避免多计算函数值，我们把第三种情形合并到前面两种情形中去。例如，可以把前面三种情形改为下列两种情形：

1）若 $f(a_1)<f(b_1)$，则取 $[a,b_1]$ 为缩短后的搜索区间。

2）$f(a_1)>f(b_1)$，则取 $[a_1,b]$ 为缩短后的搜索区间。

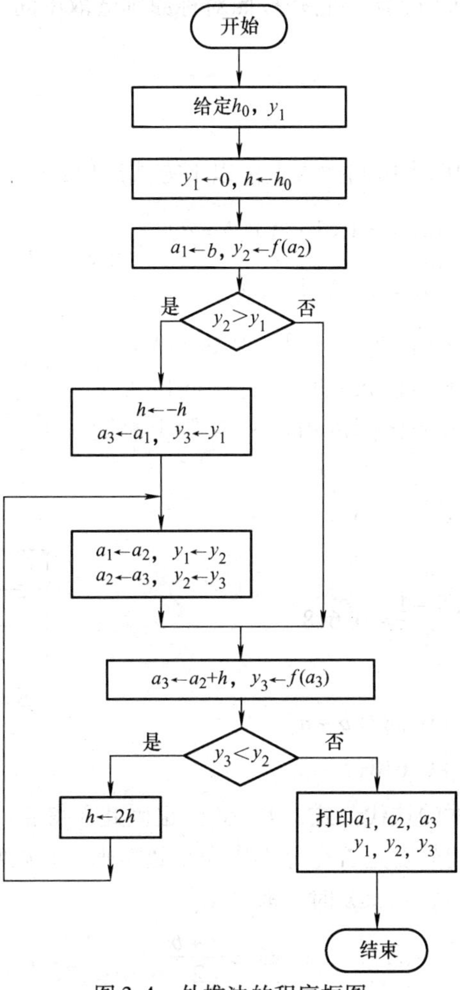

图 3-4　外推法的程序框图

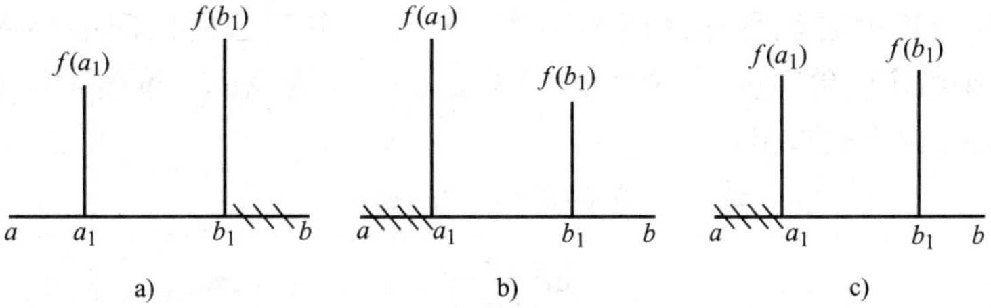

图 3-5　区间消去法原理

a）$f(a_1)<f(b_1)$　b）$f(a_1)>f(b_1)$　c）$f(a_1)=f(b_1)$

3.3 黄金分割法

黄金分割法亦称 0.618 法，它是按照对称原则选取中间插入点而缩小区间的一种一维搜索算法。

3.3.1 基本原理

设区间$[a,b]$内的两个中间插入点由以下方式产生：

$$\begin{cases} x_1 = a + (1-\lambda)(b-a) \\ x_2 = a + \lambda(b-a) \end{cases} \quad (0<\lambda<1) \tag{3-1}$$

若缩小一次后的新区间为$[a,x_2]$，则如图 3-6 所示，由于新旧区间内中间插入点应具有相同位置关系，原区间内的点 x_1 和新区间内的点 x_2 实际上是同一个点，故有

$$\lambda^2 = \lambda - 1$$

由此解得

$$\lambda = \frac{\sqrt{5}-1}{2} \approx 0.618$$

代入式（3-1）有

$$x_1 = a + 0.382(b-a)$$
$$x_2 = a + 0.618(b-a)$$

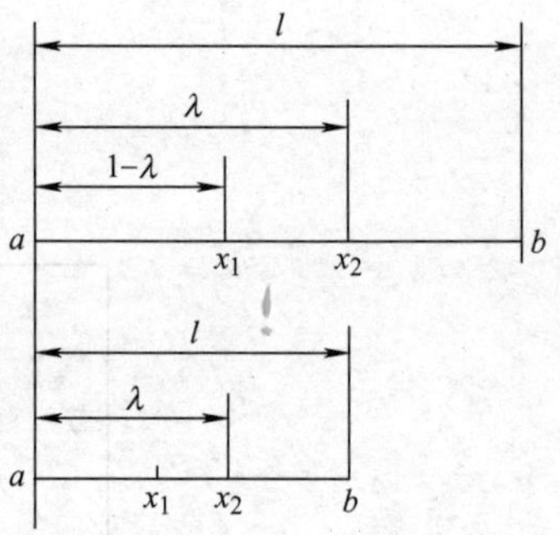

图 3-6　新旧区间比例关系

这就是黄金分割法的迭代公式，0.618 法也因此而得名。

黄金分割法以区间长度是否充分小作为收敛准则，并以收敛区间的中点作为一维搜索的极小点，即当 $b-a \leqslant \varepsilon$ 时，取

$$x^* = \frac{a+b}{2}$$

不难看出，黄金分割法每次区间缩小的比率是完全相等的。如果将新区间的长度和原区间的长度之比称作区间缩小率，则黄金分割法的区间缩小率等于常数 0.618。如果给定收敛精度 ε、初始区间长度 $b-a$，则完成一维搜索所需缩小区间的次数 n 可以由下式求出：

$$0.618^n(b-a) \leqslant \varepsilon$$

$$n \geqslant \frac{\ln\left(\frac{\varepsilon}{b-a}\right)}{\ln 0.618}$$

3.3.2　迭代过程及算法框图

综上所述，黄金分割法的计算步骤如下：

1）给定初始区间[a,b]和收敛精度 ε。

2）产生中间插入点并计算其函数值：

$$x_1 = a + 0.382(b - a), f_1 = f(x_1)$$

$$x_2 = a + 0.618(b - a), f_2 = f(x_2)$$

3）比较函数值 f_1 和 f_2，确定区间的取舍：

若 $f_1 < f_2$，则新区间 $[a,b] = [a,x_2]$，令 $b = x_2$，$x_2 = x_1$，$f_2 = f_1$，记 $N_0 = 0$；

若 $f_1 > f_2$，则新区间 $[a,b] = [x_1,b]$，令 $a = x_1$，$x_1 = x_2$，$f_1 = f_2$，记 $N_0 = 1$，如图 3-7 所示。

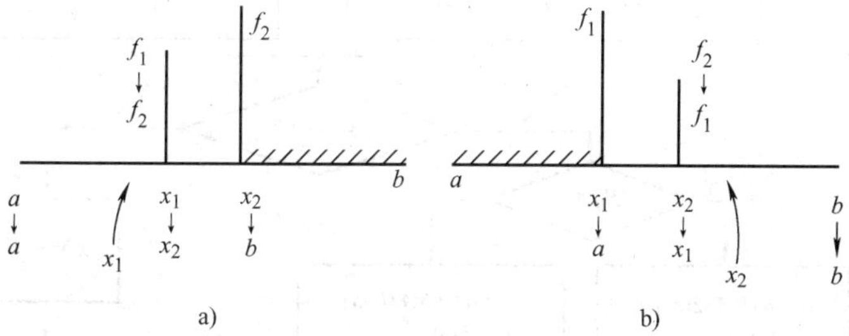

图 3-7　区间取舍

4）收敛判断：若区间的长度足够小，即满足 $|b - a| \leqslant \varepsilon$，则将区间中点作为一维极小点，即令 $x^* = \dfrac{a+b}{2}$，结束一维搜索；否则，转 5）。

5）产生新的插入点：若 $N_0 = 0$，则取 $x_1 = a + 0.382(b - a)$，$f_1 = f(x_1)$；若 $N_0 = 1$，则取 $x_2 = a + 0.618(b - a)$，$f_2 = f(x_2)$。转 3）进行新的区间缩小。

黄金分割法的迭代过程和程序框图如图 3-8 所示。

例 3-1　用黄金分割法求函数 $f(x) = 3x^3 - 4x + 2$ 的极小点，给定 $x_0 = 0$，$h = 1$，$\varepsilon = 0.2$。

解：(1) 确定初始区间

$$x_1 = x_0 = 0, f_1 = f(x_1) = 2$$

$$x_2 = x_0 + h = 0 + 1 = 1, f_2 = f(x_2) = 1$$

由于 $f_1 > f_2$ 应加大步长继续向前探测。令

$$x_3 = x_0 + 2h = 0 + 2 = 2, f_3 = f(x_3) = 18$$

由于 $f_2 < f_3$ 可知初始区间已经找到，即 $[a,b] = [0,2]$

(2) 用黄金分割法缩小区间

1）第一次缩小区间：

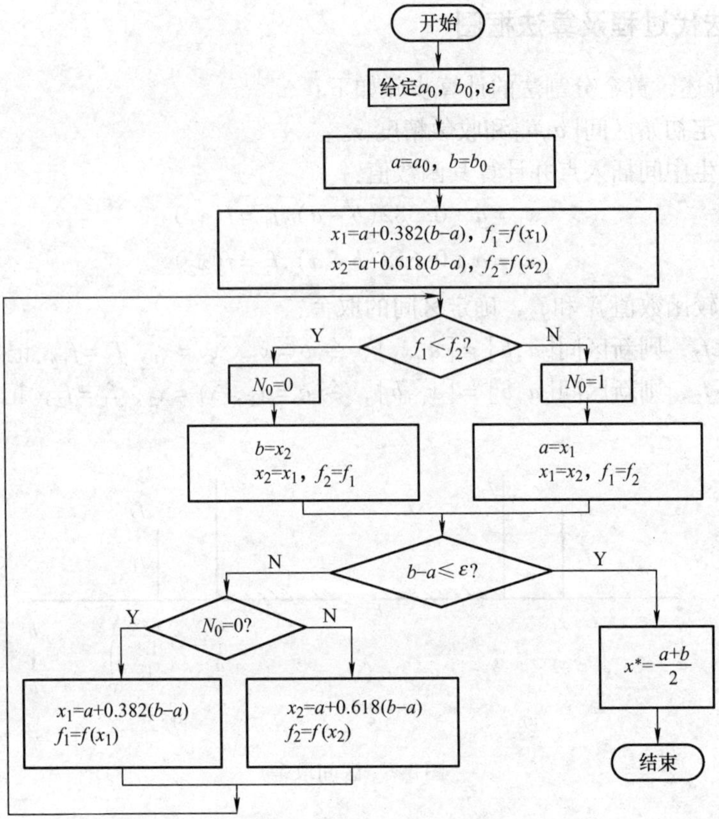

图 3-8 黄金分割法的程序框图

$$x_1=0+0.382(2-0)=0.764,\ f_1=0.282$$

由于$f_1<f_2$，故新区间$[a,b]=[a,x_2]=[0,1.236]$

因为$b-a=1.236>0.2$所以应继续缩小区间。

2）第二次缩小区间：

令

$$x_2=x_1=0.764,f_2=f_1=0.282$$

$$x_1=0+0.382(1.236-0)=0.472,\ f_1=0.317$$

由于$f_1>f_2$，故新区间为$[a,b]=[x_1,b]=[0.472,1.236]$

3）第三次缩小区间：

令

$$x_1=x_2=0.764,f_1=f_2=0.282$$

$$x_2=0.472+0.618\times(1.236-0.472)=0.944,\ f_2=0.747$$

由于$f_1<f_2$，故新区间为$[a,b]=[a,x_2]=[0.472,0.944]$

4）第四次缩小区间：

令

$$x_2 = x_1 = 0.764, f_2 = f_1 = 0.282$$

$$x_1 = 0.472 + 0.382(0.944 - 0.472) = 0.652, f_1 = 0.223$$

由于$f_1 < f_2$，故新区间为$[a,b] = [a,x_2] = [0.472, 0.764]$

因为$b - a = 0.764 - 0.472 = 0.292 > 0.2$，所以应继续缩小区间。

5）第五次缩小区间

令

$$x_2 = x_1 = 0.652, f_2 = f_1 = 0.223$$

$$x_1 = 0.472 + 0.382(0.764 - 0.472) = 0.584, f_1 = 0.262$$

由于$f_1 > f_2$，故新区间为$[a,b] = [x_1,b] = [0.584, 0.764]$

因为$b - a = 0.764 - 0.584 = 0.18 < 0.2$

所以得到极小点和极小值分别为

$$x^* = 0.5 \times (0.584 + 0.764) = 0.674, f^* = 0.222$$

3.4　二次插值方法

二次插值方法又称抛物线法，它是以目标函数的二次插值函数的极小点作为新的中间插入点进行区间缩小的一维搜索算法。

3.4.1　基本原理

已知初始区间$[a,b]$及区间内的一个点c，则可得到相邻的三个点且$a < c < b$及其对应的函数$f_a > f_c > f_b$，记为$x_1 = a$，$x_2 = c$，$x_3 = b$，$f_1 = f_a$，$f_2 = f_c$，$f_3 = f_b$。在fOx坐标平面，过(x_1,f_1)，(x_2,f_2)，(x_3,f_3)可以构成一个二次插值函数，设该插值函数为

$$p(x) = a_0 + a_1 x + a_2 x^2 \tag{3-2}$$

将函数对x求导，得极小点

$$x_p = -\frac{a_1}{2a_2} \tag{3-3}$$

将区间内的三点及其函数值代入式（3-2）有

$$f_1 = a_0 + a_1 x_1 + a_2 x_1^2$$
$$f_2 = a_0 + a_1 x_2 + a_2 x_2^2$$
$$f_3 = a_0 + a_1 x_3 + a_2 x_3^2$$

联立求解以上方程组，可得系数a_0、a_1、a_2，将它们代入式（3-3）有

$$x_p = \frac{1}{2}\frac{(x_2^2 - x_3^2)f_1 + (x_3^2 - x_1^2)f_2 + (x_1^2 - x_2^2)f_3}{(x_2 - x_3)f_1 + (x_3 - x_1)f_2 + (x_1 - x_2)f_3} \tag{3-4}$$

令

$$c_1=\frac{f_3-f_1}{x_3-x_1},c_2=\frac{\frac{f_2-f_1}{x_2-x_1}-c_1}{x_2-x_3}$$

式（3-4）变为

$$x_p=0.5(x_1+x_3-c_1/c_2) \tag{3-5}$$

由式（3-5）求出的 x_p 是插值函数（3-2）的极小点，也是原目标函数的一个近似极小点。以此点作为下一次收缩区间的一个中间插入点，无疑将使新的插入点向极小点逼近的过程加快，如图 3-9 所示。

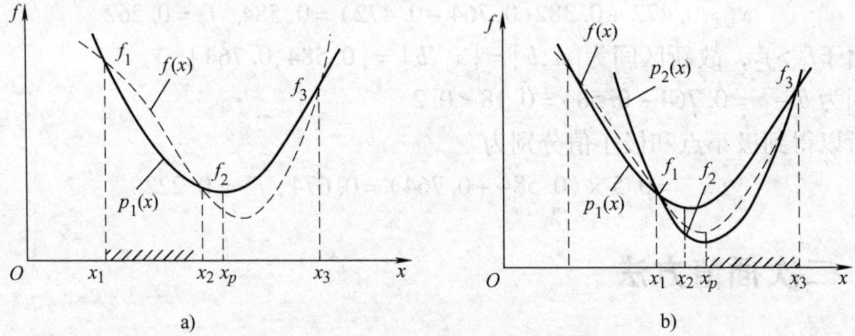

图 3-9 二次插值法的区间缩小和逼近过程

二次插值法的中间插入点包含了函数在三个点上的函数值信息，因此这样的插入点比较接近函数的极小点。

二次插值法以两个中间插入点的距离充分小作为收敛准则，即当 $|x_p-x_2|\leqslant\varepsilon$ 成立时，把 x_p 作为此次一维搜索的极小点。

3.4.2 迭代过程及算法框图

二次插值法的计算步骤如下：

1）给定初始区间 $[a,b]$、收敛精度 ε 和区间中的另外一个点 c。

2）将三个已知点按顺序排列：$x_1=a$，$x_2=c$，$x_3=b$，$f_1=f(x_1)$，$f_2=f(x_2)$，$f_3=f(x_3)$。

3）按式（3-4）或按式（3-5）计算中间插入点 x_p 及其函数值 $f_p=f(x_p)$。

4）收敛判断：若 $|x_p-x_2|\leqslant\varepsilon$，$|f_2-f_p|\leqslant\varepsilon$，则转 6)；否则，转 5)。

5）缩小区间：

若 $f_p\leqslant f_2$，且当 $x_p\leqslant x_2$，令 $x_3=x_2$，$x_2=x_p$，$f_3=f_2$，$f_2=f_p$；且当 $x_p>x_2$，令 $x_1=x_2$，$x_2=x_p$，$f_1=f_2$，$f_2=f_p$；

若 $f_p>f_2$，且当 $x_p\leqslant x_2$，令 $x_1=x_p$，$f_1=f_p$；且当 $x_p>x_2$，令 $x_3=x_p$，$f_3=f_p$。

转 3）求新的插入点。

6）$f_p\leqslant f_2$，则令 $x^*=x_p$，$f^*=f_p$；否则，令 $x^*=x_2$，$f^*=f_2$，结束一维搜索。

二次插值法的区间取舍及替换如图 3-10 所示，程序框图如图 3-11 所示。

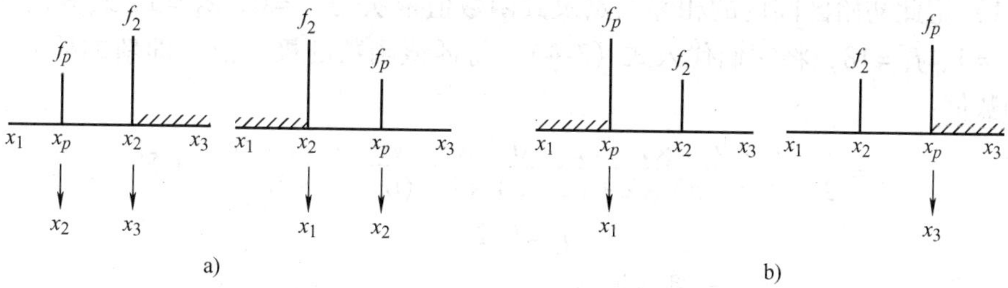

图 3-10　二次插值法的区间取舍及替换

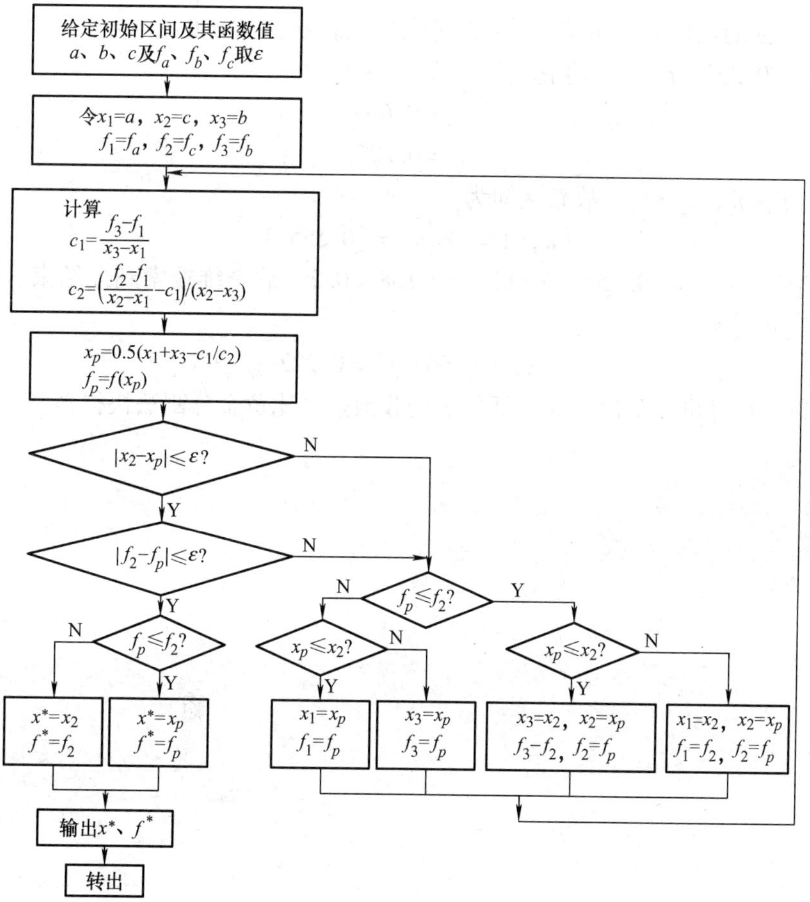

图 3-11　二次插值法的程序框图

例 3-2　用二次插值法求解例 3-1。

解：（1）初始区间的确定

初始区间的确定与上题相同。即 $[a,b]=[0,2]$，另有一中间点 $x_2=1$。

（2）用二次插值法接近极小点

1）记此初始区间内的相邻三点及其函数值依次为$x_1=0$，$x_2=1$，$x_3=2$，$f_1=2$，$f_2=1$，$f_3=18$，将它们代入式（3-4），得插值函数的极小点，即新的插入点及其函数值：

$$x_p=\frac{1}{2}\frac{(1^2-2^2)\times2+(2^2-0^2)\times1+(0^2-1^2)\times18}{(1-2)\times2+(2-0)\times1+(0-1)\times18}=0.555$$

$$f_p=0.293$$

由于$f_p<f_2$，$x_p<x_2$，故新区间为

$$[a,b]=[a,x_2]=[0,1]$$

由于$|x_2-x_p|=1-0.555=0.445>0.2$，故应继续做第二次插值计算。

2）在新的区间内，相邻三点及其函数值依次为$x_1=0$，$x_2=0.555$，$x_3=1$，$f_1=2$，$f_2=0.293$，$f_3=1$，将它们代入式（3-4）得

$$x_p=0.663$$

$$f_p=0.222$$

由于$f_p<f_2$，$x_p>x_2$，故新区间为

$$[a,b]=[x_2,b]=[0.555,1]$$

由于$|x_2-x_p|=|0.555-0.663|=0.108<0.2$，故一维搜索到此结束，极小点和极小值分别为

$$x^*=0.663, f^*=0.222$$

由以上计算可以看出，二次插值法的收敛速度比黄金分割法快得多。

第 4 章　无约束优化方法

4.1　概述

大多数机械优化设计问题，都是在一定的限制条件下追求某一指标为最小，所以它们都属于约束优化问题。但是，也有些实际问题，其数学模型本身就是一个无约束优化问题，或者除了在非常接近最终极小点的情况下，都可以按无约束问题来处理。研究无约束优化问题的另一个原因是，通过熟悉它的解法可以为研究约束优化问题打下良好的基础。第三个原因是，约束优化问题的求解可以通过一系列无约束优化方法来达到。所以无约束优化问题的解法是优化设计方法的基本组成部分，也是优化方法的基础。

无约束优化问题是：求 n 维设计变量

$$\boldsymbol{X}=[x_1,x_2,\cdots,x_n]^{\mathrm{T}}$$

使目标函数 $f(\boldsymbol{X})\to\min$，而对 $\boldsymbol{X}$ 没有任何限制条件。

对于无约束优化问题的求解，可以直接应用第 3 章讲述的极值条件来确定极值点位置，这就是把求函数极值的问题变成求解方程

$$\nabla f=\boldsymbol{0}$$

的问题。即求 $\boldsymbol{X}$，使其满足

$$\begin{cases}\dfrac{\partial f}{\partial x_1}=0\\[2mm]\dfrac{\partial f}{\partial x_2}=0\\\quad\vdots\\\dfrac{\partial f}{\partial x_n}=0\end{cases}\tag{4-1}$$

这是一个含有 n 个未知量、n 个方程的方程组，并且一般是非线性的。除了一些特殊情况外，一般来说非线性方程组的求解与求无约束极值一样也是一个困难问题，甚至前者比后者更困难。对于非线性方程组，一般是很难用解析方法求解的，需要采用数值计算方法逐步求出非线性联立方程组的解。但是，与其用数值计算方法求解非线性方程组，倒不如用数值计算方法直接求解无约束极值问题。因此，本章将介绍求解无约束优化问题常用的数值解法。

数值计算方法最常用的是搜索方法，其基本思想是从给定的初始点 $\boldsymbol{X}^{(0)}$ 出发，

沿某一搜索方向$\boldsymbol{S}^{(0)}$进行搜索，确定最佳步长$\alpha^{(0)}$使函数值沿方向$\boldsymbol{S}^{(0)}$下降最大。依此方式按下述公式不断进行，形成迭代的下降算法：

$$\boldsymbol{X}^{(k+1)}=\boldsymbol{X}^{(k)}+\alpha^{(k)}\boldsymbol{S}^{(k)}\quad(k=0,1,2,\cdots)\tag{4-2}$$

各种无约束优化方法的区别就在于确定其搜索方向$\boldsymbol{S}^{(k)}$的方法不同。所以，搜索方向的构成问题乃是无约束优化方法的关键。

$\boldsymbol{X}^{(k+1)}=\boldsymbol{X}^{(k)}+\alpha^{(k)}\boldsymbol{S}^{(k)}$中，$\boldsymbol{S}^{(k)}$是第$k+1$次搜索或迭代方向，称为搜索或迭代方向，它是根据数学原理由目标函数和约束条件的局部信息状态形成的。确定$\boldsymbol{S}^{(k)}$的方法有很多，相应地确定使$f(\boldsymbol{X}^{(k)}+\alpha^{(k)}\boldsymbol{S}^{(k)})$取极值的$\alpha^{(k)}=\alpha^*$的方法也是不同的，具体方法已在第3章“一维搜索方法”中进行了讨论。

$\boldsymbol{S}^{(k)}$和$\alpha^{(k)}$的形成和确定方法不同就派生出不同的n维无约束优化问题的数值解法。因此，可对无约束优化的算法进行分类。其分类原则就是依式$\boldsymbol{X}^{(k+1)}=\boldsymbol{X}^{(k)}+\alpha^{(k)}\boldsymbol{S}^{(k)}$中的$\boldsymbol{S}^{(k)}$和相应的$\alpha^{(k)}$的形成或确定方法而定的。

根据构成搜索方向所使用的信息性质的不同，无约束优化方法可以分为两类。一类是利用目标函数的一阶或二阶导数的无约束优化方法，如最速下降法、共轭梯度法、牛顿法及变尺度法等。另一类是只利用目标函数值的无约束优化方法，如坐标轮换法、单形替换法及鲍威尔（Powell）法等。本章将分别讨论上述两类无约束优化方法。

4.2 最速下降法

4.2.1 基本原理

优化设计是追求目标函数值$f(\boldsymbol{X})$最小，因此一个很自然的想法是从某点$\boldsymbol{X}$出发，其搜索方向$\boldsymbol{S}$取该点的负梯度方向$-\nabla f(\boldsymbol{X})$（最速下降方向），使函数值在该点附近的范围内下降最快。按此规律不断走步，形成以下迭代的算法：

$$\boldsymbol{X}^{(k+1)}=\boldsymbol{X}^{(k)}-\boldsymbol{\alpha}^{(k)}\ \nabla f(\boldsymbol{X})\tag{4-3}$$

由于最速下降法是以负梯度方向作为搜索方向，所以最速下降法又称为梯度法。

为了使目标函数值沿搜索方向$-\nabla f(\boldsymbol{X})$能获得最大的下降值，其步长因子应取一维搜索的最佳步长$\alpha^{(k)}$。即有

$$f(\boldsymbol{X}^{(k+1)})=f(\boldsymbol{X}^{(k)}-\alpha^{(k)}\ \nabla f(\boldsymbol{X}))=\min f((\boldsymbol{X}^{(k)}-\alpha^{(k)}\ \nabla f(\boldsymbol{X}))=\min\varphi(\alpha)$$

根据一元函数极值的必要条件和多元复合函数求导公式，即有

$$\varphi'(\alpha)=-\{\nabla f(\boldsymbol{X}^{(k)}-\alpha^{(k)}\ \nabla f(\boldsymbol{X}^{(k)}))\}^{\mathrm{T}}\ \nabla f(\boldsymbol{X}^{(k)})=0$$

即
$$[\nabla f(\boldsymbol{X}^{(k+1)})]^{\mathrm{T}}\ \nabla f(\boldsymbol{X}^{(k)})=0$$

或写成
$$(\boldsymbol{S}^{(k+1)})^{\mathrm{T}}\boldsymbol{S}^{(k)}=0$$

由此可知，在最速下降法中，相邻两个迭代点上的函数梯度相互垂直。而搜索方向就是负梯度方向，因此相邻两个搜索方向互相垂直。这就是说在最速下降法

中，迭代点向函数极小点靠近的过程，走的是曲折的路线。这一次搜索方向与前一次的搜索方向互相垂直，形成“之”字形的锯齿现象，见图 4-1。从直观上可以看到，在远离极小点的位置，每次迭代可使函数值有较多的下降。可是在接近极小点的位置，由于锯齿现象使每次迭代行进的距离缩短，因而收敛速度减慢。这种情况似乎与“最速下降”的名称相矛盾，其实不然，这是因为梯度是函数的局部性质。从局部上看，在一点附近函数的下降是快的，但从整体上看则走了许多弯路，因此函数的下降并不算快。

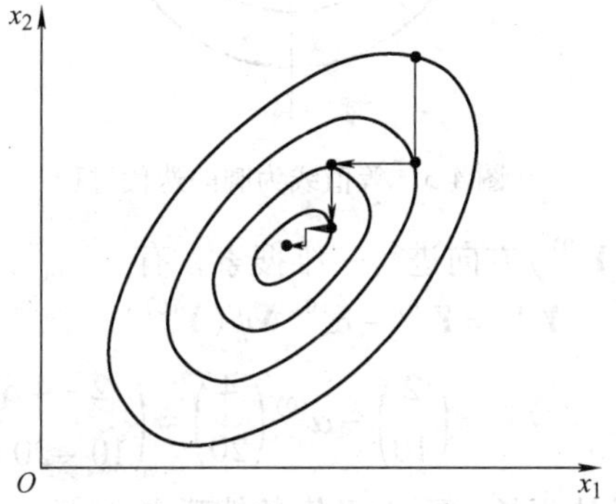

图 4-1　最速下降法的搜索路径

若将 4.10 节例 4-1 中的目标函数 $f(\boldsymbol{X})=x_1^2+25x_2^2$ 引入变换

$$y_1=x_1$$

$$y_2=5x_2$$

则函数 $f(\boldsymbol{X})$ 变为

$$\psi(\boldsymbol{Y})=y_1^2+y_2^2$$

其等值线就由一族椭圆（图 4-2）变成一族同心圆（图 4-3），仍从 $\boldsymbol{X}^{(0)}=(2,2)^{\mathrm{T}}$ 即 $\boldsymbol{Y}^{(0)}=(2,10)^{\mathrm{T}}$ 出发进行最速下降法寻优。此时有

$$\psi(\boldsymbol{Y}^{(0)})=104$$

$$\nabla\psi(\boldsymbol{Y}^{(0)})=\begin{pmatrix}2y_1\\2y_2\end{pmatrix}=\begin{pmatrix}4\\20\end{pmatrix}$$

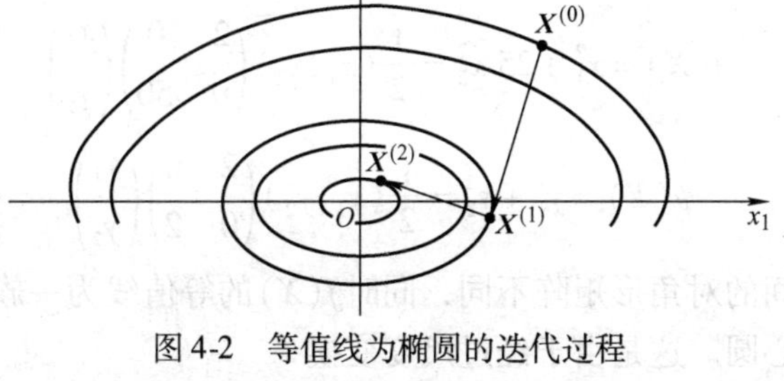

图 4-2　等值线为椭圆的迭代过程

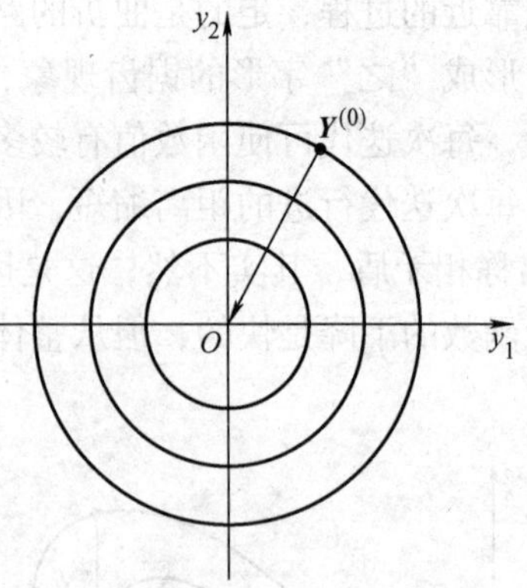

图 4-3 等值线为圆的迭代过程

沿负梯度 $-\nabla\psi(\boldsymbol{Y}^{(0)})$ 方向进行一维搜索，有

$$\boldsymbol{Y}^{(1)}=\boldsymbol{Y}^{(0)}-\alpha^{(0)}\nabla\psi(\boldsymbol{Y}^{(0)})$$

$$=\begin{pmatrix}2\\10\end{pmatrix}-\alpha^{(0)}\begin{pmatrix}4\\20\end{pmatrix}=\begin{pmatrix}2-4\alpha^{(0)}\\10-20\alpha^{(0)}\end{pmatrix}$$

$\alpha^{(0)}$ 为一维搜索最佳步长，可由极值条件算出

$$\psi(\boldsymbol{Y}^{(1)})=\min_{\alpha^{(0)}}\psi(\boldsymbol{Y}^{(0)}-\alpha^{(0)}\nabla\psi(\boldsymbol{Y}^{(0)}))=\min_{\alpha^{(0)}}\Phi(\alpha^{(0)})$$

$$\Phi(\alpha^{(0)})=(2-4\alpha^{(0)})^2+(10-20\alpha^{(0)})^2$$

$$\Phi'(\alpha^{(0)})=-8(2-4\alpha^{(0)})-40(10-20\alpha^{(0)})=0$$

$$\alpha^{(0)}=\frac{26}{52}=0.5$$

从而算得第一次走步后设计点的位置及其相应的目标函数值为

$$\boldsymbol{Y}^{(1)}=\begin{pmatrix}2-4\alpha^{(0)}\\10-20\alpha^{(0)}\end{pmatrix}=\begin{pmatrix}0\\0\end{pmatrix}$$

$$\psi(\boldsymbol{Y}^{(1)})=0$$

可见经过坐标变换后，只需经过一次迭代，就可找到最优解

$$\boldsymbol{X}^*=(0,0)^{\mathrm{T}}$$

$$f(\boldsymbol{X}^*)=0$$

比较以上两种函数形式

$$f(\boldsymbol{X})=x_1^2+25x_2^2=\frac{1}{2}(x_1,x_2)\begin{pmatrix}2&0\\0&50\end{pmatrix}\begin{pmatrix}x_1\\x_2\end{pmatrix}$$

$$\psi(\boldsymbol{Y})=y_1^2+y_2^2=\frac{1}{2}(y_1,y_2)\begin{pmatrix}2&0\\0&2\end{pmatrix}\begin{pmatrix}y_1\\y_2\end{pmatrix}$$

可以看出它们中间的对角形矩阵不同，同时 $f(\boldsymbol{X})$ 的等值线为一族椭圆，而 $\psi(\boldsymbol{Y})$ 的等值线为一族同心圆。这是由于经过尺度变换

$$y_1 = x_1$$
$$y_2 = 5x_2$$

即 x_1 轴的度量不变，而把 x_2 轴的度量放大 5 倍，从而把等值线由椭圆变成圆了，这说明上面两个二次型函数的对角形矩阵刻画了椭圆的长、短轴，它们是表示度量的矩阵或者是表示尺度的矩阵。最速下降法的收敛速度和变量的尺度关系很大，这一点可从最速下降法收敛速度的估计式上看出来。在适当条件下，有

$$\|\boldsymbol{X}^{(k+1)} - \boldsymbol{X}^*\| \leqslant \left(1 - \frac{m^2}{M^2}\right)\|\boldsymbol{X}^{(k)} - \boldsymbol{X}^*\| \tag{4-4}$$

式中，M 为 $f(\boldsymbol{X})$ 的黑塞矩阵最大特征值上界；m 为其最小特征值下界。

对于等值线为椭圆的二次型函数 $f(\boldsymbol{X}) = x_1^2 + 25x_2^2$，其黑塞矩阵 $\boldsymbol{H} = \begin{pmatrix} 2 & 0 \\ 0 & 50 \end{pmatrix}$，两个特征值分别为 $\lambda_1 = 2$，$\lambda_2 = 50$ 。因此 $m = 2$，$M = 50$，从而有

$$\|\boldsymbol{X}^{(k+1)} - \boldsymbol{X}^*\| \leqslant \left(1 - \frac{2^2}{50^2}\right)\|\boldsymbol{X}^{(k)} - \boldsymbol{X}^*\| = \frac{624}{625}\|\boldsymbol{X}^{(k)} - \boldsymbol{X}^*\|$$

可见等值线为椭圆的长、短轴相差越大，收敛就越慢。而对等值线为圆的二次函数 $\psi(\boldsymbol{Y}) = y_1^2 + y_2^2$，其黑塞矩阵 $\boldsymbol{H} = \begin{pmatrix} 2 & 0 \\ 0 & 2 \end{pmatrix}$，两个特征值相等，即 $\lambda_1 = \lambda_2 = 2$，因此 $m = M = 2$，将其代入式（4-4），有

$$\|\boldsymbol{Y}^{(k+1)} - \boldsymbol{Y}^*\| \leqslant 0$$

得

$$\boldsymbol{Y}^{(k+1)} = \boldsymbol{Y}^*$$

即经过一次迭代便可达到极值点。

当相邻两个迭代点之间满足关系式（4-4）时（右边的系数为小于等于 1 的正常数），我们称相应的迭代方法是具有线性收敛速度的迭代法。因此，最速下降法是具有线性收敛速度的迭代法。

最速下降法是一个求解极值问题的古老算法，早在 1847 年就已由柯西（Cauchy）提出。此法直观、简单。由于它采用了函数的负梯度方向作为下一步的搜索方向，所以收敛速度较慢，越是接近极值点收敛越慢，这是它的主要缺点。应用最速下降法可以使目标函数在开头几步下降很快，所以它可与其他无约束优化方法配合使用。特别是一些更有效的方法都是在对它改进后，或在它的启发下获得的，因此最速下降法仍是许多有约束和无约束优化方法的基础。

4.2.2　迭代过程及算法框图

最速下降法的迭过程如下：

1）给定初值 $\boldsymbol{X}^{(0)}$、收敛精度 ε 和计算次数 $k = 0$。

2）令计算次数 $k = k + 1$，计算负梯度 $-\nabla f(\boldsymbol{X}^{(k)})$。

3）计算 $\boldsymbol{X}^{(k+1)} = \boldsymbol{X}^{(k)} - \alpha^{(k)}\nabla f(\boldsymbol{X}^{(k)})$，求解 $f(\boldsymbol{X}^{(k+1)}) = \min\limits_{\alpha^{(k)}} f[\boldsymbol{X}^{(k)} - \alpha^{(k)}\nabla f$

$(\boldsymbol{X}^{(k)})]$，求得 $\alpha^{(k)}$。

4）判断 $\|\boldsymbol{X}^{(k+1)}-\boldsymbol{X}^{(k)}\|<\varepsilon$，“是”则收敛，输出 $\boldsymbol{X}^{*}=\boldsymbol{X}^{(k+1)}$ 和函数值 $f(\boldsymbol{X}^{*})$，否则转入步骤2）。

按此迭代过程的程序框图如图4-4所示。

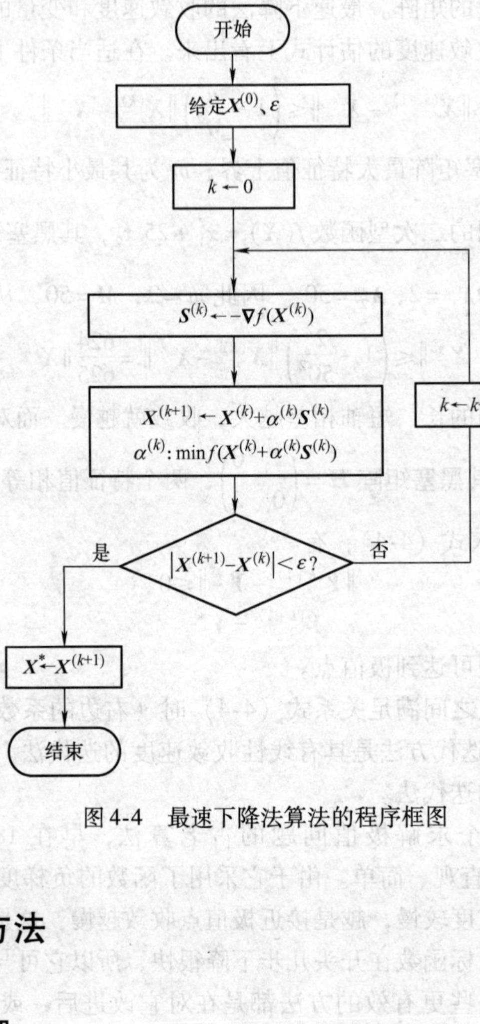

图4-4 最速下降法算法的程序框图

4.3 牛顿型方法

4.3.1 基本原理

1. 原始牛顿法

原始牛顿法的基本原理是：原目标函数 $f(\boldsymbol{X})$ 用在迭代点 $\boldsymbol{X}^{(k)}$ 邻域展开的泰勒二次多项式 $\varphi(\boldsymbol{X})$ 去近似代替，再以 $\varphi(\boldsymbol{X})$ 这个二次函数的极小点 $\boldsymbol{X}_{\varphi}^{*}$ 作为原目标函数的下一个迭代点 $\boldsymbol{X}^{(k+1)}$，这样重复迭代若干次后，使迭代点点列逐步逼近原目标函数 $f(\boldsymbol{X})$ 的极小点 $\boldsymbol{X}^{*}$。

二次逼近函数 $\varphi(\boldsymbol{X})$ 可写成

$$\varphi(\boldsymbol{X})=f(\boldsymbol{X}^{(k)})+[\nabla f(\boldsymbol{X}^{(k)})]^{\mathrm{T}}(\boldsymbol{X}-\boldsymbol{X}^{(k)})+\frac{1}{2}(\boldsymbol{X}-\boldsymbol{X}^{(k)})^{\mathrm{T}}\boldsymbol{H}(\boldsymbol{X}^{(k)})(\boldsymbol{X}-\boldsymbol{X}^{(k)})\approx f(\boldsymbol{X}) \tag{4-5}$$

式中，$\nabla f(\boldsymbol{X}^{(k)})$、$\boldsymbol{H}(\boldsymbol{X}^{(k)})$分别为原目标函数$f(\boldsymbol{X})$在$\boldsymbol{X}^{(k)}$点的梯度和黑塞矩阵。

$\varphi(\boldsymbol{X})$的极小点$\boldsymbol{X}_{\varphi}^{*}$可由极值存在的必要条件，今其梯度 $\nabla\varphi(\boldsymbol{X})=0$ 来求得，亦即

$$\nabla\varphi(\boldsymbol{X}^{(k)})=\nabla f(\boldsymbol{X}^{(k)})+\boldsymbol{H}(\boldsymbol{X}^{(k)})(\boldsymbol{X}-\boldsymbol{X}^{(k)})=\mathbf{0}$$

这样，

$$\boldsymbol{H}(\boldsymbol{X}^{(k)})(\boldsymbol{X}-\boldsymbol{X}^{(k)})=-\nabla f(\boldsymbol{X}^{(k)})$$

若$\boldsymbol{H}(\boldsymbol{X}^{(k)})$为可逆矩阵，将上式等号两边左乘以$[\boldsymbol{H}(\boldsymbol{X}^{(k)})]^{-1}$，则得

$$\boldsymbol{X}_{\varphi}^{*}=\boldsymbol{X}^{(k)}-[\boldsymbol{H}(\boldsymbol{X}^{(k)})]^{-1}\nabla f(\boldsymbol{X}^{(k)}) \tag{4-6}$$

将$\boldsymbol{X}_{\varphi}^{*}$取作下一个优化迭代点$\boldsymbol{X}^{(k+1)}$，即可得到原始牛顿法的迭代公式为

$$\boldsymbol{X}^{(k+1)}=\boldsymbol{X}^{(k)}-[H(\boldsymbol{X}^{(k)})]^{-1}\nabla f(\boldsymbol{X}^{(k)}) \tag{4-7}$$

由式（4-7）可知原始牛顿法的搜索方向为

$$\boldsymbol{S}^{(k)}=-[\boldsymbol{H}(\boldsymbol{X}^{(k)})]^{-1}\nabla f(\boldsymbol{X}^{(k)}) \tag{4-8}$$

这个方向称为牛顿方向。由式（4-7）还可看到迭代公式中没有步长因子$\alpha^{(k)}$，所以原始牛顿法是一种定步长的搜索迭代。

2. 阻尼牛顿法

为消除原始牛顿法的上述弊病，对其加以改进，提出了“阻尼牛顿法”。阻尼牛顿法每次迭代方向仍采用式（4-8）表达的牛顿方向$\boldsymbol{S}^{(k)}$，但每次迭代需沿此方向作一维搜索，求其最优步长因子$\alpha^{(k)}$，即

$$f(\boldsymbol{X}^{(k)}+\alpha^{(k)}\boldsymbol{S}^{(k)})=\min f(\boldsymbol{X}^{(k)}+\alpha^{(k)}\boldsymbol{S}^{(k)})$$

将原始牛顿法的迭代公式修改为

$$\boldsymbol{X}^{(k+1)}=\boldsymbol{X}^{(k)}-\alpha^{(k)}[\boldsymbol{H}(\boldsymbol{X}^{(k)})]^{-1}\nabla f(\boldsymbol{X}^{(k)}) \tag{4-9}$$

此即牛顿法的迭代公式。式中，$\alpha^{(k)}$称为阻尼因子，是通过沿牛顿方向一维搜索寻优而得。当目标函数$f(\boldsymbol{X})$的黑塞矩阵$\boldsymbol{H}(\boldsymbol{X}^{(k)})$处处正定时，阻尼牛顿法能保证每次迭代点的函数值均有所下降，从而保持了二次收敛的特性。

4.3.2 迭代过程及算法框图

阻尼牛顿法的具体迭代步骤如下：

1）给定初始点$\boldsymbol{X}^{(0)}\in\mathbf{R}^{n}$、迭代精度$\varepsilon$、维数$n$。

2）置$0\Rightarrow k$。

3）计算$\boldsymbol{X}^{(k)}$点的梯度 $\nabla f(\boldsymbol{X}^{(k)})$及其模$\|\nabla f(\boldsymbol{X}^{(k)})\|$。

4）检验是否满足迭代终止条件$\|\nabla f(\boldsymbol{X}^{(k)})\|\leqslant\varepsilon$。若满足停止迭代，输出最优解：$\boldsymbol{X}^{(k)}=\boldsymbol{X}^{*}$，$f(\boldsymbol{X}^{(k)})=f(\boldsymbol{X}^{*})$；否则，进行下一步。

5）计算$\boldsymbol{X}^{(k)}$处的黑塞矩阵$\boldsymbol{H}(\boldsymbol{X}^{(k)})$，并求其逆矩阵$[\boldsymbol{H}(\boldsymbol{X}^{(k)})]^{-1}$。

6）确定牛顿方向$\boldsymbol{S}^{(k)}=[\boldsymbol{H}(\boldsymbol{X}^{(k)})]^{-1}\nabla f(\boldsymbol{X}^{(k)})$，沿$\boldsymbol{S}^{(k)}$方向进行一维搜索求最优步长$\alpha^{(k)}$，$f(\boldsymbol{X}^{(k)}+\alpha^{(k)}\boldsymbol{S}^{(k)})=\min\limits_{\alpha^{(k)}} f(\boldsymbol{X}^{(k)}+\alpha^{(k)}\boldsymbol{S}^{(k)})$。

7）计算迭代新点$\boldsymbol{X}^{(k+1)}=\boldsymbol{X}^{(k)}+\alpha^{(k)}\boldsymbol{S}^{(k)}$。

8）置$k+1\Rightarrow k$返回步骤3）进行下一次迭代计算。

阻尼牛顿法的算法框图如图4-5所示。

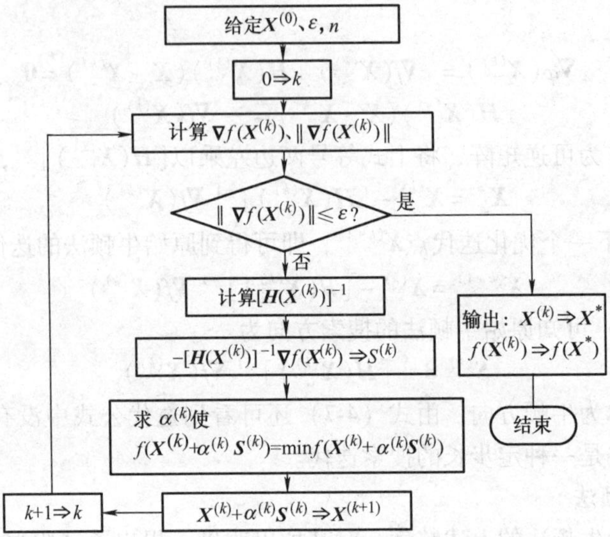

图4-5 阻尼牛顿法的算法框图

4.4 共轭方向法

为了克服最速下降法的锯齿现象以提高其收敛速度，发展了一类共轭方向法。由于这类方法的搜索方向取的是共轭方向，因此先介绍共轭方向的概念和性质。

4.4.1 基本原理

1. 共轭方向的概念

共轭方向的概念是在研究二次函数

$$f(\boldsymbol{X})=\frac{1}{2}\boldsymbol{X}^{\mathrm{T}}\boldsymbol{G}\boldsymbol{X}+\boldsymbol{b}^{\mathrm{T}}\boldsymbol{X}+c \tag{4-10}$$

（$\boldsymbol{G}$为对称正定矩阵）时引出的。本节和以后几节所介绍的方法有一个共同的特点，就是首先以式（4-10）的二次函数为目标函数给出有关算法，然后再把算法推广到一般的目标函数中去。

为了直观起见，首先考虑二维情况。二元二次函数的等值线为一族椭圆，任选初始点$\boldsymbol{X}^{(0)}$沿某个下降方向$\boldsymbol{S}^{(0)}$作一维搜索，得

$$X^{(1)}=X^{(0)}+\alpha^{(0)}S^{(0)}$$

因$\alpha^{(0)}$是沿$S^{(0)}$方向搜索的最佳步长，即在$X^{(0)}$点处函数$f(X)$沿$S^{(0)}$方向的方向导数为零。

考虑到$X^{(1)}$点处方向导数与梯度之间的关系，故有

$$\left.\frac{\partial f}{\partial S^{(0)}}\right|_{X^{(1)}}=[\nabla f(X^{(1)})]^{\mathrm{T}}S^{(0)}=0 \tag{4-11}$$

式中，$S^{(0)}$与某一等值线相切于$X^{(1)}$点。下一次迭代，如果按最速下降法，选择负梯度$-\nabla f(X^{(1)})$方向为搜索方向，则将发生锯齿现象。为避免锯齿的发生，我们可取下一次的迭代搜索方向$S^{(1)}$直指极小点X^*，如图 4-6 所示。如果能够选定这样的搜索方向，那么对于二元二次函数只需顺次进行$S^{(0)}$、$S^{(1)}$两次直线搜索就可以求到极小点X^*，即有

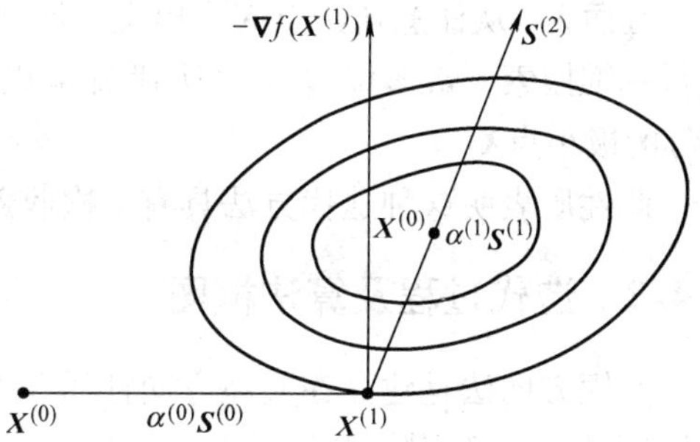

图 4-6　共轭方向的搜索方向

$$X^*=X^{(1)}+\alpha^{(1)}S^{(1)}$$

式中，$\alpha^{(1)}$为$S^{(1)}$方向上的最佳步长。

那么这样的$S^{(1)}$方向应该满足什么条件呢？对于由式（4-10）所表示的二次函数$f(X)$有

$$\nabla f(X^{(1)})=GX^{(1)}+b$$

当$X^{(1)}\neq X^*$时，取$\alpha^{(1)}\neq 0$，由于X^*是函数$f(X)$的极小点，应满足极值必要条件，故有

$$\nabla f(X^*)=GX^*+b=0$$

$$\nabla f(X^*)=G(X^{(1)}+\alpha^{(1)}S^{(1)})+b=\nabla f(X^{(1)})+\alpha^{(1)}GS^{(1)}=0$$

将等式两边同时左乘$(S^{(0)})^{\mathrm{T}}$，并注意到式（4-11）和$\alpha^{(1)}\neq 0$的条件，得

$$(S^{(0)})^{\mathrm{T}}GS^{(1)}=0 \tag{4-12}$$

这就是为使$S^{(1)}$直指极小点X^*、$S^{(1)}$所必须满足的条件。满足式（4-12）的两个向量$S^{(0)}$、$S^{(1)}$称为共轭向量。或称$S^{(0)}$、$S^{(1)}$是共轭方向。

2. 共轭方向的性质

定义　设 G 为 $n\times n$ 对称正定矩阵，若 n 维空间中有 m 个非零向量$S^{(0)}$、$S^{(1)}$、…、$S^{(m-1)}$

满足

$$(S^{(i)})^{\mathrm{T}}GS^{(j)}=0\quad(i,j=0,1,2,\cdots,m-1;i\neq j) \tag{4-13}$$

则称$S^{(0)}$、$S^{(1)}$、…、$S^{(m-1)}$对 G 共轭，或称它们是 G 的共轭方向。

当 $G=I$（单位矩阵）时，式（4-13）变成

$$(\boldsymbol{S}^{(i)})^{\mathrm{T}}\boldsymbol{S}^{(j)}=0 \quad (i\neq j)$$

即向量$\boldsymbol{S}^{(0)}$、$\boldsymbol{S}^{(1)}$、…、$\boldsymbol{S}^{(m-1)}$互相正交。由此可见，共轭概念是正交概念的推广，正交概念是共轭概念的特例。

性质1 若非零向量系$\boldsymbol{S}^{(0)}$、$\boldsymbol{S}^{(1)}$、…、$\boldsymbol{S}^{(m-1)}$是对$\boldsymbol{G}$共轭的，则这m个向量是线性无关的。

性质2 在n维空间中互相共轭的非零向量的个数不超过n。

性质3 从任意初始点$\boldsymbol{X}^{(0)}$出发，顺次沿$\boldsymbol{G}$的共轭方向$\boldsymbol{S}^{(0)}$、$\boldsymbol{S}^{(1)}$、…、$\boldsymbol{S}^{(m-1)}$进行一维搜索，最多经过n次迭代就可以找到由式（4-10）所表示的二次函数$f(\boldsymbol{X})$的极小点$\boldsymbol{X}^*$。

此性质表明这种迭代方法具有二次收敛性。

4.4.2 迭代过程及算法框图

共轭方向法是建立在共轭方向性质3的基础上的，它提供了求二次函数极小点的原则方法。其步骤是：

1）选定初始点$\boldsymbol{X}^{(0)}$、下降方向$\boldsymbol{S}^{(0)}$和收敛精度ε，置$k\leftarrow 0$。

2）沿$\boldsymbol{S}^{(0)}$方向进行一维搜索，得$\boldsymbol{X}^{(k+1)}=\boldsymbol{X}^{(k)}+\alpha^{(k)}\boldsymbol{S}^{(k)}$。

3）判断$\|\nabla f(\boldsymbol{X}^{(k+1)})\|<\varepsilon$是否满足，若满足，则输出$\boldsymbol{X}^{(k+1)}$，结束，否则转4)。

4）提供新的共轭方向$\boldsymbol{S}^{(k+1)}$，使$(\boldsymbol{S}^{(j)})^{\mathrm{T}}\boldsymbol{G}\,\boldsymbol{S}^{(k+1)}=0$，$j=0$，1，2，…，$k$。

5）置$k\leftarrow k+1$，转2)。

共轭方向法的程序框图如图4-7所示。提供共轭向量系的方法有许多种，从而形成各种具体的共轭方向法，如共轭梯度法、鲍威尔法等，这些方法将在下面几节予以讨论。

这里首先介绍格拉姆-施密特（Gram-Schmidt）向量系共轭化方法，它是格拉姆-施密特向量系正交化方法的推广。

设已选定线性无关向量系$\boldsymbol{v}_0$、$\boldsymbol{v}_1$、…、$\boldsymbol{v}_{n-1}$，（例如，它们是n个坐标轴上的单位向量），令

$$\boldsymbol{S}^{(0)}=\boldsymbol{v}_0$$

$$\boldsymbol{S}^{(1)}=\boldsymbol{v}_1+\beta_{10}\boldsymbol{S}^{(0)}$$

其中β_{10}是待定系数，它根据$\boldsymbol{S}^{(1)}$与$\boldsymbol{S}^{(0)}$共轭条件来确定，即

$$(\boldsymbol{S}^{(0)})^{\mathrm{T}}\boldsymbol{G}\,\boldsymbol{S}^{(1)}=(\boldsymbol{S}^{(0)})^{\mathrm{T}}\boldsymbol{G}(\boldsymbol{v}_1+\beta_{10}\boldsymbol{S}^{(0)})=0$$

$$\beta_{10}=-\frac{(\boldsymbol{S}^{(0)})^{\mathrm{T}}\boldsymbol{G}\,\boldsymbol{v}_1}{(\boldsymbol{S}^{(0)})^{\mathrm{T}}\boldsymbol{G}\,\boldsymbol{S}^{(0)}}$$

从而求得与$\boldsymbol{S}^{(0)}$共轭的

$$\boldsymbol{S}^{(1)}=\boldsymbol{v}_1-\frac{(\boldsymbol{S}^{(0)})^{\mathrm{T}}\boldsymbol{G}\,\boldsymbol{v}_1}{(\boldsymbol{S}^{(0)})^{\mathrm{T}}\boldsymbol{G}\,\boldsymbol{S}^{(0)}}\boldsymbol{S}^{(0)}$$

设已求得共轭向量$\boldsymbol{S}^{(0)}$、$\boldsymbol{S}^{(1)}$、…、$\boldsymbol{S}^{(k)}$，现求$\boldsymbol{S}^{(k+1)}$。令

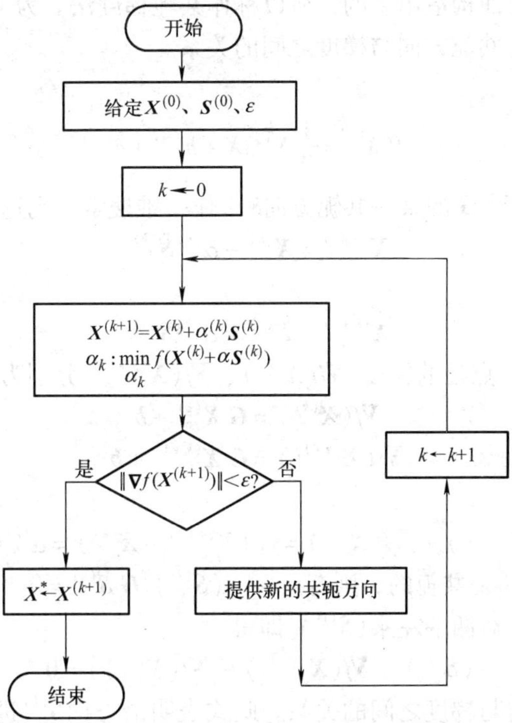

图 4-7　共轭方向法的程序框图

$$S^{(k+1)} = v_k + \sum_{r=0}^{k} \beta_{k+1,r} S^{(r)}$$

为使$S^{(k+1)}$与$S^{(j)}$ $(j=0,1,2,\cdots,k)$共轭，应有

$$(S^{(j)})^{\mathrm{T}} G S^{(k+1)} = (S^{(j)})^{\mathrm{T}} G \left(v_{k+1} + \sum_{r=0}^{k} \beta_{k+1,r} S^{(r)} \right) = 0$$

由此解得

$$\beta_{k+1,j} = -\frac{(S^{(j)})^{\mathrm{T}} G v_{k+1}}{(S^{(j)})^{\mathrm{T}} G S^{(j)}} \tag{4-14}$$

于是

$$S^{(k+1)} = v_{k+1} - \sum_{j=0}^{k} \frac{(S^{(j)})^{\mathrm{T}} G v_{k+1}}{(S^{(j)})^{\mathrm{T}} G S^{(j)}} S^{(j)} \tag{4-15}$$

4.5　共轭梯度法

4.5.1　基本原理

共轭梯度法是共轭方向法中的一种，因为在该方法中每一个共轭向量都是依赖

于迭代点处的负梯度而构造出来的，所以称作共轭梯度法。为了利用梯度求共轭方向，我们首先来研究共轭方向与梯度之间的关系。

考虑二次函数

$$f(\boldsymbol{X})=\frac{1}{2}\boldsymbol{X}^{\mathrm{T}}\boldsymbol{G}\boldsymbol{X}+\boldsymbol{b}^{\mathrm{T}}\boldsymbol{X}+c$$

从$\boldsymbol{X}^{(k)}$点出发，沿 $\boldsymbol{G}$ 的某一共轭方向$\boldsymbol{S}^{(k)}$作一维搜索，到达$\boldsymbol{X}^{(k+1)}$点，即

$$\boldsymbol{X}^{(k+1)}=\boldsymbol{X}^{(k)}+\alpha^{(k)}\boldsymbol{S}^{(k)}$$

或

$$\boldsymbol{X}^{(k+1)}-\boldsymbol{X}^{(k)}=\alpha^{(k)}\boldsymbol{S}^{(k)}$$

而在$\boldsymbol{X}^{(k)}$、$\boldsymbol{X}^{(k+1)}$点处的梯度 $\nabla f(\boldsymbol{X}^{(k)})$、$\nabla f(\boldsymbol{X}^{(k+1)})$分别为

$$\nabla f(\boldsymbol{X}^{(k)})=\boldsymbol{G}\boldsymbol{X}^{(k)}+\boldsymbol{b}$$

$$\nabla f(\boldsymbol{X}^{(k+1)})=\boldsymbol{G}\boldsymbol{X}^{(k+1)}+\boldsymbol{b}$$

所以有

$$\nabla f(\boldsymbol{X}^{(k+1)})-\nabla f(\boldsymbol{X}^{(k)})=\boldsymbol{G}(\boldsymbol{X}^{(k+1)}-\boldsymbol{X}^{(k)})=\alpha^{(k)}\boldsymbol{G}\boldsymbol{S}^{(k)} \tag{4-16}$$

若$\boldsymbol{S}^{(j)}$和$\boldsymbol{S}^{(k)}$对 $\boldsymbol{G}$ 是共轭的，则有 $(\boldsymbol{S}^{(j)})^{\mathrm{T}}\boldsymbol{G}\boldsymbol{S}^{(k)}=0$

利用式（4-16）对两端左乘$(\boldsymbol{S}^{(j)})^{\mathrm{T}}$即得

$$(\boldsymbol{S}^{(j)})^{\mathrm{T}}(\nabla f(\boldsymbol{X}^{(k+1)})-\nabla f(\boldsymbol{X}^{(k)}))=0 \tag{4-17}$$

这就是共轭方向与梯度之间的关系。此式表明沿方向$\boldsymbol{S}^{(k)}$进行一维搜索，其终点$\boldsymbol{X}^{(k+1)}$与始点$\boldsymbol{X}^{(k)}$的梯度之差 $\nabla f(\boldsymbol{X}^{(k+1)})-\nabla f(\boldsymbol{X}^{(k)})$与$\boldsymbol{S}^{(k)}$的共轭方向$\boldsymbol{S}^{(j)}$正交。共轭梯度法就是利用这个性质做到不必计算矩阵 $\boldsymbol{G}$ 就能求得共轭方向的。此性质的几何说明如图 4-8 所示。

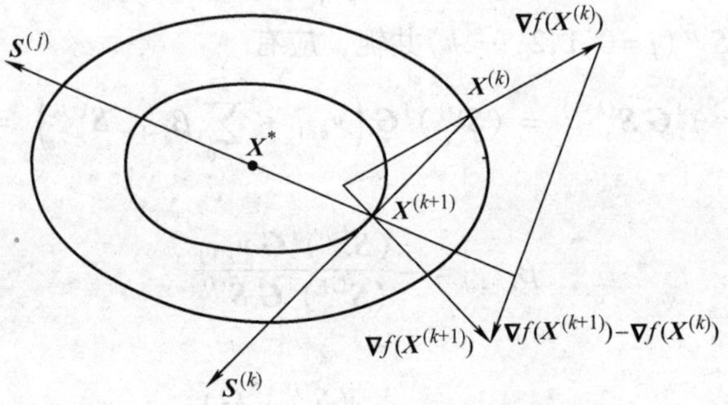

图 4-8　共轭梯度法的几何说明

4.5.2　迭代过程及算法框图

共轭梯度法的计算过程如下：

1）设初始点$\boldsymbol{X}^{(0)}$，第一个搜索方向取$\boldsymbol{X}^{(0)}$点的负梯度 $-\nabla f(\boldsymbol{X}^{(0)})$，即

$$\boldsymbol{S}^{(0)}=-\nabla f(\boldsymbol{X}^{(0)}) \tag{4-18}$$

沿$S^{(0)}$进行一维搜索，得$X^{(1)}=X^{(0)}+\alpha^{(0)}S^{(0)}$并算出$X^{(1)}$点处的梯度 $\nabla f(X^{(1)})$，$X^{(1)}$是以$S^{(0)}$为切线和某等值曲线的切点。根据梯度和该点等值面的切面相垂直的性质，因此 $\nabla f(X^{(1)})$和$S^{(0)}$正交，有$(S^{(0)})^{T}\nabla f(X^{(1)})=0$，从而$S^{(1)}$、$S^{(0)}$正交，即$(S^{(1)})^{T}S^{(0)}=0$，$S^{(1)}$和$S^{(0)}$组成平面正交系。

2）在$S^{(0)}$、$\nabla f(X^{(1)})$所构成的平面正交系中求$S^{(0)}$的共轭方向$S^{(1)}$，将其作为下一步的搜索方向。把$S^{(1)}$取成 $-\nabla f(X^{1})$与$S^{(0)}$两个方向的线性组合，即

$$S^{(1)}=-\nabla f(X^{(1)})+\beta_0 S^{(0)}$$

式中，β_0为待定常数，它根据共轭方向与梯度的关系求得。

由
$$(S^{(1)})^{T}(S^{(1)}-S^{(0)})=0$$
有
$$(-\nabla f(X^{(1)})+\beta_0 S^{(0)})^{T}(S^{(1)}-S^{(0)})=0$$

将此式展开，考虑到$(-\nabla f(X^{(1)}))^{T}S^{(0)}=0$，即$(-\nabla f(X^{(1)}))^{T}(-\nabla f(X^{(0)}))=0$可求得

$$\beta_0=\frac{(-\nabla f(X^{(1)}))^{T}-\nabla f(X^{(1)})}{(-\nabla f(X^{(0)}))^{T}-\nabla f(X^{(0)})}=\frac{\|\nabla f(X^{(1)})\|^2}{\|\nabla f(X^{(0)})\|^2}$$

$$S^{(1)}=-\nabla f(X^{(1)})+\frac{\|\nabla f(X^{(1)})\|^2}{\|\nabla f(X^{(0)})\|^2}S^{(0)}$$

沿$S^{(1)}$方向进行一维搜索，得$X^{(2)}=X^{(1)}+\alpha^{(1)}S^{(1)}$并算出该点梯度$\nabla f(X^{(2)})$，有

$$(S^{(1)})^{T}\nabla f(X^{(2)})=0$$

故有
$$(-\nabla f(X^{(1)})+\beta_0 S^{(0)})\ \nabla f(X^{(2)})=0 \tag{4-19}$$

$S^{(0)}$和$S^{(1)}$共轭，根据共轭方向与梯度的关系式（4-17）有

$$(S^{(0)})^{T}(\nabla f(X^{(2)})-\nabla f(X^{(1)}))=0$$

考虑到$(S^{(0)})^{T}\nabla f(X^{(1)})=0$，因此$(S^{(0)})^{T}\nabla f(X^{(2)})=0$，即 $\nabla f(X^{(2)})$和$\nabla f(X^{(0)})$正交，又根据式（4-19）得$(\nabla f(X^{(1)}))^{T}\nabla f(X^{(2)})=0$，即 $\nabla f(X^{(2)})$和$\nabla f(X^{(1)})$正交，由此可知，$\nabla f(X^{(0)})$、$\nabla f(X^{(1)})$、$\nabla f(X^{(2)})$构成一正交系。

3）在 $\nabla f(X^{(0)})$、$\nabla f(X^{(1)})$、$\nabla f(X^{(2)})$所构成的正交系中，求与$S^{(0)}$和$S^{(1)}$均共轭的方向$S^{(2)}$。

设
$$S^{(2)}=-\nabla f(X^{(2)})+\gamma_1\nabla f(X^{(1)})+\gamma_0\nabla f(X^{(0)})$$

式中，γ_1、γ_0为待定系数。

因为要求$S^{(2)}$与$S^{(0)}$和$S^{(1)}$均共轭，根据式（4-17）共轭方向与梯度的关系，有

$$(-\nabla f(X^{(2)})+\gamma_1\nabla f(X^{(1)})+\gamma_0\nabla f(X^{(0)}))^{T}(\nabla f(X^{(1)})-\nabla f(X^{(0)}))=0$$

$$(-\nabla f(X^{(2)})+\gamma_1\nabla f(X^{(1)})+\gamma_0\nabla f(X^{(0)}))^{T}(\nabla f(X^{(2)})-\nabla f(X^{(1)}))=0$$

考虑到 $\nabla f(X^{(0)})$、$\nabla f(X^{(1)})$、$\nabla f(X^{(2)})$相互正交，从而有

$$\gamma_1(\nabla f(X^{(1)}))^{T}\nabla f(X^{(1)})-\gamma_0(\nabla f(X^{(0)}))^{T}\nabla f(X^{(0)})=0$$

$$-(\nabla f(X^{(2)}))^{T}\nabla f(X^{(2)})-\gamma_1(\nabla f(X^{(1)}))^{T}\nabla f(X^{(1)})=0$$

因此

$$
\begin{aligned}
\boldsymbol{S}^{(2)} &= -\nabla f(\boldsymbol{X}^{(2)}) + \gamma_1 \nabla f(\boldsymbol{X}^{(1)}) + \gamma_0 \nabla f(\boldsymbol{X}^{(0)}) \\
&= -\nabla f(\boldsymbol{X}^{(2)}) - \beta_1 \nabla f(\boldsymbol{X}^{(1)}) - \beta_1\beta_0 \nabla f(\boldsymbol{X}^{(0)}) \\
&= -\nabla f(\boldsymbol{X}^{(2)}) + \beta_1(-\nabla f(\boldsymbol{X}^{(1)}) + \beta_0 \boldsymbol{S}^{(0)}) \\
&= -\nabla f(\boldsymbol{X}^{(2)}) + \beta_1 \boldsymbol{S}^{(1)}
\end{aligned}
$$

从而得出 $$\boldsymbol{S}^{(2)} = -\nabla f(\boldsymbol{X}^{(2)}) + \frac{\|\nabla f(\boldsymbol{X}^{(2)})\|^2}{\|\nabla f(\boldsymbol{X}^{(1)})\|^2}\nabla f(\boldsymbol{X}^{(1)})$$

再沿$\boldsymbol{S}^{(2)}$方向继续进行一维搜索，如此继续下去可求得共轭方向的递推公式为

$$\boldsymbol{S}^{(k+1)} = -\nabla f(\boldsymbol{X}^{(k+1)}) + \frac{\|\nabla f(\boldsymbol{X}^{(k+1)})\|^2}{\|\nabla f(\boldsymbol{X}^{(k)})\|^2}\boldsymbol{S}^{(k)} \quad (k=0,1,2,\cdots,n-1)$$

沿着这些共轭方向一直搜索下去，直到最后迭代点处梯度的模小于给定允许值为止。若目标函数为非二次函数，经 n 次搜索还未达到最优点时，则以最后得到的点作为初始点，重新计算共轭方向，一直到满足精度要求为止。

共轭梯度法的程序框图如图 4-9 所示。

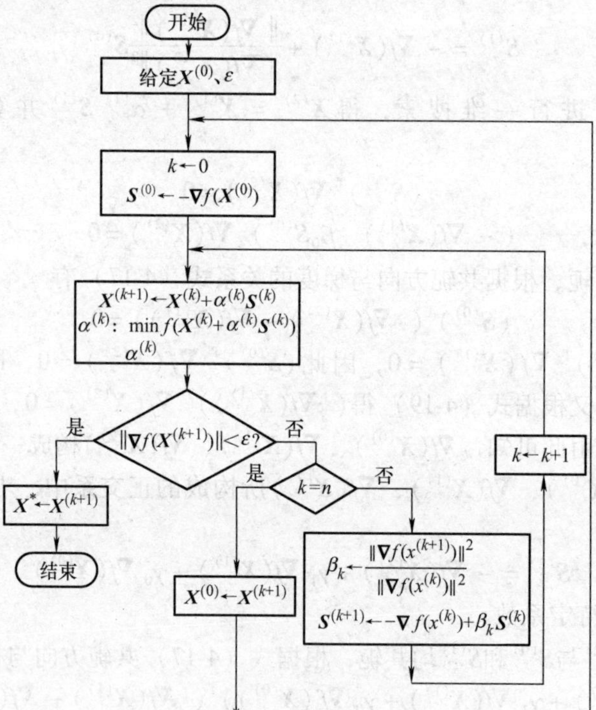

图 4-9 共轭梯度法的程序框图

上述共轭梯度法是 1964 年由弗来彻（Fletcher）和里伍斯（Reeves）两人提出的。此法的优点是程序简单，存储量少，具有最速下降法的优点，而在收敛速度上比最速下降法快，具有二次收敛性。

4.6　变尺度法

4.6.1　基本原理

1. 尺度矩阵的概念

变量的尺度变换是放大或缩小各个坐标。通过尺度变换可以把函数的偏心程度降低到最低限度。尺度变换技巧能显著地改进几乎所有极小化方法的收敛性质。如在例 4-1 中用最速下降法求 $f(\boldsymbol{X})=x_1^2+25x_2^2$ 的极小值时，需要进行 10 次迭代才能达到极小点 $\boldsymbol{X}^*=(0,0)^{\mathrm{T}}$。但是若做变换

$$y_1=x_1$$
$$y_2=5x_2$$

即把 x_2 的尺度放大 5 倍，就可以将等值线为椭圆的函数 $f(\boldsymbol{X})$ 变换成等值线为圆的函数 $\psi(\boldsymbol{Y})=y_1^2+y_1^2$ 从而消除了函数的偏心，用最速下降法只需一次迭代即可求得极小点。

对于一般二次函数

$$f(\boldsymbol{X})=\frac{1}{2}\boldsymbol{X}^{\mathrm{T}}\boldsymbol{G}\boldsymbol{X}+\boldsymbol{b}^{\mathrm{T}}\boldsymbol{X}+c$$

如果进行尺度变换

$$\boldsymbol{X}\leftarrow\boldsymbol{Q}\boldsymbol{X}$$

则在新的坐标系中，函数 $f(\boldsymbol{X})$ 的二次项变为

$$\frac{1}{2}\boldsymbol{X}^{\mathrm{T}}\boldsymbol{G}\boldsymbol{X}\rightarrow\frac{1}{2}\boldsymbol{X}^{\mathrm{T}}\boldsymbol{Q}^{\mathrm{T}}\boldsymbol{G}\boldsymbol{Q}\boldsymbol{X}$$

选择这样变换的目的，仍然是为了降低二次项的偏心程度。若矩阵 $\boldsymbol{G}$ 是正定的，则总存在矩阵 $\boldsymbol{Q}$ 使

$$\boldsymbol{Q}^{\mathrm{T}}\boldsymbol{G}\boldsymbol{Q}=\boldsymbol{I}\text{（单位矩阵）}$$

从而将函数偏心度变为零。

用 $\boldsymbol{Q}^{-1}$ 右乘上述等式两边，得

$$\boldsymbol{Q}^{\mathrm{T}}\boldsymbol{G}=\boldsymbol{Q}^{-1}$$

然后用 Q 左乘上述等式两边，得

$$\boldsymbol{Q}\boldsymbol{Q}^{\mathrm{T}}\boldsymbol{G}=\boldsymbol{I}$$
$$\boldsymbol{Q}\boldsymbol{Q}^{\mathrm{T}}=\boldsymbol{G}^{-1}$$

这说明二次函数矩阵 $\boldsymbol{G}$ 的逆矩阵，可以通过尺度变换矩阵 $\boldsymbol{Q}$ 来求得。这样，牛顿法迭代过程中的牛顿方向便可写成

$$\boldsymbol{S}^{(k)}=-\boldsymbol{G}^{-1}\nabla f(\boldsymbol{X}^{(k)})=-\boldsymbol{Q}\boldsymbol{Q}^{\mathrm{T}}\nabla f(\boldsymbol{X}^{(k)})$$

例如在例 4-1 中，二次函数

$$f(\boldsymbol{X})=x_1^2+25x_2^2=\frac{1}{2}(x_1,x_2)\begin{pmatrix}2&0\\0&50\end{pmatrix}\begin{pmatrix}x_1\\x_2\end{pmatrix}=\frac{1}{2}\boldsymbol{X}^{\mathrm{T}}\boldsymbol{G}\boldsymbol{X}$$

其中

$$\boldsymbol{G}=\begin{pmatrix}2&0\\0&50\end{pmatrix}$$

若取

$$\boldsymbol{Q}=\begin{pmatrix}\frac{1}{\sqrt{2}}&0\\0&\frac{1}{5\sqrt{2}}\end{pmatrix}$$

的变换

$$\boldsymbol{X}\leftarrow\boldsymbol{Q}\boldsymbol{X}$$

则在变换后的坐标系中，矩阵 $\boldsymbol{G}$ 变为

$$\boldsymbol{Q}^{\mathrm{T}}\boldsymbol{G}\boldsymbol{Q}=\begin{pmatrix}\frac{1}{\sqrt{2}}&0\\0&\frac{1}{5\sqrt{2}}\end{pmatrix}\begin{pmatrix}2&0\\0&50\end{pmatrix}\begin{pmatrix}\frac{1}{\sqrt{2}}&0\\0&\frac{1}{5\sqrt{2}}\end{pmatrix}=\begin{pmatrix}1&0\\0&1\end{pmatrix}=\boldsymbol{I}$$

从而求得

$$\boldsymbol{G}^{-1}=\boldsymbol{Q}\boldsymbol{Q}^{\mathrm{T}}=\begin{pmatrix}\frac{1}{\sqrt{2}}&0\\0&\frac{1}{5\sqrt{2}}\end{pmatrix}\begin{pmatrix}\frac{1}{\sqrt{2}}&0\\0&\frac{1}{5\sqrt{2}}\end{pmatrix}=\begin{pmatrix}\frac{1}{2}&0\\0&\frac{1}{50}\end{pmatrix}$$

这与在例 4-1 中所得结果一致，而且只需通过一次迭代即可求得极小点 $\boldsymbol{X}^*=(0,0)^{\mathrm{T}}$ 和极小值 $f(\boldsymbol{X}^*)=0$。

比较牛顿法迭代公式

$$\boldsymbol{X}^{(k+1)}=\boldsymbol{X}^{(k)}-\alpha^{(k)}\boldsymbol{Q}\boldsymbol{Q}^{\mathrm{T}}\ \nabla f(\boldsymbol{X}^{(k)})$$

和梯度法迭代公式

$$\boldsymbol{X}^{(k+1)}=\boldsymbol{X}^{(k)}-\alpha^{(k)}\ \nabla f(\boldsymbol{X}^{(k)})$$

可以看出，差别在于牛顿法中多了 $\boldsymbol{Q}\boldsymbol{Q}^{\mathrm{T}}$ 部分。$\boldsymbol{Q}\boldsymbol{Q}^{\mathrm{T}}$ 实际上是在 $\boldsymbol{X}$ 空间内测量距离大小的一种度量，称作尺度矩阵 $\boldsymbol{M}$：

$$\boldsymbol{M}=\boldsymbol{Q}\boldsymbol{Q}^{\mathrm{T}}$$

如在未进行尺度变换前，向量 $\boldsymbol{X}$ 长度的概念是

$$\|\boldsymbol{X}\|=(\boldsymbol{X}^{\mathrm{T}}\boldsymbol{X})^{\frac{1}{2}}$$

变换后向量 $\boldsymbol{X}$ 对于 $\boldsymbol{M}$ 尺度下的长度

$$\|\boldsymbol{X}\|_{\boldsymbol{M}}=[(\boldsymbol{Q}\boldsymbol{X})^{\mathrm{T}}(\boldsymbol{Q}\boldsymbol{X})]^{\frac{1}{2}}=[\boldsymbol{X}^{\mathrm{T}}(\boldsymbol{Q}\boldsymbol{Q}^{\mathrm{T}})\boldsymbol{X}]^{\frac{1}{2}}=(\boldsymbol{X}^{\mathrm{T}}\boldsymbol{M}\boldsymbol{X})^{\frac{1}{2}}$$

这样的长度定义，在确定“长度”这个纯量大小时，使得某些方向起的作用

比较大、另一些方向起的作用比较小。为使这种尺度有用，必须对一切非零向量的 $\boldsymbol{X}$ 均有 $\boldsymbol{X}^{\mathrm{T}}\boldsymbol{M}\boldsymbol{X}>0$，即要求尺度矩阵 $\boldsymbol{M}$ 正定。既然牛顿法迭代公式可用尺度变换矩阵 $\boldsymbol{M}=\boldsymbol{Q}\boldsymbol{Q}^{\mathrm{T}}$ 表示出来，即

$$\boldsymbol{X}^{(k+1)}=\boldsymbol{X}^{(k)}-\alpha^{(k)}\boldsymbol{M}\ \nabla f(\boldsymbol{X}^{(k)})$$

它和梯度法迭代公式只差一个尺度矩阵 $\boldsymbol{M}$，那么牛顿法就可看成是经过尺度变换后的梯度法。经过尺度变换，使函数偏心率减小到零，函数的等值面变为球面（或超球面），使设计空间中任意点处函数的梯度都通过极小点，用最速下降法只需一次迭代就可达到极小点。这就是对变换前的二次函数，在使用牛顿方法时，由于其牛顿方向直接指向极小点，因此只需一次迭代就能找到极小点的原因所在。

2. 变尺度矩阵的建立

对于一般函数 $f(\boldsymbol{X})$，当用牛顿法寻求极小点时，其牛顿迭代公式为

$$\boldsymbol{X}^{(k+1)}=\boldsymbol{X}^{(k)}-\alpha^{(k)}(\boldsymbol{H}^{(k)})^{-1}\ \nabla f(\boldsymbol{X}^{(k)})\quad(k=0,1,2,\cdots)$$

为了避免在迭代公式中计算黑塞矩阵的逆矩阵 $(\boldsymbol{H}^{(k)})^{-1}$，可用在迭代中逐步建立的变尺度矩阵

$$\boldsymbol{M}^{(k)}\equiv\boldsymbol{M}(\boldsymbol{X}^{(k)})$$

来替换 $(\boldsymbol{H}^{(k)})^{-1}$，即构造一个矩阵序列 $\{\boldsymbol{M}^{(k)}\}$ 来逼近黑塞逆矩阵序列 $\{(\boldsymbol{H}^{(k)})^{-1}\}$，每迭代一次尺度就改变一次，这正是“变尺度”的含义。这样，上式变为

$$\boldsymbol{X}^{(k+1)}=\boldsymbol{X}^{(k)}-\alpha^{(k)}\boldsymbol{M}^{(k)}\ \nabla f(\boldsymbol{X}^{(k)})\quad(k=0,1,2,\cdots)\tag{4-20}$$

其中 $\alpha^{(k)}$ 是从 $\boldsymbol{X}^{(k)}$ 出发，沿方向

$$\boldsymbol{S}^{(k)}=-\boldsymbol{M}^{(k)}\ \nabla f(\boldsymbol{X}^{(k)})$$

做一维搜索而得到最佳步长。这个迭代公式代表面很广，例如当 $\boldsymbol{M}^{(k)}=\boldsymbol{I}$（单位矩阵）时它就变成最速下降法。以上就是变尺度法的基本思想。

为了使变尺度矩阵 $\boldsymbol{M}^{(k)}$ 确实与 $(\boldsymbol{H}^{(k)})^{-1}$ 近似，并具有容易计算的特点，必须对 $\boldsymbol{M}^{(k)}$ 附加某些条件。

4.6.2　迭代过程及算法框图

1）选定初始点 X^0 和收敛精度 ε；

2）计算 $\nabla f(\boldsymbol{X}^{(0)})$，选取初始对称正定矩阵 $\boldsymbol{M}^{(0)}$，如 $\boldsymbol{M}^{(0)}=\boldsymbol{I}$；

3）计算搜索方向，$\boldsymbol{S}^{(k)}=-\boldsymbol{M}^{(k)}\ \nabla f\ (\boldsymbol{X}^{(k)})$；

4）沿 $\boldsymbol{S}^{(k)}$ 方向进行一维搜索，计算 $\nabla f\ (\boldsymbol{X}^{(k+1)})$，$\boldsymbol{S}^{(k)}=\boldsymbol{X}^{(k+1)}-\boldsymbol{X}^{(k)}$，$\boldsymbol{y}^{(k)}=\nabla f(\boldsymbol{X}^{(k+1)})-\nabla f(\boldsymbol{X}^{(k)})$；

5）判断是否满足迭代终止准则，若满足 $\boldsymbol{X}^{*}=\boldsymbol{X}^{(k+1)}$，则结束，否则转 6)；

6）当迭代 n 次后还没找到极小点时，重置 $\boldsymbol{M}^{(k)}$ 为单位矩阵 $\boldsymbol{I}$，并以当前设计点 $\boldsymbol{X}^{(0)}\leftarrow\boldsymbol{X}^{(k+1)}$ 为初始点，返回到 2）进行下一轮迭代，否则转到 7)；

7）计算矩阵 $\boldsymbol{M}^{(k+1)}=\boldsymbol{M}^{(k)}+\boldsymbol{E}^{(k)}$，置 $k\leftarrow k+1$ 返回到 3)。

对于校正矩阵$\boldsymbol{E}^{(k)}$可由具体的公式来计算，不同的公式对应不同的变尺度法，将在下面进行讨论。但不论哪种变尺度法$\boldsymbol{E}^{(k)}$必须满足拟牛顿条件

$$\boldsymbol{M}^{(k+1)}\boldsymbol{y}^{(k)}=\boldsymbol{z}^{(k)}$$

即

$$(\boldsymbol{M}^{(k)}+\boldsymbol{E}^{(k)})\boldsymbol{y}^{(k)}=\boldsymbol{z}^{(k)}$$

或

$$\boldsymbol{E}^{(k)}\boldsymbol{y}^{(k)}=\boldsymbol{z}^{(k)}-\boldsymbol{M}^{(k)}\boldsymbol{y}^{(k)}$$

满足上式的$\boldsymbol{E}^{(k)}$有无穷多个，因此上述变尺度法（属于拟牛顿法）构成一族算法。

变尺度法的计算程序框图如图4-10所示。

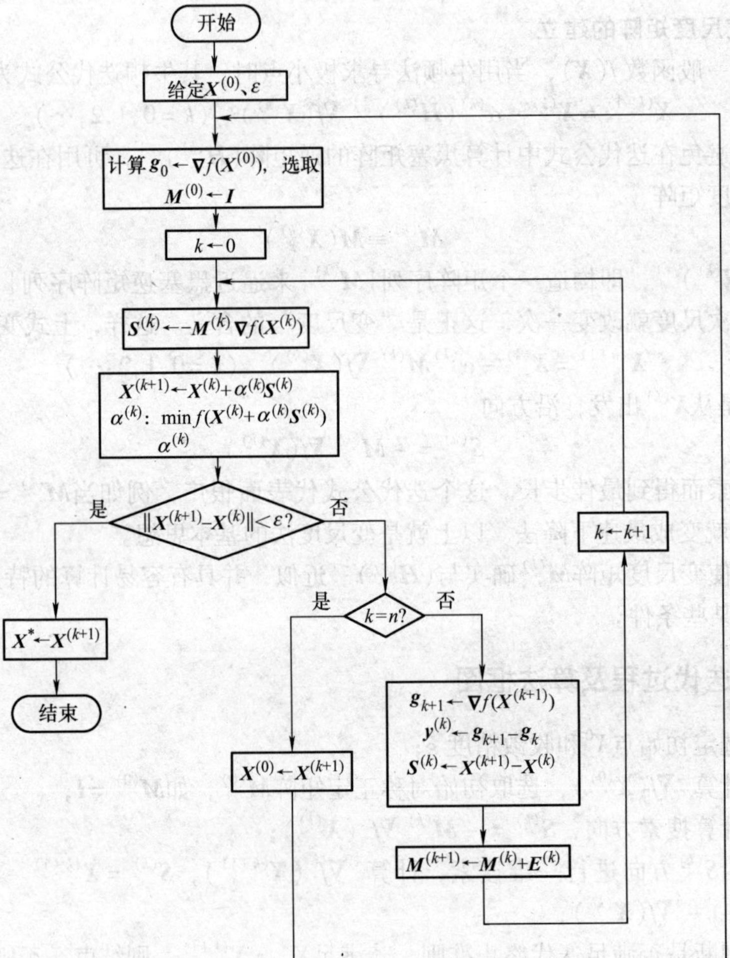

图4-10 变尺度法的计算程序框图

4.6.3 DFP 算法

在变尺度法中，校正矩阵$\boldsymbol{E}^{(k)}$取不同的形式，就形成不同的变尺度法。DFP 算法中的校正矩阵$\boldsymbol{E}^{(k)}$取下列形式：

$$\boldsymbol{E}^{(k)}=\alpha^{(k)}\boldsymbol{u}^{(k)}(\boldsymbol{u}^{(k)})^{\mathrm{T}}+\beta^{(k)}\boldsymbol{v}^{(k)}(\boldsymbol{v}^{(k)})^{\mathrm{T}} \tag{4-21}$$

其中$\boldsymbol{u}^{(k)}$、$\boldsymbol{v}^{(k)}$是 n 维待定向量；$\alpha^{(k)}$、$\beta^{(k)}$是待定常数，$\boldsymbol{u}^{(k)}(\boldsymbol{u}^{(k)})^{\mathrm{T}}$、$\boldsymbol{v}^{(k)}(\boldsymbol{v}^{(k)})^{\mathrm{T}}$是对称秩一的矩阵，它们可以说是一种最简单的矩阵。

根据校正矩阵$\boldsymbol{E}^{(k)}$要满足拟牛顿条件

$$\boldsymbol{E}^{(k)}\boldsymbol{y}^{(k)}=\boldsymbol{z}^{(k)}-\boldsymbol{M}^{(k)}\boldsymbol{y}^{(k)}$$

则有$(\alpha^{(k)}\boldsymbol{u}^{(k)}(\boldsymbol{u}^{(k)})^{\mathrm{T}}+\beta^{(k)}\boldsymbol{v}^{(k)}(\boldsymbol{v}^{(k)})^{\mathrm{T}})\boldsymbol{y}^{(k)}=\boldsymbol{z}^{(k)}-\boldsymbol{M}^{(k)}\boldsymbol{y}^{(k)}$

即$\alpha^{(k)}\boldsymbol{u}^{(k)}(\boldsymbol{u}^{(k)})^{\mathrm{T}}\boldsymbol{y}^{(k)}+\beta^{(k)}\boldsymbol{v}^{(k)}(\boldsymbol{v}^{(k)})^{\mathrm{T}}\boldsymbol{y}^{(k)}=\boldsymbol{z}^{(k)}-\boldsymbol{M}^{(k)}\boldsymbol{y}^{(k)}$

满足上面方程的待定向量$\boldsymbol{u}^{(k)}$和$\boldsymbol{v}^{(k)}$有多种取法，我们取

$$\alpha^{(k)}\boldsymbol{u}^{(k)}(\boldsymbol{u}^{(k)})^{\mathrm{T}}\boldsymbol{y}^{(k)}=\boldsymbol{z}^{(k)}$$

$$\beta^{(k)}\boldsymbol{v}^{(k)}(\boldsymbol{v}^{(k)})^{\mathrm{T}}\boldsymbol{y}^{(k)}=\boldsymbol{M}^{(k)}\boldsymbol{y}^{(k)}$$

注意到$(\boldsymbol{u}^{(k)})^{\mathrm{T}}\boldsymbol{y}^{(k)}$、$(\boldsymbol{v}^{(k)})^{\mathrm{T}}\boldsymbol{y}^{(k)}$都是数量，不妨取

$$\boldsymbol{u}^{(k)}=\boldsymbol{z}^{(k)}$$

$$\boldsymbol{v}^{(k)}=\boldsymbol{M}^{(k)}\boldsymbol{y}^{(k)}$$

这样就可以定出

$$\alpha^{(k)}=\frac{1}{(\boldsymbol{z}^{(k)})^{\mathrm{T}}\boldsymbol{y}^{(k)}}$$

$$\beta^{(k)}=\frac{1}{(\boldsymbol{y}^{(k)})^{\mathrm{T}}\boldsymbol{M}^{(k)}\boldsymbol{y}^{(k)}}$$

从而可得 DFP 算法的校正公式为

$$\boldsymbol{M}^{(k+1)}=\boldsymbol{M}^{(k)}+\frac{\boldsymbol{z}^{(k)}(\boldsymbol{z}^{(k)})^{\mathrm{T}}}{(\boldsymbol{z}^{(k)})^{\mathrm{T}}\boldsymbol{y}^{(k)}}-\frac{\boldsymbol{M}^{(k)}\boldsymbol{y}^{(k)}(\boldsymbol{y}^{(k)})^{\mathrm{T}}\boldsymbol{M}^{(k)}}{(\boldsymbol{y}^{(k)})^{\mathrm{T}}\boldsymbol{M}^{(k)}\boldsymbol{y}^{(k)}}\quad(k=0,1,2,\cdots) \tag{4-22}$$

DFP 算法的计算步骤和变尺度法的一般步骤相同，只是具体计算校正矩阵时应按上面公式进行。

当初始矩阵$\boldsymbol{M}^{(0)}$选为对称正定矩阵时，DFP 算法将保证以后的迭代矩阵$\boldsymbol{M}^{(k)}$都是对称正定的，即使将 DFP 算法施用于非二次函数也是如此，从而保证算法总是下降的。这种算法用于多维问题（如 20 个变量以上），收敛速度快，效果好。DFP 算法是无约束优化方法中最有效的方法之一，因为它不单纯是利用向量传递信息，还采用了矩阵来传递信息。DFP 算法是戴维登（Davidon）于 1959 年提出的，后来由弗来彻（Fletcher）和鲍威尔（Powell）于 1963 年做了改进，故用三人名字的第一个字母命名。

DFP 算法由于舍入误差和一维搜索不精确，有可能导致$\boldsymbol{M}^{(k)}$奇异，而使数值稳定性方面不够理想。所以 1970 年提出更稳定的算法公式，称作 BFGS（Broyden-

Fletcher-Goldfarb-Shanno）算法，其校正公式为

$$\boldsymbol{M}^{(k+1)}=\boldsymbol{M}^{(k)}+\left[\left(1+\frac{(\boldsymbol{y}^{(k)})^{\mathrm{T}}\boldsymbol{M}^{(k)}}{(\boldsymbol{z}^{(k)})^{\mathrm{T}}\boldsymbol{y}^{(k)}}\right)\boldsymbol{z}^{(k)}(\boldsymbol{z}^{(k)})^{\mathrm{T}}-\boldsymbol{M}^{(k)}\boldsymbol{y}^{(k)}(\boldsymbol{z}^{(k)})^{\mathrm{T}}-\boldsymbol{z}^{(k)}(\boldsymbol{y}^{(k)})^{\mathrm{T}}\boldsymbol{M}^{(k)}\right]/(\boldsymbol{z}^{(k)})^{\mathrm{T}}\boldsymbol{y}^{(k)} \tag{4-23}$$

因为变尺度法的有效性促使其不断发展，所以出现过许多变尺度的算法。1970年黄（Huang）从共轭条件出发对变尺度法做了统一处理，写出了统一公式

$$\boldsymbol{u}^{(k)}=\alpha_{11}^{(k)}\boldsymbol{z}^{(k)}+\alpha_{12}^{(k)}\boldsymbol{M}^{(k)}\boldsymbol{y}^{(k)}$$

$$\boldsymbol{v}^{(k)}=\alpha_{21}^{(k)}\boldsymbol{z}^{(k)}+\alpha_{22}^{(k)}\boldsymbol{M}^{(k)}\boldsymbol{y}^{(k)}$$

并取

$$\boldsymbol{E}^{(k)}=\boldsymbol{z}^{(k)}(\boldsymbol{u}^{(k)})^{\mathrm{T}}+\boldsymbol{M}^{(k)}\boldsymbol{y}^{(k)}(\boldsymbol{v}^{(k)})^{\mathrm{T}}$$

可以看出，当取$\alpha_{12}^{(k)}=\alpha_{21}^{(k)}=0$，$\alpha_{11}^{(k)}=\alpha_{22}^{(k)}$，$\alpha_{22}^{(k)}=\beta^{(k)}$时就是DFP算法的公式。

取$\alpha_{12}^{(k)}=\alpha_{21}^{(k)}$，$\alpha_{22}^{(k)}=0$就得到BFGS算法的公式。

还可以取

$\boldsymbol{u}^{(k)}=-\boldsymbol{v}^{(k)}$及$\alpha_{11}^{(k)}=0$或$\alpha_{12}^{(k)}=0$，$\alpha_{11}^{(k)}=\alpha^{(k)}=-\alpha_{12}^{(k)}=-\alpha_{21}^{(k)}$。

就是说，对$\alpha_{ij}^{(k)}$赋值不同即可得到不同变尺度算法。如取$\alpha_{11}^{(k)}=\alpha_{22}^{(k)}=0$时得麦考密克（McCormick）算法；$\alpha_{11}^{k}=\alpha_{21}^{k}=0$即得皮尔逊（Pearson）算法等。

4.7 坐标轮换法

坐标轮换法是每次搜索只允许一个变量变化，其余变量保持不变，即沿坐标方向轮流进行搜索的寻优方法。它把多变量的优化问题轮流地转化成单变量（其余变量视为常量）的优化问题，因此也称这种方法为变量轮换法，在搜索过程中可以不需要目标函数的导数，只需目标函数值信息。这比前面所讨论的利用目标函数导数信息建立搜索方向的方法要简单得多。

4.7.1 基本原理

以二元函数$f(\boldsymbol{X})=f(x_1,x_2)$为例说明坐标轮换法的寻优过程，如图4-11所示。从初始点$\boldsymbol{X}_0^{(0)}$出发，沿第一个坐标方向搜索，即$\boldsymbol{S}_1^{(0)}=\boldsymbol{e}_1$得$\boldsymbol{X}_1^{(0)}=\boldsymbol{X}_0^{(0)}+\alpha_1^{(0)}\boldsymbol{S}_1^{(0)}$，按照一维搜索方法确定最佳步长因子$\alpha_1^{(0)}$满足：$\min f(\boldsymbol{X}_0^{(0)}+\alpha_1^{(0)}\boldsymbol{S}_1^{(0)})$，然后从$\boldsymbol{X}_1^{(0)}$出发沿$\boldsymbol{S}_2^{(0)}=\boldsymbol{e}_2$方向搜索得$\boldsymbol{X}_2^{(0)}=\boldsymbol{X}_1^{(0)}+\alpha_2^{(0)}\boldsymbol{S}_2^{(0)}$。其中步长因子$\alpha_2^{(0)}$满足：$\min f(\boldsymbol{X}_1^{(0)}+\alpha_2^{(0)}\boldsymbol{S}_2^{(0)})$，$\boldsymbol{X}_2^{(0)}$为一轮（$k=0$）的终点。检验始、终点间距离是否满足精度要求，即判断$\|\boldsymbol{X}_2^{(0)}-\boldsymbol{X}_0^{(0)}\|<\varepsilon$的条件是否满足。若满足则$\boldsymbol{X}^*\leftarrow\boldsymbol{X}_2^{(0)}$，否则令$\boldsymbol{X}_0^{(1)}\leftarrow\boldsymbol{X}_2^{(0)}$，重新依次沿坐标方向进行下一轮（$k=1$）的搜索。

对于n个变量的函数，若在第k轮沿第i个坐标方向$\boldsymbol{S}_i^{(k)}$进行搜索，其迭代公式为

$$X_i^{(k)} = X_{i-1}^{(k)} + \alpha_i^{(k)} S_i^{(k)} \quad (k=0,1,2,\cdots,i=1,2,\cdots,n) \tag{4-24}$$

其中搜索方向取坐标方向，即$S_i^{(k)} = e_i(i=1,2,\cdots,n)$。若$\|X_n^{(k)} - X_0^{(k)}\| < \varepsilon$，则$X^* \leftarrow X_n^{(k)}$，否则$X_0^{(k+1)} \leftarrow X_n^{(k)}$，进行下一轮搜索，一直到满足精度要求为止。

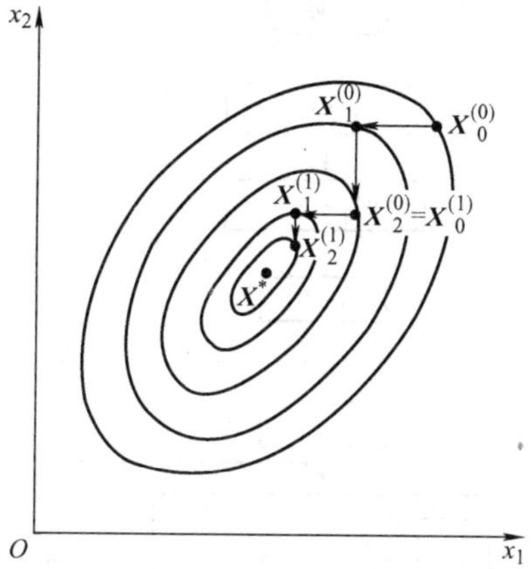

图 4-11　坐标轮换法的搜索过程

4.7.2　迭代过程及算法框图

迭代过程如下：

1）取初始点 $X^{(0)}$、收敛精度 ε、维数 n。

2）求单变量极值问题的最优解。

3）判断是否满足 $i=n$，若 $i=n$，则转 4）；若 $i<n$，则令 $i+1 \Rightarrow i$，转到 2）。

4）检验是否满足精度要求：若$|X_n^{(k)} - X_0^{(k)}| \leqslant \varepsilon$，则迭代停止，$X_n^{(k)}$ 即为所求；否则，令 $X_n^{(k)} \Rightarrow X_0^{(k)}$ 转 2）。

按基本原理及迭代过程设计出如图 4-12 所示的程序框图。

这种方法的收敛效果与目标函数等值线的形状有很大关系。如果目标函数为二元二次函数，其等值线为圆或长短轴平行于坐标轴的椭圆时，此法很有效。一般经过两次搜索即可达到最优点，如图 4-13a 所示。如果等值线为长短轴不平行于坐标轴的椭圆，则需多次迭代才能达到最优点，如图 4-13b 所示。如果等值线出现脊线，本来沿脊线方向一步可达到最优点，但因坐标轮换法总是沿坐标轴方向搜索而不能沿脊线搜索，所以就终止到脊线上而不能找到最优点。

从上述分析可以看出，采用坐标轮换法只能轮流沿着坐标方向搜索，尽管也能使函数值步步下降，但要经过多次曲折迂回的路径才能达到极值点；尤其在极值点附近步长很小，收敛很慢，所以坐标轮换法不是一种很好的搜索方法。但是，在坐标轮换法的基础上可以构造出更好的搜索策略，以下讨论的鲍威尔方法就属这种情况。

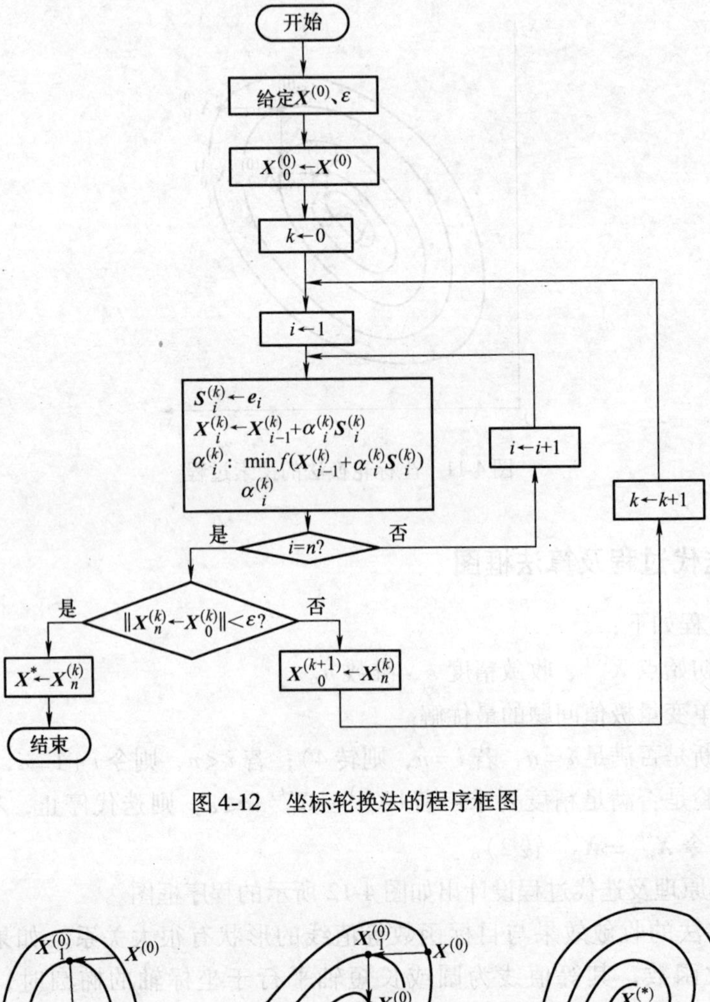

图 4-12 坐标轮换法的程序框图

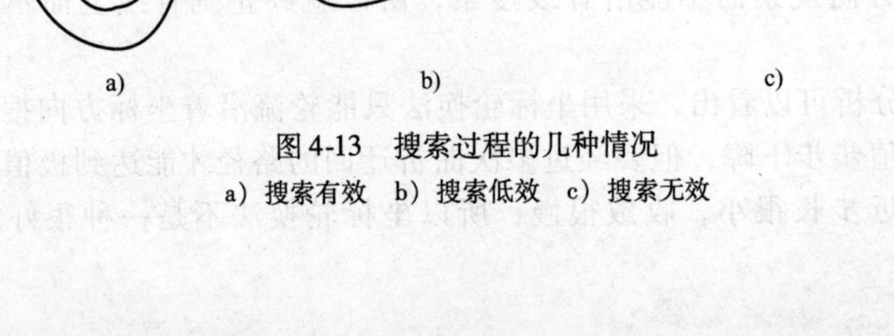

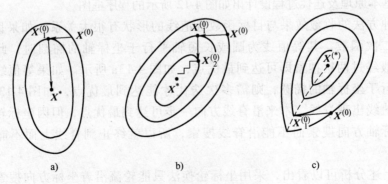

图 4-13 搜索过程的几种情况

a）搜索有效 b）搜索低效 c）搜索无效

4.8 鲍威尔方法

鲍威尔方法是直接利用函数值来构造共轭方向的一种共轭方向法。这种方法是在研究具有正定矩阵 $\boldsymbol{G}$ 的二次函数

$$f(\boldsymbol{X})=\frac{1}{2}\boldsymbol{X}^{\mathrm{T}}\boldsymbol{G}\boldsymbol{X}+\boldsymbol{b}^{\mathrm{T}}\boldsymbol{X}+c$$

的极小化问题时形成的。其基本思想是在不用导数的前提下，在迭代中逐次构造 $\boldsymbol{G}$ 的共轭方向。

4.8.1 基本原理

设$\boldsymbol{X}^{(k)}$、$\boldsymbol{X}^{(k+1)}$为从不同点出发，沿同一方向$\boldsymbol{S}^{(j)}$进行一维搜索而得到的两个极小点，如图 4-14 所示。根据梯度和等值面相垂直的性质，$\boldsymbol{S}^{(j)}$和$\boldsymbol{X}^{(k)}$、$\boldsymbol{X}^{(k+1)}$两点处的梯度 $\nabla f(\boldsymbol{X}^{(k)})$、$\nabla f(\boldsymbol{X}^{(k+1)})$之间存在关系：

$$(\boldsymbol{S}^{(j)})^{\mathrm{T}}\nabla f(\boldsymbol{X}^{(k)})=0$$

$$(\boldsymbol{S}^{(j)})^{\mathrm{T}}\nabla f(\boldsymbol{X}^{(k+1)})=0$$

另一方面，对于上述二次函数，其$\boldsymbol{X}^{(k)}$、$\boldsymbol{X}^{(k+1)}$两点处的梯度可表示为

$$\nabla f(\boldsymbol{X}^{(k)})=\boldsymbol{G}\boldsymbol{X}^{(k)}+\boldsymbol{b}$$

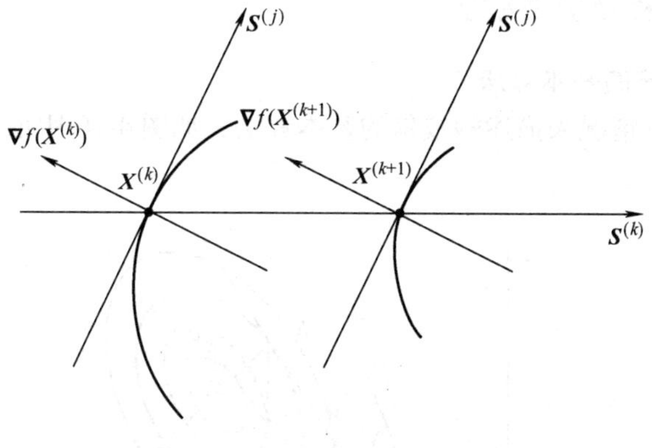

图 4-14 通过一维搜索确定共轭方向

$$\nabla f(\boldsymbol{X}^{(k+1)})=\boldsymbol{G}\boldsymbol{X}^{(k+1)}+\boldsymbol{b}$$

两式相减，得

$$\nabla f(\boldsymbol{X}^{(k+1)})-\nabla f(\boldsymbol{X}^{(k)})=\boldsymbol{G}(\boldsymbol{X}^{(k+1)}-\boldsymbol{X}^{(k)})$$

因而有

$$(\boldsymbol{S}^{(j)})^{\mathrm{T}}(\nabla f(\boldsymbol{X}^{(k+1)})-\nabla f(\boldsymbol{X}^{(k)}))=(\boldsymbol{S}^{(j)})^{\mathrm{T}}\boldsymbol{G}(\boldsymbol{X}^{(k+1)}-\boldsymbol{X}^{(k)})=0 \quad (4\text{-}25)$$

若取方向$\boldsymbol{S}^{(k)}=\boldsymbol{X}^{(k+1)}-\boldsymbol{X}^{(k)}$，如图 4-14 所示，则$\boldsymbol{S}^{(k)}$和$\boldsymbol{S}^{(j)}$对 $\boldsymbol{G}$ 共轭。这说明

只要沿$\boldsymbol{S}^{(j)}$方向分别对函数做两次一维搜索，得到两个极小点$\boldsymbol{X}^{(k)}$和$\boldsymbol{X}^{(k+1)}$，那么这两点的连线所给出的方向就是与$\boldsymbol{S}^{(j)}$一起对$\boldsymbol{G}$共轭的方向。

对于二维问题，$f(\boldsymbol{X})$的等值线为一族椭圆，A、B为沿x_1轴方向上的两个极小点，分别处于等值线与x_1轴方向的切点上，如图4-15所示。根据上述分析，则A、B两点的连线就是与轴x_1一起对$\boldsymbol{G}$共轭的方向。沿此共轭方向进行一维搜索就可找到函数$f(\boldsymbol{X})$的极小点：$\boldsymbol{X}^*$。

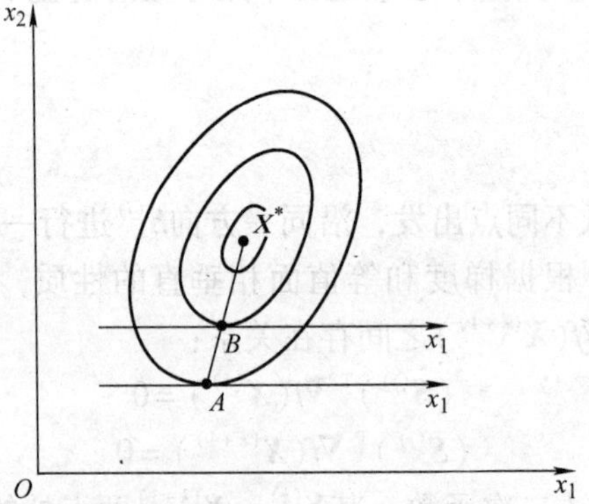

图4-15　二维情况下的共轭方向

4.8.2　迭代过程及算法框图

1. 鲍威尔方法的基本算法

现在针对二维情况来描述鲍威尔的基本算法，如图4-16所示。

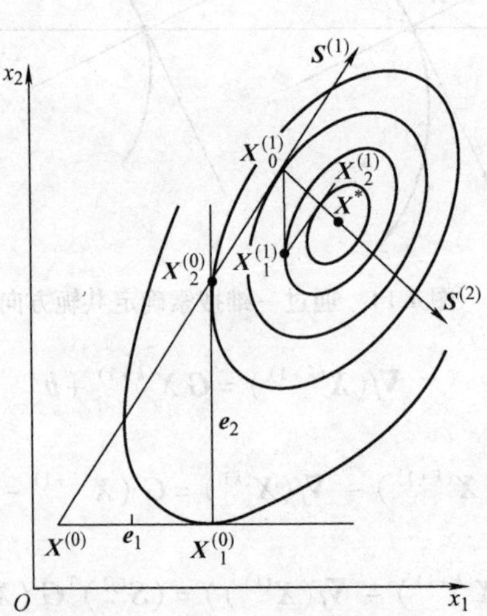

图4-16　二维情况下的鲍威尔方法

1）任选一初始点$\boldsymbol{X}^{(0)}$，再选两个线性无关的向量，如坐标轴单位向量$\boldsymbol{e}_1=(1,0)^{\mathrm{T}}$和$\boldsymbol{e}_2=(0,1)^{\mathrm{T}}$作为初始搜索方向。

2）从$\boldsymbol{X}^{(0)}$出发，顺次沿$\boldsymbol{e}_1$、$\boldsymbol{e}_2$做一维搜索得点$\boldsymbol{X}_1^{(0)}$、$\boldsymbol{X}_2^{(0)}$，两点连线得一新方向

$$\boldsymbol{S}^{(1)}=\boldsymbol{X}_2^{(0)}-\boldsymbol{X}^{(0)}$$

用$\boldsymbol{S}^{(1)}$代替$\boldsymbol{e}_1$形成两个线性无关的向量$\boldsymbol{e}_2$、$\boldsymbol{S}^1$，作为下一轮迭代的搜索方向。再从$\boldsymbol{X}_2^{(0)}$出发，沿$\boldsymbol{S}^{(1)}$做一维搜索得$\boldsymbol{X}_0^{(1)}$，并将其作为下一轮迭代的初始点。

3）从$\boldsymbol{X}_0^{(1)}$出发，顺次沿$\boldsymbol{e}_2$、$\boldsymbol{S}^{(1)}$做一维搜索得点$\boldsymbol{X}_1^{(1)}$、$\boldsymbol{X}_2^{(1)}$，两点连线得一新方向

$$\boldsymbol{S}^{(2)}=\boldsymbol{X}_2^{(1)}-\boldsymbol{X}_0^{(1)}$$

$\boldsymbol{X}_0^{(1)}$、$\boldsymbol{X}_2^{(1)}$两点是从不同点$\boldsymbol{X}^{(0)}$、$\boldsymbol{X}_1^{(1)}$出发，分别沿$\boldsymbol{S}^{(1)}$方向进行一维搜索而得的极小点，因此$\boldsymbol{X}_0^{(1)}$、$\boldsymbol{X}_2^{(1)}$两点连线的方向$\boldsymbol{S}^{(2)}$同$\boldsymbol{S}^{(1)}$一起对 $\boldsymbol{G}$ 共轭。再从$\boldsymbol{X}_2^{(1)}$出发，沿$\boldsymbol{S}^{(2)}$做一维搜索得点$\boldsymbol{X}^{(2)}$。

因为$\boldsymbol{X}^{(2)}$相当于从$\boldsymbol{X}^{(0)}$出发分别沿 $\boldsymbol{G}$ 的两个共轭方向$\boldsymbol{S}^{(1)}$、$\boldsymbol{S}^{(2)}$进行两次一维搜索而得到的点，所以$\boldsymbol{X}^{(2)}$点即是二维问题的极小点$\boldsymbol{X}^*$。

把二维情况的基本算法扩展到 n 维，则鲍威尔基本算法的要点是：在每一轮迭代中总有一个始点（第一轮的始点是任选的初始点）和 M 个线性独立的搜索方向。从始点出发顺次沿 n 个方向做一维搜索得一终点，由始点和终点决定了一个新的搜索方向。用这个方向替换原来 n 个方向中的一个，于是形成新的搜索方向组。替换的原则是去掉原方向组的第一个方向而将新方向排在原方向的最后。此外规定，从这一轮的搜索终点出发沿新的搜索方向做一维搜索而得到的极小点，作为下一轮迭代的始点。这样就形成算法的循环。因为这种方法在迭代中逐次生成共轭方向，而共轭方向是较好的搜索方向，所以鲍威尔方法又称作方间加速法。

上述基本算法仅具有理论意义，不要说对于一般函数，就是对于二次函数，这个算法也可能失效，因为在迭代中的 n 个搜索方向有时会变成线性相关而不能形成共轭方向。这时张不成 n 维空间，可能求不到极小点，所以上述基本算法有待改进。

2. 改进的鲍威尔算法

在鲍威尔基本算法中，每一轮迭代都用连接始点和终点所产生出的搜索方向去替换原向量组中的第一个向量，而不管它的“好坏”，这是产生向量组线性相关的原因所在。因此在改进的算法中首先判断原向量组是否需要替换。如果需要替换，还要进一步判断原向量组中哪个向量最坏，然后再用新产生的向量替换这个最坏的向量，以保证逐次生成共轭方向。

改进算法的具体步骤如下：

1）给定初始点$\boldsymbol{X}^{(0)}$（记作$\boldsymbol{X}_0^{(0)}$）。选取初始方向组，它由n个线性无关的向量$\boldsymbol{S}_1^{(0)}$、$\boldsymbol{S}_2^{(0)}$、…、$\boldsymbol{S}_n^{(0)}$（如n个坐标轴单位向量$\boldsymbol{e}_1$、$\boldsymbol{e}_2$、…、$\boldsymbol{e}_n$）所组成，置$k \leftarrow 0$。

2）从$\boldsymbol{X}_0^{(k)}$出发，顺次沿$\boldsymbol{S}_1^{(k)}$、$\boldsymbol{S}_2^{(k)}$、…、$\boldsymbol{S}_n^{(k)}$做一维搜索得$\boldsymbol{X}_1^{(k)}$、$\boldsymbol{X}_2^{(k)}$、…、$\boldsymbol{X}_n^{(k)}$。接着以$\boldsymbol{X}_n^{(k)}$为起点，沿方向

$$\boldsymbol{S}_{n+1}^{(k)} = \boldsymbol{X}_n^{(k)} - \boldsymbol{X}_0^{(k)}$$

移动一个$\boldsymbol{X}_n^{(k)} - \boldsymbol{X}_0^{(k)}$的距离，得到

$$\boldsymbol{X}_{n+1}^{(k)} = \boldsymbol{X}_n^{(k)} + (\boldsymbol{X}_n^{(k)} - \boldsymbol{X}_0^{(k)}) = 2\boldsymbol{X}_n^{(k)} - \boldsymbol{X}_0^{(k)}$$

$\boldsymbol{X}_0^{(k)}$、$\boldsymbol{X}_n^{(k)}$、$\boldsymbol{X}_{n+1}^{(k)}$分别称为一轮迭代的始点、终点和反射点。始点、终点和反射点所对应的函数值分别表示为

$$F_0 = f(\boldsymbol{X}_0^{(k)})$$
$$F_2 = f(\boldsymbol{X}_n^{(k)})$$
$$F_3 = f(\boldsymbol{X}_{n+1}^{(k)})$$

同时计算各中间点处的函数值，并记为

$$f_i = f(\boldsymbol{X}_i^{(k)}) \quad (i = 0, 1, 2, \cdots, n)$$

因此有
$$F_0 = f_0, F_2 = f_n$$

计算n个函数值之差 $f_0 - f_1$、$f_1 - f_2$、…、$f_{n-1} - f_n$

记作
$$\Delta_i = f_{i-1} - f_i (i = 1, 2, \cdots, n)$$

其中最大者记作
$$\Delta_m = \max_{1 \leqslant i \leqslant n} \Delta_i = f_{m-1} - f_m$$

3）根据是否满足判别条件$F_3 < F_0$或$(F_0 - 2F_2 + F_3)(F_0 - F_2 - \Delta_m)^2 < 0.5\Delta_m(F_0 - F_3)^2$来确定是否要对原方向组进行替换。

若不满足判别条件，则下轮迭代仍用原方向组，并以$\boldsymbol{X}_n^{(k)}$、$\boldsymbol{X}_{n+1}^{(k)}$中函数值小者作为下轮迭代的始点。

若满足上述判别条件，则下轮迭代应对原方向组进行替换，将$\boldsymbol{S}_{n+1}^{(k)}$补充到原方向组的最后位置，而除掉$\boldsymbol{S}_m^{(k)}$。即新方向组为$\boldsymbol{S}_1^{(k)}$、$\boldsymbol{S}_2^{(k)}$、…、$\boldsymbol{S}_{m-1}^{(k)}$、$\boldsymbol{S}_{m+1}^{(k)}$、…、$\boldsymbol{S}_n^{(k)}$、$\boldsymbol{S}_{n+1}^{(k)}$作为下轮迭代的搜索方向。下轮迭代的始点取为沿$\boldsymbol{S}_{n+1}^{(k)}$方向进行一维搜索的极小点$\boldsymbol{X}_0^{(k+1)}$。

4）判断是否满足收敛准则。若满足则取$\boldsymbol{X}_0^{(k+1)}$为极小点，否则应置$k \leftarrow k+1$返回2)，继续进行下一轮迭代。

这样重复迭代的结果，后面加进去的向量都彼此对$\boldsymbol{G}$共轭，经n轮迭代即可得到一个由n个共轭方向所组成的方向组。对于二次函数，最多不超过n次就可找到极小点，而对一般函数，往往要超过n次才能找到极小点（这里的“n”表示设计空间的维数）。

改进后的鲍威尔方法程序框图如图4-17所示。

鲍威尔方法是鲍威尔于1964年提出的，以后又经过他本人的改进。该方法是一种有效的共轭方向法，它可以在有限步内找到二次函数的极小点。对于非二次函

数只要具有连续二阶导数，用这种方法也是有效的。

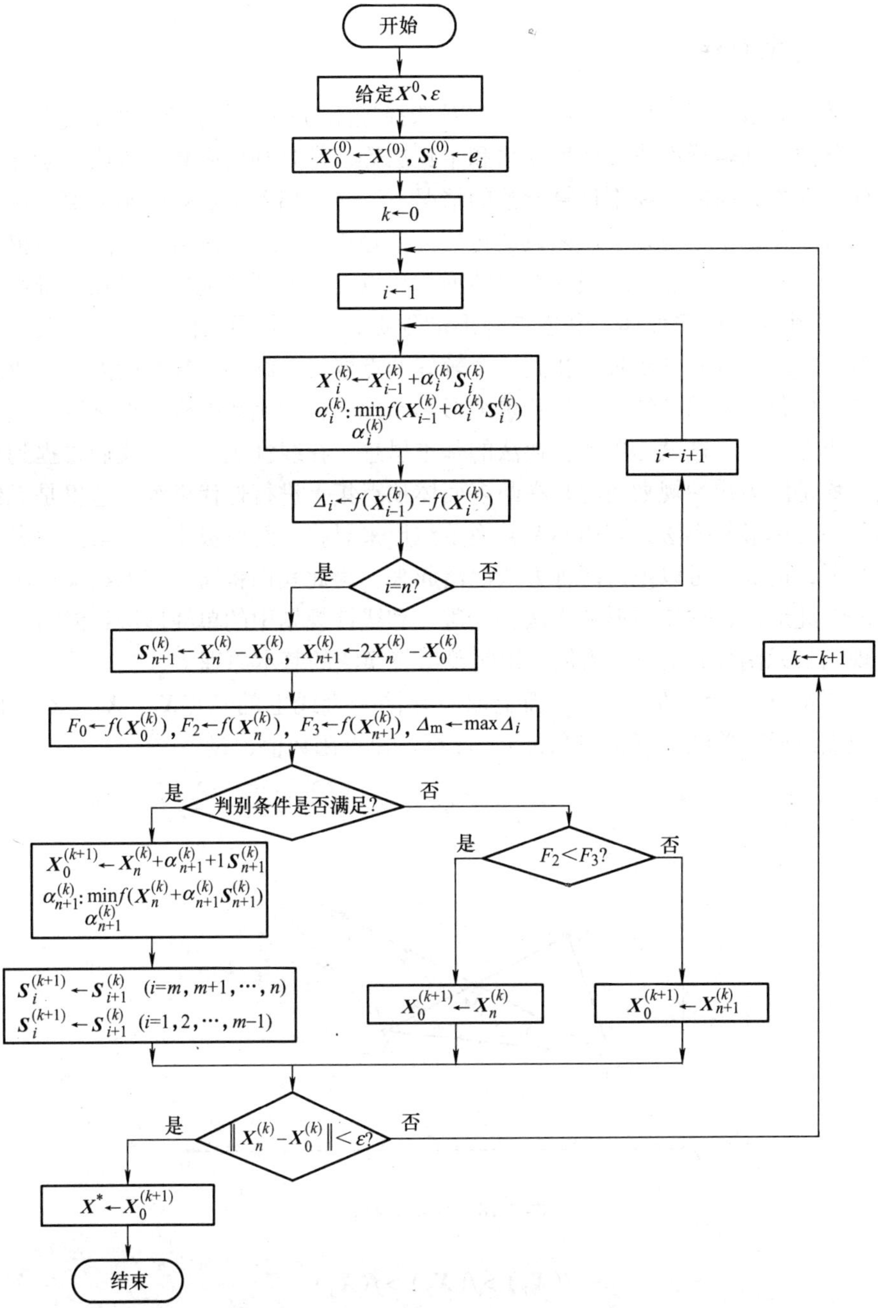

图 4-17　改进后的鲍威尔方法的程序框图

4.9　单形替换法

4.9.1　基本原理

函数的导数是函数性态的反映，它对选择搜索方向提供了有用的信息。例如，最速下降法、共轭梯度法、变尺度法和牛顿法等，都是利用函数一阶或二阶导数信息来建立搜索方向的。在不计算导数的情况下，先算出若干点处的函数值，从它们之间的大小关系中也可以看出函数变化的大概趋势，为寻求函数的下降方向提供依据。这里所说的若干点，一般取在单纯形的顶点上。所谓单纯形是指在 n 维空间中具有 $n+1$ 个顶点的多面体。利用单纯形的顶点，计算其函数值并加以比较，从中确定有利的搜索方向和步长，找到一个较好的点取代单纯形中较差的点，组成新的单纯形来代替原来的单纯形。使新单纯形不断地向目标函数的极小点靠近，直到搜索到极小点为止。这就是单形替换法的基本思想。在线性规划中，我们将提到单纯形法，那是因为线性规划问题是在凸多面体顶点集上进行迭代求解。这里是无约束极小化中的单形替换法，利用不断替换单纯形来寻找无约束极小点。虽然二者都用到单纯形，但决不可以把这两种方法混淆起来。为此我们将通常在无约束极小化中所说的单纯形法，称作单形替换法，以避免和线性规划中的单纯形法相混淆。

现以二元函数 $f(x_1,x_2)$ 为例，说明单形替换法的基本原理。

如图 4-18 所示，在 x_1Ox_2 平面上取不在同一直线上的三点 $\boldsymbol{X}_1$、$\boldsymbol{X}_2$、$\boldsymbol{X}_3$，以它们为顶点组成一单纯形（即三角形）。计算各顶点函数值，设

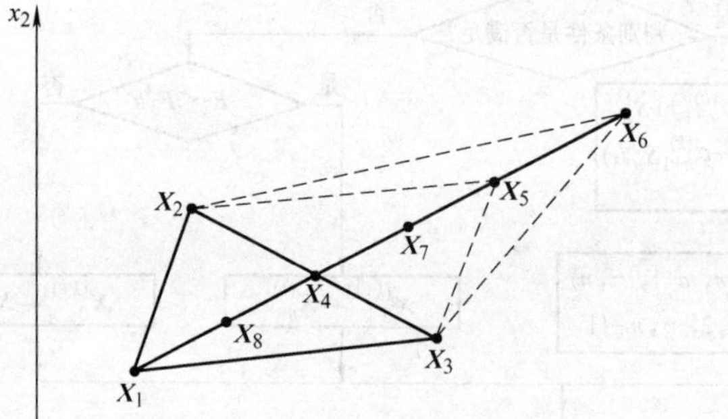

图 4-18　单形替换法

$$f(\boldsymbol{X}_1) > f(\boldsymbol{X}_2) > f(\boldsymbol{X}_3)$$

这说明 $\boldsymbol{X}_3$ 点最好，$\boldsymbol{X}_1$ 点最差。为了寻找极小点，一般来说，应向最差点的反对称方向进行搜索。即通过 $\boldsymbol{X}_1$ 并穿过 $\boldsymbol{X}_2\boldsymbol{X}_3$ 的中点 $\boldsymbol{X}_4$ 的方向进行搜索。在此方向上

取点$\boldsymbol{X}_5$使

$$\boldsymbol{X}_5=\boldsymbol{X}_4+(\boldsymbol{X}_4-\boldsymbol{X}_1)=2\boldsymbol{X}_4-\boldsymbol{X}_1$$

$\boldsymbol{X}_5$点称作$\boldsymbol{X}_1$点相对于$\boldsymbol{X}_4$点的反射点，计算反射点的函数值$f(\boldsymbol{X}_5)$，可能出现以下几种情形：

（1）$f(\boldsymbol{X}_5)<f(\boldsymbol{X}_3)$　即反射点比最好点还好，说明搜索方向正确，还可以往前进一步也就是可以扩张。这时取扩张点

$$\boldsymbol{X}_6=\boldsymbol{X}_4+\alpha(\boldsymbol{X}_4-\boldsymbol{X}_1)$$

式中，α 为扩张因子，一般取 $\alpha=1.2\sim2.0$。

如果$f(\boldsymbol{X}_6)<f(\boldsymbol{X}_5)$，说明扩张有利，就以$\boldsymbol{X}_6$代替$\boldsymbol{X}_1$构成新单纯形$\boldsymbol{X}_2\boldsymbol{X}_3\boldsymbol{X}_6$。否则说明扩张不利，舍弃$\boldsymbol{X}_6$，仍以$\boldsymbol{X}_5$代替$\boldsymbol{X}_1$，构成新单纯形$\boldsymbol{X}_2\boldsymbol{X}_3\boldsymbol{X}_5$。

（2）$f(\boldsymbol{X}_3)\leqslant f(\boldsymbol{X}_5)<f(\boldsymbol{X}_2)$　即反射点比最好点差，但比次差点好，说明反射可行，则以反射点代替最差点，仍构成新单纯形$\boldsymbol{X}_2\boldsymbol{X}_3\boldsymbol{X}_5$。

（3）$f(\boldsymbol{X}_2)\leqslant f(\boldsymbol{X}_5)<f(\boldsymbol{X}_1)$　即反射点比次差点差，但比最差点好，说明$\boldsymbol{X}_5$走得太远，应缩回一些，即收缩。这时取收缩点

$$\boldsymbol{X}_7=\boldsymbol{X}_4+\beta(\boldsymbol{X}_5-\boldsymbol{X}_4)$$

式中，β 为收缩因子，常取成 $\beta=0.5$。

如果$f(\boldsymbol{X}_7)<f(\boldsymbol{X}_1)$，则用$\boldsymbol{X}_7$代替$\boldsymbol{X}_1$构成新单纯形$\boldsymbol{X}_2\boldsymbol{X}_3\boldsymbol{X}_7$，否则$\boldsymbol{X}_7$不用。

（4）$f(\boldsymbol{X}_5)\geqslant f(\boldsymbol{X}_1)$　即反射点比最差点还差，这时应收缩得更多一些，即将新点收缩在$\boldsymbol{X}_1\boldsymbol{X}_4$之间，取收缩点

$$\boldsymbol{X}_8=\boldsymbol{X}_4-\beta(\boldsymbol{X}_4-\boldsymbol{X}_1)=\boldsymbol{X}_4+\beta(\boldsymbol{X}_1-\boldsymbol{X}_4)$$

如果$f(\boldsymbol{X}_8)<f(\boldsymbol{X}_1)$，则用$\boldsymbol{X}_8$代替$\boldsymbol{X}_1$构成新单纯形$\boldsymbol{X}_2\boldsymbol{X}_3\boldsymbol{X}_8$，否则$\boldsymbol{X}_8$不用。

（5）$f(\boldsymbol{X})>f(\boldsymbol{X}_1)$　即若$\boldsymbol{X}_1\boldsymbol{X}_4$方向上的所有点都比最差点差，则说明不能沿此方向搜索。这时应以$\boldsymbol{X}_3$为中心缩边，使顶点$\boldsymbol{X}_1$、$\boldsymbol{X}_2$向$\boldsymbol{X}_3$移近一半距离，得新单纯形$\boldsymbol{X}_3\boldsymbol{X}'_1\boldsymbol{X}'_2$，如图 4-19 所示，在此基础上进行寻优。

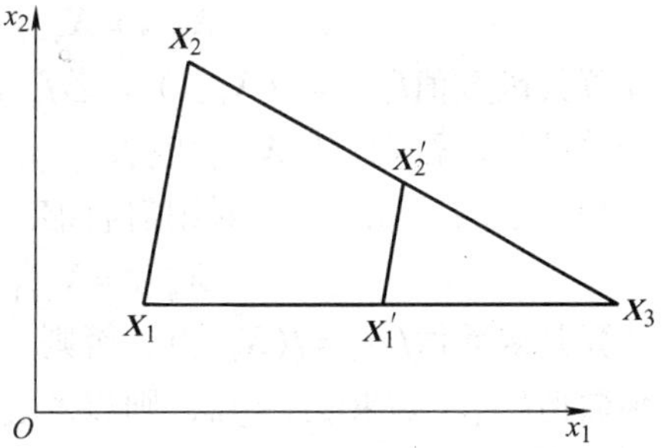

图　4-19

以上说明，可以通过反射、扩张、收缩和缩边等方式得到一个新单纯形，其中至少有一个顶点的函数值比原单纯形要小。

4.9.2　迭代过程及算法框图

将上述对二元函数的处置方法扩展应用到多元函数$f(\boldsymbol{X})$中，其计算步骤如下：

1）构造初始单纯形。选初始点$\boldsymbol{X}_0$，从$\boldsymbol{X}_0$出发沿各坐标轴方向走步长 h，得 n 个顶点$\boldsymbol{X}_i(i=1,2,\cdots,n)$与$\boldsymbol{X}_0$构成初始单纯形。这样可以保证此单纯形各边是 n 个

线性无关的向量，否则就会使搜索范围局限在某个较低维的空间内，有可能找不到极小点。

2）计算各顶点函数值

$$f_i = f(\boldsymbol{X}_i) \quad (i = 0,1,2,\cdots,n)$$

3）比较函数值的大小，确定最好点$\boldsymbol{X}_L$、最差点$\boldsymbol{X}_H$和次差点$\boldsymbol{X}_G$。即有

$$f_L = f(\boldsymbol{X}_L) = \min_i f_i (i = 0,1,2,\cdots,n)$$

$$f_H = f(\boldsymbol{X}_H) = \max_i f_i \quad (i = 0,1,2,\cdots,n)$$

$$f_G = f(\boldsymbol{X}_G) = \max_i f_i \quad (i = 0,1,2,\cdots,h-1,h+1,\cdots,n)$$

4）检验是否满足收敛准则

$$\left|\frac{f_H - f_L}{f_L}\right| < \varepsilon$$

如满足，则$\boldsymbol{X}^* = \boldsymbol{X}_L$，结束，否则转5）。

5）计算除$\boldsymbol{X}_H$点之外各点的“重心”$\boldsymbol{X}_{n+1}$：

$$\boldsymbol{X}_{n+1} = \frac{1}{n}\left(\sum_{i=0}^{n} \boldsymbol{X}_i - \boldsymbol{X}_H\right) \tag{4-26}$$

反射点：

$$\boldsymbol{X}_{n+2} = 2\boldsymbol{X}_{n+1} - \boldsymbol{X}_H$$

$$f_{n+2} = f(\boldsymbol{X}_{n+2}) \tag{4-27}$$

当$f_L \leqslant f_{n+2} < f_G$时，以$\boldsymbol{X}_{n+2}$代替$\boldsymbol{X}_H$，$f_{n+2}$代替$f_H$，构成一新单纯形，然后返回到3）。

6）扩张：当$f_{n+2} < f_L$ 时，取扩张点

$$\boldsymbol{X}_{n+3} = \boldsymbol{X}_{n+1} + \alpha(\boldsymbol{X}_{n+2} - \boldsymbol{X}_{n+1}) \tag{4-28}$$

并计算其函数值$f_{n+3} = f(\boldsymbol{X}_{n+3})$。若$f_{n+3} < f_{n+2}$，则以$\boldsymbol{X}_{n+3}$代替$\boldsymbol{X}_H$，$f_{n+3}$代替$f_H$，形成一新单纯形；否则，以$\boldsymbol{X}_{n+2}$代替$\boldsymbol{X}_H$，$f_{n+2}$代替$f_H$，形成新单纯形，然后返回到3）。

7）收缩：当$f_{n+2} \geqslant f_G$时则需收缩。如果$f_{n+2} < f_H$，则取收缩点

$$\boldsymbol{X}_{n+4} = \boldsymbol{X}_{n+1} - \beta(\boldsymbol{X}_{n+2} - \boldsymbol{X}_{n+1})$$

并计算其函数值$f_{n+4} = f(\boldsymbol{X}_{n+4})$；否则，在上式中以$\boldsymbol{X}_H$代替$\boldsymbol{X}_{n+2}$，计算收缩点$\boldsymbol{X}_{n+4}$及其函数值$f_{n+4}$。如果$f_{n+4} < f_H$，则以$\boldsymbol{X}_{n+4}$代替$\boldsymbol{X}_H$，$f_{n+4}$代替$f_H$，得新单纯形，返回到3），否则转8）。

8）缩边：将单纯形缩边，可将各向量

$$\boldsymbol{X}_i - \boldsymbol{X}_L \quad (i = 0,1,2,\cdots,n)$$

的长度都缩小一半，即

$$\boldsymbol{X}_i = \boldsymbol{X}_L - \frac{1}{2}(\boldsymbol{X}_i - \boldsymbol{X}_L) = \frac{1}{2}(\boldsymbol{X}_i + \boldsymbol{X}_L) \quad (i = 0,1,2,\cdots,n)$$

并返回到2）。

单形替换法的程序框图如图4-20所示。

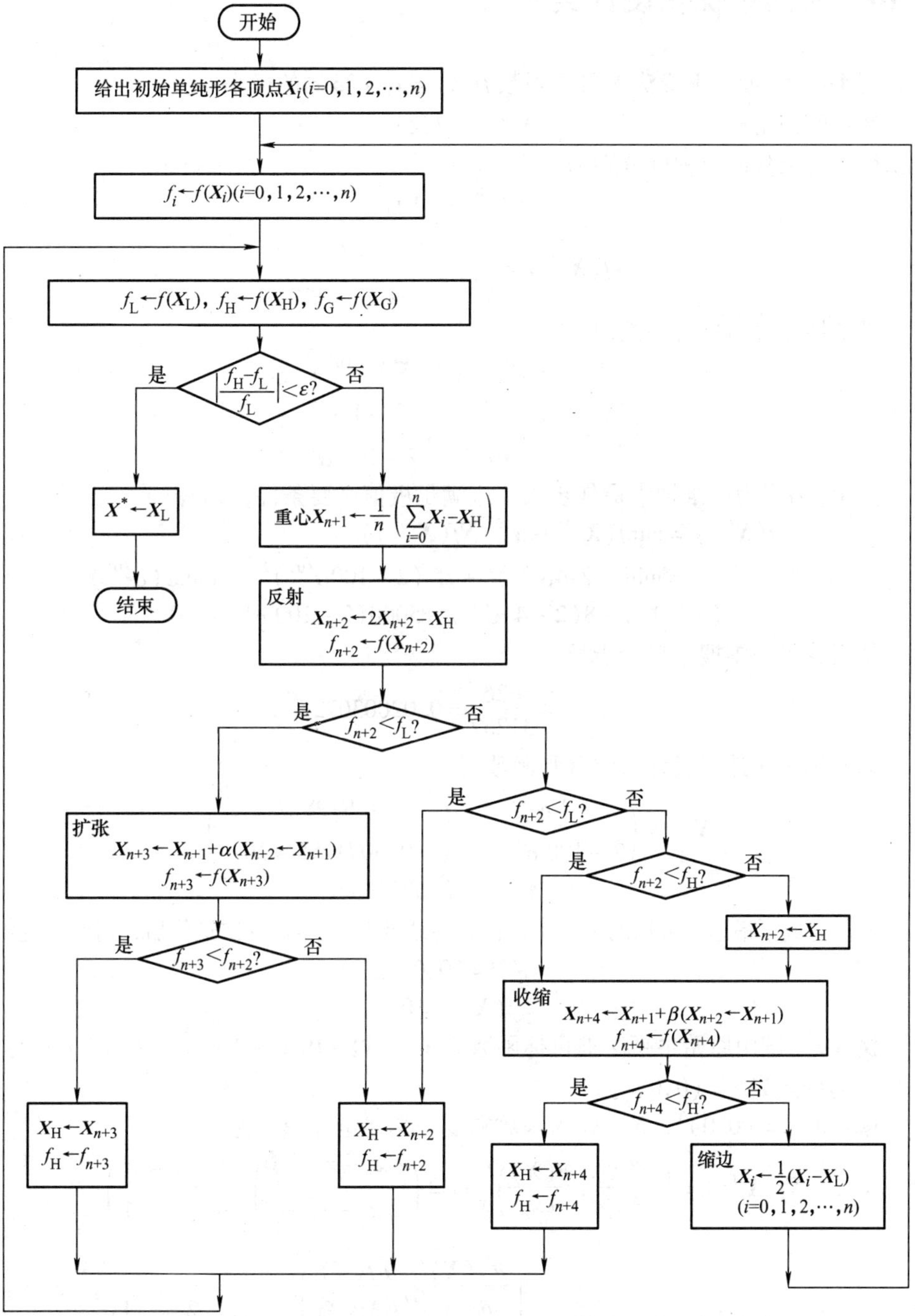

图 4-20　单形替换法的程序框图

4.10　无约束优化设计实例

例 4-1　用最速下降法求目标函数 $f(\boldsymbol{X})=x_1^2+25x_2^2$ 的极小点。

解：取初始点　$\boldsymbol{X}^{(0)}=(2,2)^{\mathrm{T}}$

则初始点处函数值及梯度分别为

$$f(\boldsymbol{X}^{(0)})=104$$

$$\nabla f(\boldsymbol{X}^{(0)})=\begin{pmatrix}2x_1\\50x_2\end{pmatrix}_{\boldsymbol{X}^{(0)}}=\begin{pmatrix}4\\100\end{pmatrix}$$

沿负梯度方向进行一维搜索，有

$$\boldsymbol{X}^{(1)}=\boldsymbol{X}^{(0)}-\alpha^{(0)}\nabla f(\boldsymbol{X}^{(0)})$$

$$\begin{pmatrix}2\\2\end{pmatrix}-\alpha^{(0)}\begin{pmatrix}4\\100\end{pmatrix}=\begin{pmatrix}2-4\alpha^{(0)}\\2-100\alpha^{(0)}\end{pmatrix}$$

其中，$\alpha^{(0)}$ 为一维搜索最佳步长，应满足极值必要条件，则有

$$\begin{aligned}f(\boldsymbol{X}^{(1)})&=\min f(\boldsymbol{X}^{(0)}-\alpha^{(0)}\nabla f(\boldsymbol{X}^{(0)}))\\&=\min[(2-4\alpha^{(0)})^2+25(2-100\alpha^{(0)})^2]=\min\varphi(\alpha^{(0)})\end{aligned}$$

$$\varphi'(\alpha^{(0)})=-8(2-4\alpha^{(0)})-5000(2-100\alpha^{(0)})=0$$

从而算出一维搜索最佳步长

$$\alpha^{(0)}=\frac{626}{31252}=0.02003072$$

以及第一次迭代设计点位置和函数值

$$\boldsymbol{X}^{(1)}=\begin{pmatrix}2-4\alpha^{(0)}\\2-100\alpha^{(0)}\end{pmatrix}=\begin{pmatrix}1.919877\\-0.3071785\times10^{-2}\end{pmatrix}$$

$$f(\boldsymbol{X}^{(1)})=3.686164$$

从而完成了最速下降法的第一次迭代。继续做下去，经 10 次迭代后，得到最优解

$$\boldsymbol{X}^*=(0,0)^{\mathrm{T}}$$

$$f(\boldsymbol{X}^*)=0$$

例 4-2　试用原始牛顿法求目标函数 $f(\boldsymbol{X})=60-10x_1-4x_2+x_1^2+x_2^2-x_1x_2$ 的极小点，初始点 $\boldsymbol{X}^{(0)}=(0,0)^{\mathrm{T}}$。

解：$\boldsymbol{X}^{(0)}=(0,0)^{\mathrm{T}}$，$\boldsymbol{X}^{(0)}$ 处的函数梯度、黑塞矩阵分别为

$$\nabla f(\boldsymbol{X}^{(0)})=\left(\frac{\partial f(\boldsymbol{X})}{\partial x_1},\frac{\partial f(\boldsymbol{X})}{\partial x_2}\right)^{\mathrm{T}}_{X^{(0)}}=\begin{pmatrix}2x_1-x_2-10\\2x_2-x_1-4\end{pmatrix}_{\substack{x_1=0\\x_2=0}}=\begin{pmatrix}-10\\-4\end{pmatrix}$$

$$\boldsymbol{H}(\boldsymbol{X}^{(0)})=\nabla^2\partial f(\boldsymbol{X}^{(0)})=\begin{pmatrix}\dfrac{\partial^2 f(\boldsymbol{X})}{\partial^2 x_1}&\dfrac{\partial^2 f(\boldsymbol{X})}{\partial x_1\partial x_2}\\\dfrac{\partial^2 f(\boldsymbol{X})}{\partial x_2\partial x_1}&\dfrac{\partial^2 f(\boldsymbol{X})}{\partial^2 x_2}\end{pmatrix}^{\mathrm{T}}_{\boldsymbol{X}^{(0)}}=\begin{pmatrix}2&-1\\-1&2\end{pmatrix}$$

$\boldsymbol{H}(\boldsymbol{X}^{(0)})$的伴随矩阵为$\begin{pmatrix}2 & 1\\1 & 2\end{pmatrix}$，其行列式$|\boldsymbol{H}(\boldsymbol{X}^{(0)})|=3$，故$\boldsymbol{H}(\boldsymbol{X}^{(0)})$的逆矩阵应为

$$[\boldsymbol{H}(\boldsymbol{X}^{(0)})]^{-1}=\frac{1}{|\boldsymbol{H}(\boldsymbol{X}^{(0)})|}\begin{pmatrix}2 & 1\\1 & 2\end{pmatrix}=\frac{1}{3}\begin{pmatrix}2 & 1\\1 & 2\end{pmatrix}$$

由式（4-7）求下一个迭代点$\boldsymbol{X}^{(1)}$，得

$$\begin{aligned}\boldsymbol{X}^{(1)}&=\boldsymbol{X}^{(0)}-[\boldsymbol{H}(\boldsymbol{X}^{(0)})]^{-1}\nabla f(\boldsymbol{X}^{(0)})\\&=\begin{pmatrix}0\\0\end{pmatrix}-\frac{1}{3}\begin{pmatrix}2 & 1\\1 & 2\end{pmatrix}\begin{pmatrix}-10\\-4\end{pmatrix}\\&=\begin{pmatrix}0\\0\end{pmatrix}-\frac{1}{3}\begin{pmatrix}-24\\-18\end{pmatrix}=\begin{pmatrix}8\\6\end{pmatrix}\end{aligned}$$

$\boldsymbol{X}^{(1)}=[8,6]^{\mathrm{T}}$和目标函数理论极小点$\boldsymbol{X}^{*}=[8,6]^{\mathrm{T}}$一致，亦即本例只迭代一次即达目标函数极小点。

由例 4-2 可以看出，当目标函数$f(\boldsymbol{X})$是二次函数时，由于二次泰勒展开函数$\varphi(\boldsymbol{X})$与原目标函数$f(\boldsymbol{X})$不是近似而是完全相同的二次式，黑塞矩阵$\boldsymbol{H}(\boldsymbol{X}^{(k)})$是一个常数矩阵，由式（4-7）知从任一初始点出发，只需一步迭代即达$f(\boldsymbol{X})$的极小点，因此牛顿法也是一种具有二次收敛性的算法。对于非二次函数，若函数的二次性态较强，或迭代点已进入极小点的邻域，则其收敛速度也是很快的，这是牛顿法的主要优点。但原始牛顿法由于迭代公式中没有步长因子，而是定步长迭代，对于非二次型目标函数，有时会使函数值上升，即出现$f(\boldsymbol{X}^{(k+1)})>f(\boldsymbol{X}^{(k)})$的情况，这表明原始牛顿法不能保证函数值稳定地下降，在严重的情况下甚至可能造成迭代点列的发散而导致计算失败。

例 4-3　目标函数为$f(\boldsymbol{X})=4(x_1+1)^2+2(x_2-1)^2+x_1+x_2+10$，设初始点$\boldsymbol{X}^{(0)}=(0,0)^{\mathrm{T}}$，梯度精度$\varepsilon=0.01$，试用阻尼牛顿法求目标函数极小点和极小值。

解：$\boldsymbol{X}^{(0)}=(0,0)^{\mathrm{T}}$，$\boldsymbol{X}^{(0)}$点处的函数梯度、黑塞矩阵分别为

$$\nabla f(\boldsymbol{X}^{(0)})=\left(\frac{\partial f(\boldsymbol{X})}{\partial x_1},\frac{\partial f(\boldsymbol{X})}{\partial x_2}\right)^{\mathrm{T}}_{\boldsymbol{X}^{(0)}}=\begin{pmatrix}8x_1+9\\4x_2-3\end{pmatrix}_{\substack{x_1=0\\x_2=0}}=\begin{pmatrix}9\\-3\end{pmatrix}$$

$$\boldsymbol{H}(\boldsymbol{X}^{(0)})=\nabla^2\partial f(\boldsymbol{X}^{(0)})=\begin{pmatrix}\dfrac{\partial^2 f(\boldsymbol{X})}{\partial^2 x_1} & \dfrac{\partial^2 f(\boldsymbol{X})}{\partial x_1\partial x_2}\\[2ex]\dfrac{\partial^2 f(\boldsymbol{X})}{\partial x_2\partial x_1} & \dfrac{\partial^2 f(\boldsymbol{X})}{\partial^2 x_2}\end{pmatrix}^{\mathrm{T}}_{\boldsymbol{X}^{(0)}}=\begin{pmatrix}8 & 0\\0 & 4\end{pmatrix}$$

$\boldsymbol{H}(\boldsymbol{X}^{(0)})$的伴随矩阵为$\begin{pmatrix}4 & 0\\0 & 8\end{pmatrix}$，其行列式$|\boldsymbol{H}(\boldsymbol{X}^{(0)})|=32$，$\boldsymbol{H}(\boldsymbol{X}^{(0)})$的逆矩阵应为

$$[\boldsymbol{H}(\boldsymbol{X}^{(0)})]^{-1}=\frac{1}{|\boldsymbol{H}(\boldsymbol{X}^{(0)})|}\begin{pmatrix}4&0\\0&8\end{pmatrix}=\frac{1}{32}\begin{pmatrix}4&0\\0&8\end{pmatrix}=\begin{pmatrix}\frac{1}{8}&0\\0&\frac{1}{4}\end{pmatrix}$$

牛顿方向

$$\boldsymbol{S}^{(0)}=-[\boldsymbol{H}(\boldsymbol{X}^{(0)})]^{-1}\nabla f(\boldsymbol{X}^{(0)})=-\begin{pmatrix}\frac{1}{8}&0\\0&\frac{1}{4}\end{pmatrix}\begin{pmatrix}9\\-3\end{pmatrix}=\begin{pmatrix}-\frac{9}{8}\\\frac{3}{4}\end{pmatrix}$$

从$\boldsymbol{X}^{(0)}$出发，沿$\boldsymbol{S}^{(0)}$方向一维搜索求最优步长因子$\alpha^{(0)}$：

$$f(\boldsymbol{X}^{(0)}+\alpha^{(0)}\boldsymbol{S}^{(0)})=\min(\boldsymbol{X}^{(0)}+\alpha^{(0)}\boldsymbol{S}^{(0)})$$

令$\frac{\mathrm{d}f\ (\boldsymbol{X}^{(0)}+\alpha^{(0)}\boldsymbol{S}^{(0)})}{\mathrm{d}\alpha^{(0)}}=0$，求得$\alpha^{(0)}=1$，于是得下一个迭代点

$$\boldsymbol{X}^{(1)}=\boldsymbol{X}^{(0)}+\alpha^{(0)}\boldsymbol{S}^{(0)}=\begin{pmatrix}0\\0\end{pmatrix}+\begin{pmatrix}-\frac{9}{8}\\\frac{3}{4}\end{pmatrix}=\begin{pmatrix}-\frac{9}{8}\\\frac{3}{4}\end{pmatrix}$$

$\boldsymbol{X}^{(1)}$点的梯度为

$$\nabla f(\boldsymbol{X}^{(1)})=\begin{pmatrix}8x_1+9\\4x_2-3\end{pmatrix}_{\substack{x_1=-\frac{9}{8}\\x_2=\frac{3}{4}}}=\begin{pmatrix}0\\0\end{pmatrix}$$

检验迭代终止条件

$$\|\nabla f(\boldsymbol{X}^{(1)})\|=0<\varepsilon$$

迭代结束，得极小点

$$\boldsymbol{X}^{*}=\left(-\frac{9}{8},\frac{3}{4}\right)^{\mathrm{T}},f(\boldsymbol{X}^{*})=9.8125$$

例 4-4 求

$$\boldsymbol{G}=\begin{pmatrix}2&-1&0\\-1&2&-1\\0&-1&2\end{pmatrix}$$

的一组共轭向量系$\boldsymbol{S}^{(0)}$、$\boldsymbol{S}^{(1)}$、$\boldsymbol{S}^{(2)}$。

解：选三个坐标轴上的单位向量$\boldsymbol{e}_0$、$\boldsymbol{e}_1$、$\boldsymbol{e}_2$作为一组线性无关向量系：

$$\boldsymbol{e}_0=\begin{pmatrix}1\\0\\0\end{pmatrix},\boldsymbol{e}_1=\begin{pmatrix}0\\1\\0\end{pmatrix},\ \boldsymbol{e}_2=\begin{pmatrix}0\\0\\1\end{pmatrix}$$

取

$$\boldsymbol{S}^{(0)}=\boldsymbol{e}_0=\begin{pmatrix}1\\0\\0\end{pmatrix}$$

设

$$S^{(1)}=e_1+\beta_1^{(0)}S^{(0)}$$

$$\beta_1^{(0)}=-\frac{(S^{(0)})^{\mathrm T}Ge_1}{(S^{(0)})^{\mathrm T}GS^{(0)}}=-\frac{(1,0,0)\begin{pmatrix}2&-1&0\\-1&2&-1\\0&-1&2\end{pmatrix}\begin{pmatrix}0\\1\\0\end{pmatrix}}{(1,0,0)\begin{pmatrix}2&-1&0\\-1&2&-1\\0&-1&2\end{pmatrix}\begin{pmatrix}1\\0\\0\end{pmatrix}}=\frac{1}{2}$$

得

$$S^{(1)}=\begin{pmatrix}0\\1\\0\end{pmatrix}+\frac{1}{2}\begin{pmatrix}1\\0\\0\end{pmatrix}=\begin{pmatrix}\frac{1}{2}\\1\\0\end{pmatrix}$$

设

$$S^{(2)}=e_2+\beta_2^{(1)}S^{(1)}+\beta_2^{(0)}S^{(0)}$$

$$\beta_2^{(1)}=-\frac{(S^{(1)})^{\mathrm T}Ge_2}{(S^{(1)})^{\mathrm T}GS^{(1)}}=-\frac{\left(\frac{1}{2},1,0\right)\begin{pmatrix}2&-1&0\\-1&2&-1\\0&-1&2\end{pmatrix}\begin{pmatrix}0\\0\\1\end{pmatrix}}{\left(\frac{1}{2},1,0\right)\begin{pmatrix}2&-1&0\\-1&2&-1\\0&-1&2\end{pmatrix}\begin{pmatrix}\frac{1}{2}\\1\\0\end{pmatrix}}=\frac{2}{3}$$

$$\beta_2^{(0)}=-\frac{(S^{(0)})^{\mathrm T}Ge_2}{(S^{0})^{\mathrm T}GS^{(0)}}=\frac{(1,0,0)\begin{pmatrix}2&-1&0\\-1&2&-1\\0&-1&2\end{pmatrix}\begin{pmatrix}0\\0\\1\end{pmatrix}}{(1,0,0)\begin{pmatrix}2&-1&0\\-1&2&-1\\0&-1&2\end{pmatrix}\begin{pmatrix}1\\0\\0\end{pmatrix}}=0$$

得

$$S^{(2)}=\begin{pmatrix}0\\0\\1\end{pmatrix}+\frac{2}{3}\begin{pmatrix}\frac{1}{2}\\1\\0\end{pmatrix}=\begin{pmatrix}\frac{1}{3}\\\frac{2}{3}\\1\end{pmatrix}$$

计算表明　$(S^{(i)})^{\mathrm T}GS^{(j)}\begin{cases}\neq 0(i=j)\\=0(i\neq j)\end{cases}\quad(i,j=0,1,2)$

说明 $S^{(0)}$、$S^{(1)}$、$S^{(2)}$ 对 G 共轭。

例 4-5 用共轭梯度法求二次函数

$$f(\boldsymbol{X})=x_1^2+2x_2^2-4x_1-2x_1x_2$$

的极小点及极小值。

解： 取初始点

$$\boldsymbol{X}^{(0)}=(1,1)^{\mathrm{T}}$$

则

$$\nabla f(\boldsymbol{X}^{(0)})=\begin{pmatrix}2x_1-2x_2-4\\4x_2-2x_1\end{pmatrix}_{\boldsymbol{X}^{(0)}}=\begin{pmatrix}-4\\2\end{pmatrix}$$

取

$$\boldsymbol{S}^{(0)}=-\nabla f(\boldsymbol{X}^{(0)})=\begin{pmatrix}4\\-2\end{pmatrix}$$

沿$\boldsymbol{S}^{(0)}$方向进行一维搜索，得

$$\boldsymbol{X}^{(1)}=\boldsymbol{X}^{(0)}+\alpha^{(0)}\boldsymbol{S}^{(0)}=\begin{pmatrix}1\\1\end{pmatrix}+\alpha^{(0)}\begin{pmatrix}4\\-2\end{pmatrix}=\begin{pmatrix}1+4\alpha^{(0)}\\1-2\alpha^{(0)}\end{pmatrix}$$

其中，$\alpha^{(0)}$为最佳步长，可通过$f(\boldsymbol{X}^{(1)})=\min\varphi_1(\alpha^{(0)})$，$\dot{\varphi}_1(\alpha^{(0)})=0$ 求得

$$\alpha^{(0)}=\frac{1}{4}$$

则

$$\boldsymbol{X}^{(1)}=\begin{pmatrix}1+4\alpha^{(0)}\\1-2\alpha^{(0)}\end{pmatrix}=\begin{pmatrix}2\\\frac{1}{2}\end{pmatrix}$$

为建立第二个共轭方向$\boldsymbol{S}^{(1)}$，需计算$\boldsymbol{X}^{(1)}$点处的梯度 $\nabla f(\boldsymbol{X}^{(1)})$及系数$\beta^{(0)}$值，得

$$\nabla f(\boldsymbol{X}^{(1)})=\begin{pmatrix}2x_1-2x_2-4\\4x_2-2x_1\end{pmatrix}_{\boldsymbol{X}^{(1)}}=\begin{pmatrix}-1\\-2\end{pmatrix}$$

$$\beta^{(0)}=\frac{\|\nabla f(\boldsymbol{X}^{(1)})\|^2}{\|\nabla f(\boldsymbol{X}^{(0)})\|^2}=\frac{5}{20}=\frac{1}{4}$$

从而求得第二个共轭方向

$$\boldsymbol{S}^{(1)}=-\nabla f(\boldsymbol{X}^{(1)})+\beta^{(0)}\boldsymbol{S}^{(0)}=\begin{pmatrix}1\\2\end{pmatrix}+\frac{1}{4}\begin{pmatrix}4\\-2\end{pmatrix}=\begin{pmatrix}2\\\frac{3}{2}\end{pmatrix}$$

再沿$\boldsymbol{S}^{(1)}$进行一维搜索，得

$$\boldsymbol{X}^{(2)}=\boldsymbol{X}^{(1)}+\alpha^{(1)}\boldsymbol{S}^{(1)}=\begin{pmatrix}2\\\frac{1}{2}\end{pmatrix}+\alpha^{(1)}\begin{pmatrix}2\\\frac{3}{2}\end{pmatrix}=\begin{pmatrix}2+2\alpha^{(1)}\\\frac{1}{2}+\frac{3}{2}\alpha^{(1)}\end{pmatrix}$$

其中，$\alpha^{(1)}$为最佳步长，通过

$$f(\boldsymbol{X}^{(2)})=\min\varphi_2(\alpha^{(1)}),\dot{\varphi}_2(\alpha^{(1)})=0$$

求得 $$\alpha^{(1)}=1$$

则 $$\boldsymbol{X}^{(2)}=\begin{pmatrix}2+2\alpha^{(1)}\\ \frac{1}{2}+\frac{3}{2}\alpha^{(1)}\end{pmatrix}=\begin{pmatrix}4\\2\end{pmatrix}$$

计算$\boldsymbol{X}^{(2)}$点处的梯度

$$\nabla f(\boldsymbol{X}^{(2)})=\begin{pmatrix}2x_1-2x_2-4\\4x_2-2x_1\end{pmatrix}_{\boldsymbol{X}^{(2)}}=\begin{pmatrix}0\\0\end{pmatrix}=\boldsymbol{0}$$

说明$\boldsymbol{X}^{(2)}$点满足极值必要条件，再根据$\boldsymbol{X}^{(2)}$点的黑塞矩阵

$$\boldsymbol{H}(\boldsymbol{X}^{(2)})=\begin{pmatrix}2&-2\\-2&4\end{pmatrix}$$

是正定的，可知$\boldsymbol{X}^{(2)}$点满足极值充分必要条件。故X^2点为极小点，即

$$\boldsymbol{X}^*=\boldsymbol{X}^{(2)}=\begin{pmatrix}4\\2\end{pmatrix}$$

而函数极小值为 $$f(\boldsymbol{X}^*)=-8$$

从共轭梯度法的计算过程可以看出，第一个搜索方向取作负梯度方向，这就是最速下降法。其余各步的搜索方向是将负梯度偏转一个角度，也就是对负梯度进行修正。所以共轭梯度法实质上是对最速下降法进行的一种改进，故它又被称作旋转梯度法。

例4-6　用DFP算法求

$$f(\boldsymbol{X})=x_1^2+2x_2^2-4x_1-2x_1x_2$$

的极值解。

解：1）取初始点$\boldsymbol{X}^{(0)}=(1,1)^{\mathrm{T}}$，为了按DFP算法构造第一次搜寻方向$\boldsymbol{S}^{(0)}$，需计算初始点处的梯度

$$\nabla f(\boldsymbol{X}^{(0)})=\begin{pmatrix}2x_1-2x_2-4\\4x_2-2x_1\end{pmatrix}_{\boldsymbol{X}^{(0)}}=\begin{pmatrix}-4\\2\end{pmatrix}$$

并取初始变尺度矩阵为单位矩阵$\boldsymbol{M}^{(0)}=\boldsymbol{I}$，则第一次搜寻方向为

$$\boldsymbol{S}^{(0)}=-\boldsymbol{M}^{(0)}\nabla f(\boldsymbol{X}^{(0)})=-\begin{pmatrix}1&0\\0&1\end{pmatrix}\begin{pmatrix}-4\\2\end{pmatrix}=\begin{pmatrix}4\\-2\end{pmatrix}$$

沿$\boldsymbol{S}^{(0)}$方向进行一维搜索，得

$$\boldsymbol{X}^{(1)}=\boldsymbol{X}^{(0)}+\alpha^{(0)}\boldsymbol{S}^{(0)}=\begin{pmatrix}1\\1\end{pmatrix}+\alpha^{(0)}\begin{pmatrix}4\\-2\end{pmatrix}=\begin{pmatrix}1+4\alpha^{(0)}\\1-2\alpha^{(0)}\end{pmatrix}$$

其中$\alpha^{(0)}$为一维搜索最佳步长，应满足

$$f(\boldsymbol{X}^{(1)})=\min f(\boldsymbol{X}^{(0)}+\alpha^{(0)}\boldsymbol{S}^{(0)})=\min(40\alpha^{2(0)}-20\alpha^{(0)}-3)$$

得 $$\alpha^{(0)}=0.25$$

$$X^{(1)}=\begin{pmatrix}1+4\alpha^{(0)}\\1-2\alpha^{(0)}\end{pmatrix}=\begin{pmatrix}2\\0.5\end{pmatrix}$$

2）再按 DFP 算法构造$X^{(1)}$点处的搜寻方向$S^{(1)}$，需计算

$$\nabla f(X^{(1)})=\begin{pmatrix}2x_1-2x_2-4\\4x_2-2x_1\end{pmatrix}_{X^{(1)}}=\begin{pmatrix}-1\\-2\end{pmatrix}$$

$$y^{(0)}=\nabla f(X^{(1)})-\nabla f(X^{(0)})=\begin{pmatrix}-1\\-2\end{pmatrix}-\begin{pmatrix}-4\\2\end{pmatrix}=\begin{pmatrix}3\\-4\end{pmatrix}$$

$$z^{(0)}=X^{(1)}-X^{(0)}=\begin{pmatrix}1\\-0.5\end{pmatrix}$$

代入校正公式（4-22）

$$M^{(1)}=M^{(0)}+\frac{z^{(0)}(z^{(0)})^{\mathrm{T}}}{(z^{(0)})^{\mathrm{T}}y^{(0)}}-\frac{M^{(0)}y^{(0)}(y^{(0)})^{\mathrm{T}}M^{(0)}}{(y^{(0)})^{\mathrm{T}}M^{(0)}y^{(0)}}$$

$$=\begin{pmatrix}1&0\\0&1\end{pmatrix}+\frac{\begin{pmatrix}1\\-0.5\end{pmatrix}(1,-0.5)}{(1,-0.5)\begin{pmatrix}3\\-4\end{pmatrix}}-\frac{\begin{pmatrix}3\\-4\end{pmatrix}(3,-4)}{(3,-4)\begin{pmatrix}3\\-4\end{pmatrix}}=\begin{pmatrix}1&0\\0&1\end{pmatrix}+\frac{1}{5}\begin{pmatrix}1&-0.5\\-0.5&0.25\end{pmatrix}-$$

$$\frac{1}{25}\begin{pmatrix}9&-12\\-12&16\end{pmatrix}=\begin{pmatrix}\frac{21}{25}&\frac{19}{50}\\\frac{19}{50}&\frac{41}{100}\end{pmatrix}$$

则第二次搜寻方向为

$$S^{(1)}=-M^{(1)}\nabla f(X^{(1)})=-\begin{pmatrix}\frac{21}{25}&\frac{19}{50}\\\frac{19}{50}&\frac{41}{100}\end{pmatrix}\begin{pmatrix}-1\\-2\end{pmatrix}=\begin{pmatrix}\frac{8}{5}\\\frac{6}{5}\end{pmatrix}$$

再沿$S^{(1)}$进行一维搜索，得

$$X^{(2)}=X^{(1)}+\alpha^{(1)}S^{(1)}=\begin{pmatrix}2\\0.5\end{pmatrix}+\alpha^{(1)}\begin{pmatrix}\frac{8}{5}\\\frac{6}{5}\end{pmatrix}=\begin{pmatrix}2+\frac{8}{5}\alpha^{(1)}\\0.5+\frac{6}{5}\alpha^{(1)}\end{pmatrix}$$

其中$\alpha^{(1)}$为一维搜索最佳步长，应满足

$$f(X^{(2)})=\min f(X^{(1)}+\alpha^{(1)}S^{(1)})=\min\left(\frac{8}{5}\alpha^{2(1)}-4\alpha^{(1)}-\frac{11}{2}\right)$$

得

$$\alpha^{(1)}=\frac{5}{4}$$

$$X^{(2)}=\begin{pmatrix}4\\2\end{pmatrix}$$

3）为了判断$\boldsymbol{X}^{(2)}$点是否为极值点，需计算$\boldsymbol{X}^{(2)}$点处的梯度及其黑塞矩阵

$$\nabla f(\boldsymbol{X}^{(2)})=\begin{pmatrix}2x_1-2x_2-4\\4x_2-2x_1\end{pmatrix}_{\boldsymbol{X}^{(2)}}=\begin{pmatrix}0\\0\end{pmatrix}$$

$$\boldsymbol{H}(\boldsymbol{X}^{(2)})=\begin{pmatrix}2&-2\\-2&4\end{pmatrix}$$

梯度为零向量，黑塞矩阵正定。可见$\boldsymbol{X}^{(2)}$点满足极值充要条件，因此$\boldsymbol{X}^{(2)}$点为极小点。此函数的极值解为

$$\boldsymbol{X}^*=\boldsymbol{X}^{(2)}=(4,2)^{\mathrm{T}}$$

$$f(\boldsymbol{X}^*)=-8$$

例 4-7　用鲍威尔方法求函数$f(x_1,x_2)=10(x_1+x_2-5)^2+(x_1-x_2)^2$的极小值。

解：选取初始点$\boldsymbol{X}_0^{(0)}=(0,0)^{\mathrm{T}}$，初始搜索方向$\boldsymbol{S}_1^{(0)}=\boldsymbol{e}_1=(1,0)^{\mathrm{T}}$，$\boldsymbol{S}_2^{(0)}=\boldsymbol{e}_2=(0,1)^{\mathrm{T}}$，初始点处的函数值$F_0=f_0=f(\boldsymbol{X}_0^{(0)})=250$。

第一轮迭代：

1）沿$\boldsymbol{S}_1^{(0)}$方向进行一维搜索，得

$$\boldsymbol{X}_1^{(0)}=\boldsymbol{X}_0^{(0)}+\alpha^{(1)}\boldsymbol{S}_1^{(0)}=\begin{pmatrix}0\\0\end{pmatrix}+\alpha^{(1)}\begin{pmatrix}1\\0\end{pmatrix}=\begin{pmatrix}\alpha^{(1)}\\0\end{pmatrix}$$

$$f_1=f(\boldsymbol{X}_1^{(0)})=10\,(\alpha^{(1)}-5)^2+\alpha^{2(1)}$$

最佳步长$\alpha^{(1)}$可通过　$$\frac{\partial f}{\partial\alpha^{(1)}}=20(\alpha^{(1)}-5)+2\,\alpha^{(1)}=0$$

得

$$\alpha^{(1)}=\frac{100}{22}=4.5455$$

$$\boldsymbol{X}_1^{(0)}=\begin{pmatrix}4.5455\\0\end{pmatrix}$$

从而算出$\boldsymbol{X}_1^{(0)}$点处的函数值及沿$\boldsymbol{S}_1^{(0)}$走步后函数值的增量

$$F_1=f_1=f(\boldsymbol{X}_1^{(0)})=22.727$$

$$\Delta_1=f_0-f_1=250-22.727=227.273$$

2）再沿$\boldsymbol{S}_2^{(0)}$方向进行一维搜索，得

$$\boldsymbol{X}_2^{(0)}=\boldsymbol{X}_1^{(0)}+\alpha^{(2)}\boldsymbol{S}_2^{(0)}=\begin{pmatrix}4.5455\\0\end{pmatrix}+\alpha^{(2)}\begin{pmatrix}0\\1\end{pmatrix}=\begin{pmatrix}4.5455\\\alpha^{(2)}\end{pmatrix}$$

$$f_2=f(\boldsymbol{X}_2^{(0)})=10\,(4.5455+\alpha^{(2)}-5)^2+(4.5455-\alpha^{(2)})^2$$

最佳步长$\alpha^{(2)}$的计算可根据

$$\frac{\partial f_2}{\partial\alpha^{(2)}}=20(\alpha^{(2)}-0.4545)-2(4.5455-\alpha^{(2)})=0$$

得

$$\alpha^{(2)}=\frac{18.181}{22}=0.8264$$

$$X_2^{(0)}=\begin{pmatrix}4.5455\\0.8264\end{pmatrix}$$

从而算出第一轮终点$X_2^{(0)}$处的函数值及沿$S_2^{(0)}$走步后的函数值增量

$$F_2=f_2=f(X_2^{(0)})=15.214$$
$$\Delta_2=f_1-f_2=22.727-15.214=7.513$$

取沿$S_1^{(0)}$、$S_2^{(0)}$走步后函数值增量中的最大者

$$\Delta_m=\Delta_1=227.273$$

终点$X_2^{(0)}$的反射点及其函数值分别为

$$X_3^{(0)}=2X_2^{(0)}-X_0^{(0)}=2\begin{pmatrix}4.5455\\0.8264\end{pmatrix}-\begin{pmatrix}0\\0\end{pmatrix}=\begin{pmatrix}9.091\\1.6528\end{pmatrix}$$
$$F_3=f_3=f(X_3^{(0)})=385.24$$

3）为确定下一轮迭代的搜索方向和起始点，需检查判别条件$F_3<F_0$或$(F_0-2F_2+F_3)(F_0-F_2-\Delta_m)^2<0.5\,\Delta_m(F_0-F_3)^2$是否满足。

因为$F_3>F_0$，所以不满足判别条件，因而下一轮迭代应继续使用原来的搜索方向e_1、e_2。

因为$F_2<F_3$，所以取$x_2^{(0)}$为下一轮迭代的起始点。

第二轮迭代：

第二轮初始点及其函数值分别为

$$X_0^{(1)}=X_2^{(0)}=\begin{pmatrix}4.5455\\0.8264\end{pmatrix}$$
$$F_0=f_0=f(X_0^{(1)})=15.214$$

1）沿e_1方向（即x_1轴方向）进行一维搜索，相当于固定$x_2=0.8264$，即改变x_1使函数$f(x_1,x_2)$的值极小。设计点$X_1^{(1)}$的位置可通过函数对x_1的偏导数等于零求得，即

$$f(x_1,x_2)=10(x_1+0.8264-5)^2+(x_1-0.8264)^2$$
$$\frac{\partial f}{\partial x_1}=20(x_1-4.1736)+2(x_1-0.8264)=0$$
$$x_1=\frac{85.1248}{22}=3.8693$$

得

$$X_1^{(1)}=\begin{pmatrix}3.8693\\0.8264\end{pmatrix}$$

$X_1^{(1)}$点处的函数值及函数值增量分别为

$$F_1=f_1=f(X_1^{(1)})=10.185$$

$$\Delta_1 = f_0 - f_1 = 15.214 - 10.185 = 5.029$$

2）再沿e_2方向（即x_2轴方向）进行一维搜索，相当于固定$x_1 = 3.8693$，即改变x_2使函数$f(x_1, x_2)$的值极小。设计点$X_2^{(1)}$的位置可通过函数对x_2的偏导数等于零求得，即

$$f(x_1, x_2) = 10(3.8693 + x_2 - 5)^2 + (3.8693 - x_2)^2$$

$$\frac{\partial f}{\partial x_2} = 20(x_2 - 1.1307) + 2(3.8693 - x_2) = 0$$

$$x_2 = \frac{30.3526}{22} = 1.3797$$

得
$$X_2^{(1)} = \begin{pmatrix} 3.8693 \\ 1.3797 \end{pmatrix}$$

第二轮终点$X_2^{(1)}$处的函数值及沿x_2方向函数值增量分别为

$$F_2 = f_2 = f(X_2^{(1)}) = 6.818$$

$$\Delta_2 = f_1 - f_2 = 10.185 - 6.818 = 3.367$$

取沿x_1、x_2方向走步后，函数值增量最大者为

$$\Delta_m = \Delta_1 = 5.029$$

终点$X_2^{(1)}$的反射点及其函数值分别为

$$X_3^{(1)} = 2X_2^{(1)} - X_0^{(1)} = 2\begin{pmatrix} 3.8693 \\ 1.3797 \end{pmatrix} - \begin{pmatrix} 4.5455 \\ 0.8264 \end{pmatrix} = \begin{pmatrix} 3.1931 \\ 1.9330 \end{pmatrix}$$

$$F_3 = = f(X_3^{(1)}) = 1.747$$

3）为确定下一轮迭代的搜索方向和起始点，需检查判别条件$F_3 < F_0$或$(F_0 - 2F_2 + F_3)(F_0 - F_2 - \Delta_m)^2 < 0.5\,\Delta_m(F_0 - F_3)^2$。经代入运算知该判别条件满足，应进行方向替换用新方向$S_3^{(1)}$替换e_1，下一轮迭代搜索方向为e_2、$S_3^{(1)}$。

$$S_3^{(1)} = X_2^{(1)} - X_0^{(1)} = \begin{pmatrix} 3.8693 \\ 1.3797 \end{pmatrix} - \begin{pmatrix} 4.5455 \\ 0.8264 \end{pmatrix} = \begin{pmatrix} -0.6762 \\ 0.5533 \end{pmatrix}$$

下一轮迭代起始点$X_0^{(2)}$为从$X_2^{(1)}$出发，沿$S_3^{(1)}$方向进行一维搜索的极小点，可通过下面计算求得。

$$X_0^{(2)} = X_2^{(1)} + \alpha^{(3)} S_3^{(1)} = \begin{pmatrix} 3.8693 \\ 1.3797 \end{pmatrix} + \alpha^{(3)}\begin{pmatrix} -0.6762 \\ 0.5533 \end{pmatrix} = \begin{pmatrix} 3.8693 - 0.6762\,\alpha^{(3)} \\ 1.3797 + 0.5533\,\alpha^{(3)} \end{pmatrix}$$

$$f(X_0^{(2)}) = 10(3.8693 - 0.6762\,\alpha^{(3)} + 1.3797 + 0.5533\,\alpha^{(3)} - 5)^2 + (3.8693 - 0.6762\,\alpha^{(3)} - 1.3797 - 0.5533\,\alpha^{(3)})^2$$

通过

$$\frac{\mathrm{d}f}{\mathrm{d}\,\alpha^{(3)}} = 0$$

求得

$$\alpha^{(3)} = \frac{2489.6}{1229} = 2.0257$$

因此，下一轮迭代初始点及其函数值分别为

$$\boldsymbol{X}_0^{(2)} = \begin{pmatrix} 2.4995 \\ 2.5005 \end{pmatrix}$$

$$F_0 = f_0 = f(x_0^{(2)}) = 0.000001$$

可见已足够接近极值点$\boldsymbol{X}^* = (2.5, 2.5)^{\mathrm{T}}$及极小值$f(\boldsymbol{X}^*) = 0$。

例 4-8 试用单形替换法求

$$f(x_1, x_2) = 4(x_1 - 5)^2 + (x_2 - 6)^2$$

的极小值。

解：选取$\boldsymbol{X}_0 = (8,9)^{\mathrm{T}}$，$\boldsymbol{X}_1 = (10,11)^{\mathrm{T}}$，$\boldsymbol{X}_2 = (8,11)^{\mathrm{T}}$为顶点作初始单纯形，如图 4-21 所示。计算各顶点函数值：

$$f_0 = f(\boldsymbol{X}_0) = 45,\ f_1 = f(\boldsymbol{X}_1) = 125,\ f_2 = f(\boldsymbol{X}_2) = 61$$

可见最好点$\boldsymbol{X}_{\mathrm{L}} = \boldsymbol{X}_0$，最差点$\boldsymbol{X}_{\mathrm{H}} = \boldsymbol{X}_1$，次差点$\boldsymbol{X}_{\mathrm{G}} = \boldsymbol{X}_2$。

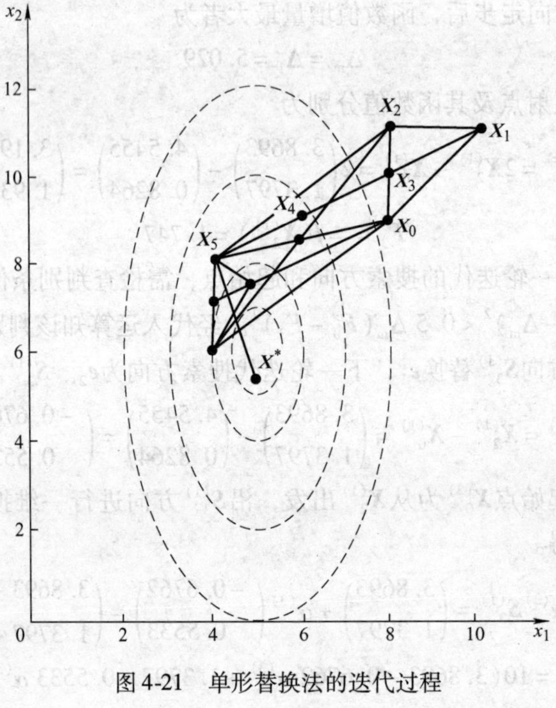

图 4-21 单形替换法的迭代过程

求$\boldsymbol{X}_0$、$\boldsymbol{X}_1$、$\boldsymbol{X}_2$的重心$\boldsymbol{X}_3$：

$$\boldsymbol{X}_3 = \frac{1}{3}\left(\sum_{i=0}^{3} \boldsymbol{X}_i - \boldsymbol{X}_{\mathrm{H}}\right) = \frac{1}{2}(\boldsymbol{X}_0 + \boldsymbol{X}_2) = \begin{pmatrix} 8 \\ 10 \end{pmatrix}$$

求反射点$\boldsymbol{X}_4$及其函数值f_4：

$$X_4 = 2X_3 - X_1 = 2\begin{pmatrix}8\\10\end{pmatrix} - \begin{pmatrix}10\\11\end{pmatrix} = \begin{pmatrix}6\\9\end{pmatrix}$$

$$f_4 = f(X_4) = 13$$

由于$f_4 < f_0$，故需扩张，取 $\alpha = 2$ 得扩张点X_5：

$$X_5 = X_3 + 2(X_4 - X_3) = \begin{pmatrix}8\\10\end{pmatrix} + 2\left(\begin{pmatrix}6\\9\end{pmatrix} - \begin{pmatrix}8\\10\end{pmatrix}\right) = \begin{pmatrix}4\\8\end{pmatrix}$$

$$f_5 = f(X_5) = 8$$

由于$f_5 < f_4$，故以X_5代替X_1，由$X_0X_2X_5$构成新单纯形，进行下一循环。经 32 次循环，可将目标函数值降到 1×10^{-6}，接近极小值$f^* = f(X^*) = f(5,6) = 0$。

单形替换法当问题维数 n 较高时，需要经过很多次迭代，因此一般用于 $n<10$ 的情况。

第 5 章　约束优化方法

5.1　概述

机械优化设计中的问题，大多数属于约束优化设计问题，其数学模型为

$$\begin{cases} \min f(\boldsymbol{X}) = f(x_1, x_2, \cdots, x_n) \\ \text{s. t.} \quad g_j(\boldsymbol{X}) = g_j(x_1, x_2, \cdots, x_n) \leqslant 0 (j = 1, 2, \cdots, m) \\ \qquad h_k(\boldsymbol{X}) = h_k(x_1, x_2, \cdots, x_n) = 0 (k = 1, 2, \cdots, l) \end{cases} \tag{5-1}$$

求解式（5-1）的方法称为约束优化方法。根据求解方式的不同，可分为直接解法、间接解法等。

直接解法通常适用于仅含不等式约束的问题，它的基本思路是在 m 个不等式约束条件所确定的可行域内，选择一个初始点$\boldsymbol{X}^{(0)}$，然后决定可行搜索方向 $\boldsymbol{S}$，且以适当的步长 $\boldsymbol{\alpha}$ 沿 $\boldsymbol{S}$ 方向进行搜索，得到一个使目标函数值下降的可行的新点 $\boldsymbol{X}^{(1)}$，即完成一次迭代。再以新点为起点，重复上述搜索过程，满足收敛条件后，迭代终止。每次迭代计算均按以下基本迭代格式进行：

$$\boldsymbol{X}^{(k+1)} = \boldsymbol{X}^{(k)} + \alpha^{(k)} \boldsymbol{S}^{(k)} (k = 1, 2, \cdots) \tag{5-2}$$

式中，$\alpha^{(k)}$ 为步长；$\boldsymbol{S}^{(k)}$ 为可行搜索方向。

所谓可行搜索方向是指，当设计点沿该方向做微量移动时，目标函数值将下降，且不会越出可行域。产生可行搜索方向的方法将由直接解法中的各种算法决定。

直接解法的原理简单，方法实用。其特点是：

1）由于整个求解过程在可行域内进行，因此，迭代计算不论何时终止，都可以获得一个比初始点好的设计点。

2）若目标函数为凸函数，可行域为凸集，则可保证获得全域最优解。否则．因存在多个局部最优解，当选择的初始点不相同时，可能搜索到不同的局部最优解。为此，常在可行域内选择几个差别较大的初始点分别进行计算，以便从求得的多个局部最优解中选择更好的最优解。

3）要求可行域为有界的非空集，即在有界可行域内存在满足全部约束条件的点，且目标函数有定义。

间接解法有不同的求解策略，其中一种解法的基本思路是将约束优化问题中的约束函数进行特殊的加权处理后与目标函数结合起来，构成一个新的目标函数，即将原约束优化问题转化成为一个或一系列的无约束优化问题。再对新的目标函数进

行无约束优化计算，从而可间接地搜索到原约束问题的最优解。

间接解法的基本迭代过程是，首先将式（5-1）所示的约束优化问题转化成新的无约束目标函数

$$\phi(\boldsymbol{X},\mu_1,\mu_2) = f(\boldsymbol{X}) + \sum_{j=1}^{m}\mu_1 G[g_j(\boldsymbol{X})] + \sum_{k=1}^{l}\mu_2 H[h_k(\boldsymbol{X})] \tag{5-3}$$

式中，$\phi(\boldsymbol{X},\mu_1,\mu_2)$为转换后的新目标函数；$\sum_{j=1}^{m}\mu_1 G[g_j(\boldsymbol{X})]$、$\sum_{k=1}^{l}\mu_2 H[h_k(\boldsymbol{X})]$ 分别为约束函数$g_j(\boldsymbol{X})$、$h_k(\boldsymbol{X})$经过加权处理后构成的某种形式的复合函数或泛函数；μ_1、μ_2为加权因子。

然后对 $\phi(\boldsymbol{X},\mu_1,\mu_2)$进行无约束极小化计算。由于在新目标函数中包含了各种约束条件，在求极值的过程中还将改变加权因子的大小。因此可以不断地调整设计点，使其逐步逼近约束边界，从而间接地求得原约束问题的最优解。图 5-1 所示的框图表示了这一基本迭代过程。

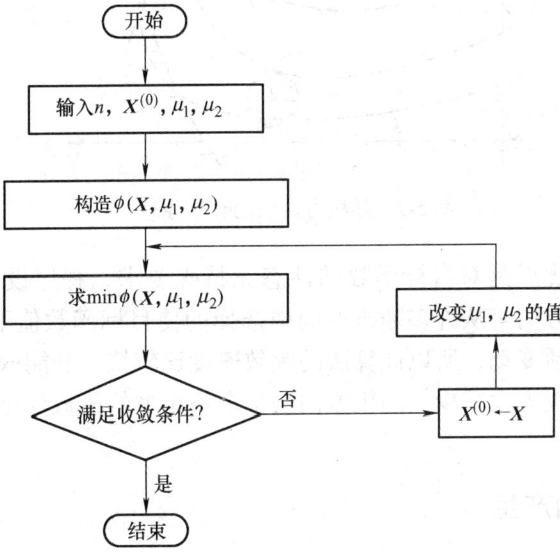

图 5-1　间接解法框图

5.2　随机方向法

5.2.1　基本原理

随机方向法是一种原理简单的直接解法。它的基本思路（见图 5-2）是在可行域内选择一个初始点，利用随机数的概率特性，产生若干个随机方向，并从中选择

一个能使目标函数值下降最快的随机方向作为可行搜索方向，记作 $\boldsymbol{S}$。从初始点 $\boldsymbol{X}^{(0)}$ 出发，沿 $\boldsymbol{S}$ 方向以一定的步长进行搜索，得到新点 $\boldsymbol{X}$，新点 $\boldsymbol{X}$ 应满足约束条件：$g_j(\boldsymbol{X})\leqslant 0(j=1,2,\cdots,m)$，且 $f(\boldsymbol{X})<f(\boldsymbol{X}^{(0)})$ 至此完成一次迭代。然后，将起始点移至 $\boldsymbol{X}$，即令 $\boldsymbol{X}^{(0)}\leftarrow\boldsymbol{X}$。重复以上过程，经过若干次迭代计算后，最终取得约束最优解。

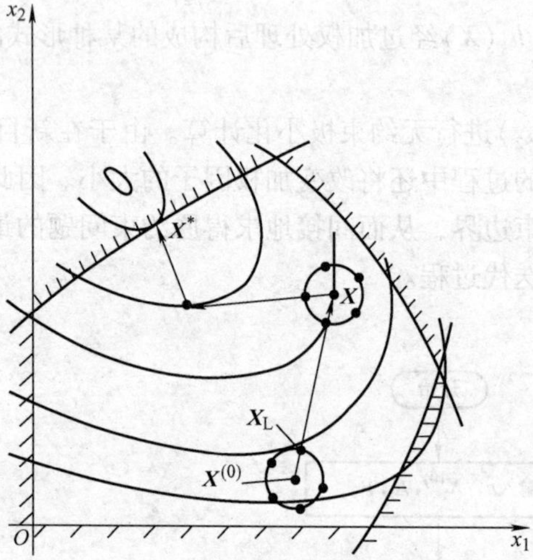

图 5-2　随机方向法的算法原理

随机方向法的优点是对目标函数的性态无特殊要求，程序设计简单，使用方便。由于可行搜索方向是从许多随机方向中选择的使目标函数值下降最快的方向，此外步长还可以灵活变动，所以此算法的收敛速度比较快。若能取得一个较好的初始点，迭代次数可以大大减少。随机方向法是求解小型的机械优化设计问题的一种十分有效的算法。

5.2.2　随机数的产生

在随机方向法中，为产生可行的初始点及随机方向，需要用到大量的（0，1）和（-1，1）区间内均匀分布的随机数。在计算机内，随机数通常是按一定的数学模型进行计算后得到的。这样得到的随机数称为伪随机数，它的特点是产生速度快，计算机内存占用少，并且有较好的概率统计特性。产生伪随机数的方法有很多，下面仅介绍一种常用的产生伪随机数的数学模型。

首先令 $r_1=2^{35}$，$r_2=2^{36}$，$r_3=2^{37}$，取 $r=2657863$（r 为小于 r_1 的正奇数），然后按以下步骤计算：

令 $r\leftarrow 5r$

若 $r \geqslant r_3$，则 $r \leftarrow r - r_3$；

若 $r \geqslant r_2$，则 $r \leftarrow r - r_2$；

若 $r \geqslant r_1$，则 $r \leftarrow r - r_1$；

则
$$q = r / r_1$$

q 即为（0，1）区间内的伪随机数。利用 q 容易求得任意区间（a，b）内的伪随机数，其计算公式为

$$x = a + q(b - a)$$

5.2.3　初始点的选择

随机方向法的初始点 $\boldsymbol{X}^{(0)}$ 必须是一个可行点，即满足全部不等式约束条件：$g_j(\boldsymbol{X}) \leqslant 0 (j = 1,2,\cdots,m)$ 的点。当约束条件较为复杂，用人工不易选择可行初始点时，可用随机选择的方法来产生。其计算步骤如下：

1）输入设计变量的下限值和上限值，即

$$a_i \leqslant x_i \leqslant b_i \quad (i = 1,2,\cdots,n)$$

2）在区间（0，1）内产生 n 个伪随机数 $q_i (i = 1,2,\cdots,n)$。

3）计算随机点 $\boldsymbol{X}$ 的各分量

$$x_i = a_i + q_i(b_i - a_i) \quad (i = 1,2,\cdots,n)$$

4）判别随机点 $\boldsymbol{X}$ 是否可行。若随机点 $\boldsymbol{X}$ 为可行点，则取初始点 $\boldsymbol{X}^{(0)} \leftarrow \boldsymbol{X}$；若随机点 $\boldsymbol{X}$ 为非可行点，则转步骤2）重新计算，直到产生的随机点是可行点为止。

5.2.4　可行搜索方向的产生

在随机方向法中，产生可行搜索方向的方法是从 $k(k \geqslant n)$ 个随机方向中，选取一个较好的方向。

其计算步骤为：

1）在（-1，1）区间内产生伪随机数 $r_i^{(j)} (i = 1,2,\cdots,n; j = 1,2,\cdots,k)$，按下式计算随机单位向量：

$$\boldsymbol{e}^{(j)} = \frac{1}{\left[\sum\limits_{i=1}^{n} (r_i^{(j)})\right]^{\frac{1}{2}}} \begin{pmatrix} r_1^{(j)} \\ r_2^{(j)} \\ \vdots \\ r_n^{(j)} \end{pmatrix} \quad (j = 1,2,\cdots,k) \tag{5-4}$$

2）取一试验步长 $\alpha^{(0)}$，按下式计算 k 个随机点：

$$\boldsymbol{X}^{(j)} = \boldsymbol{X}^{(0)} + \alpha^{(0)} \boldsymbol{e}^{(j)} \quad (j = 1,2,\cdots,k) \tag{5-5}$$

显然，k 个随机点分布在以初始点 $\boldsymbol{X}^{(0)}$ 为中心，以试验步长 $\alpha^{(0)}$ 为半径的超球面上。

3）检验 k 个随机点 $\boldsymbol{X}^{(j)} (j = 1,2,\cdots,k)$ 是否为可行点，除去非可行点，计算余

下的可行随机点的目标函数值，比较其大小，选出目标函数值最小的点$\boldsymbol{X}_{\mathrm{L}}$。

4）比较$\boldsymbol{X}_{\mathrm{L}}$和$\boldsymbol{X}^{(0)}$两点的目标函数值，若$f(\boldsymbol{X}_{\mathrm{L}})<f(\boldsymbol{X}^{(0)})$，则取$\boldsymbol{X}_{\mathrm{L}}$和$\boldsymbol{X}^{(0)}$的连线方向作为可行搜索方向；若$f(\boldsymbol{X}_{\mathrm{L}})\geqslant f(\boldsymbol{X}^{(0)})$，则将步长$\alpha^{(0)}$缩小，转步骤1）重新计算，直至$f(\boldsymbol{X}_{\mathrm{L}})<f(\boldsymbol{X}^{(0)})$为止。如果$\alpha^{(0)}$缩小到很小（例如，$\alpha^{(0)}\leqslant 10^{-6}$），仍然找不到一个$\boldsymbol{X}_{\mathrm{L}}$，使$f(\boldsymbol{X}_{\mathrm{L}})<f(\boldsymbol{X}^{(0)})$，则说明$\boldsymbol{X}^{(0)}$是一个局部极小点，此时可更换初始点，转步骤1）。

综上所述，产生可行搜索方向的条件可概括为，当$\boldsymbol{X}_{\mathrm{L}}$点满足

$$\begin{cases} g_j(\boldsymbol{X}_{\mathrm{L}})\leqslant 0(j=1,2,\cdots,m) \\ f(\boldsymbol{X}_{\mathrm{L}})=\min\{f(\boldsymbol{X}^{(j)})\mid_{j=1,2,\cdots,k}\} \\ f(\boldsymbol{X}_{\mathrm{L}})<f(\boldsymbol{X}^{(0)}) \end{cases} \tag{5-6}$$

则可行搜索方向为

$$\boldsymbol{S}=\boldsymbol{X}_{\mathrm{L}}-\boldsymbol{X}^{(0)} \tag{5-7}$$

5）搜索步长的确定。可行搜索方向$\boldsymbol{S}$确定后，初始点移至$\boldsymbol{X}_{\mathrm{L}}$点，即$\boldsymbol{X}^{(0)}\leftarrow\boldsymbol{X}_{\mathrm{L}}$，从$\boldsymbol{X}^{(0)}$点出发沿$\boldsymbol{S}$方向进行搜索，所用的步长$\alpha$一般按加速步长法来确定。所谓加速步长法是指依次迭代的步长按一定的比例递增的方法。各次迭代的步长按下式计算：

$$\alpha=\tau\alpha \tag{5-8}$$

式中，τ为步长加速系数，可取$\tau=1.3$；α为步长，初始步长取$\alpha=\alpha^{(0)}$。

5.2.5 迭代过程及算法框图

随机方向法的计算步骤如下：

1）选择一个可行的初始点$\boldsymbol{X}^{(0)}$。

2）按式（5-4）产生k个n维随机单位向量$\boldsymbol{e}^{(j)}(j=1,2,\cdots,k)$。

3）取试验步长$\alpha^{(0)}$，按式（5-5）计算出k个随机点$\boldsymbol{X}^{(j)}(j=1,2,\cdots,k)$。

4）在k个随机点中，找出满足式（5-6）的随机点$\boldsymbol{X}_{\mathrm{L}}$；产生可行搜索方向$\boldsymbol{S}=\boldsymbol{X}_{\mathrm{L}}-\boldsymbol{X}^{(0)}$。

5）从初始点$\boldsymbol{X}^{(0)}$出发，沿可行搜索方向$\boldsymbol{S}$以步长$\boldsymbol{X}^{(0)}$进行迭代计算，直至搜索到一个满足全部约束条件，且目标函数值不再下降的新点$\boldsymbol{X}$。

6）若收敛条件

$$\begin{cases} |f(\boldsymbol{X})-f(\boldsymbol{X}^{(0)})|\leqslant\varepsilon_1 \\ \|\boldsymbol{X}-\boldsymbol{X}^{(0)}\|\leqslant\varepsilon_2 \end{cases} \tag{5-9}$$

得到满足，迭代终止。约束最优解为$\boldsymbol{X}^*=\boldsymbol{X}$，$f(\boldsymbol{X}^*)=f(\boldsymbol{X})$。否则，令$\boldsymbol{X}^{(0)}\leftarrow\boldsymbol{X}$转步骤2）。

随机方向法的程序框图如图5-3所示。

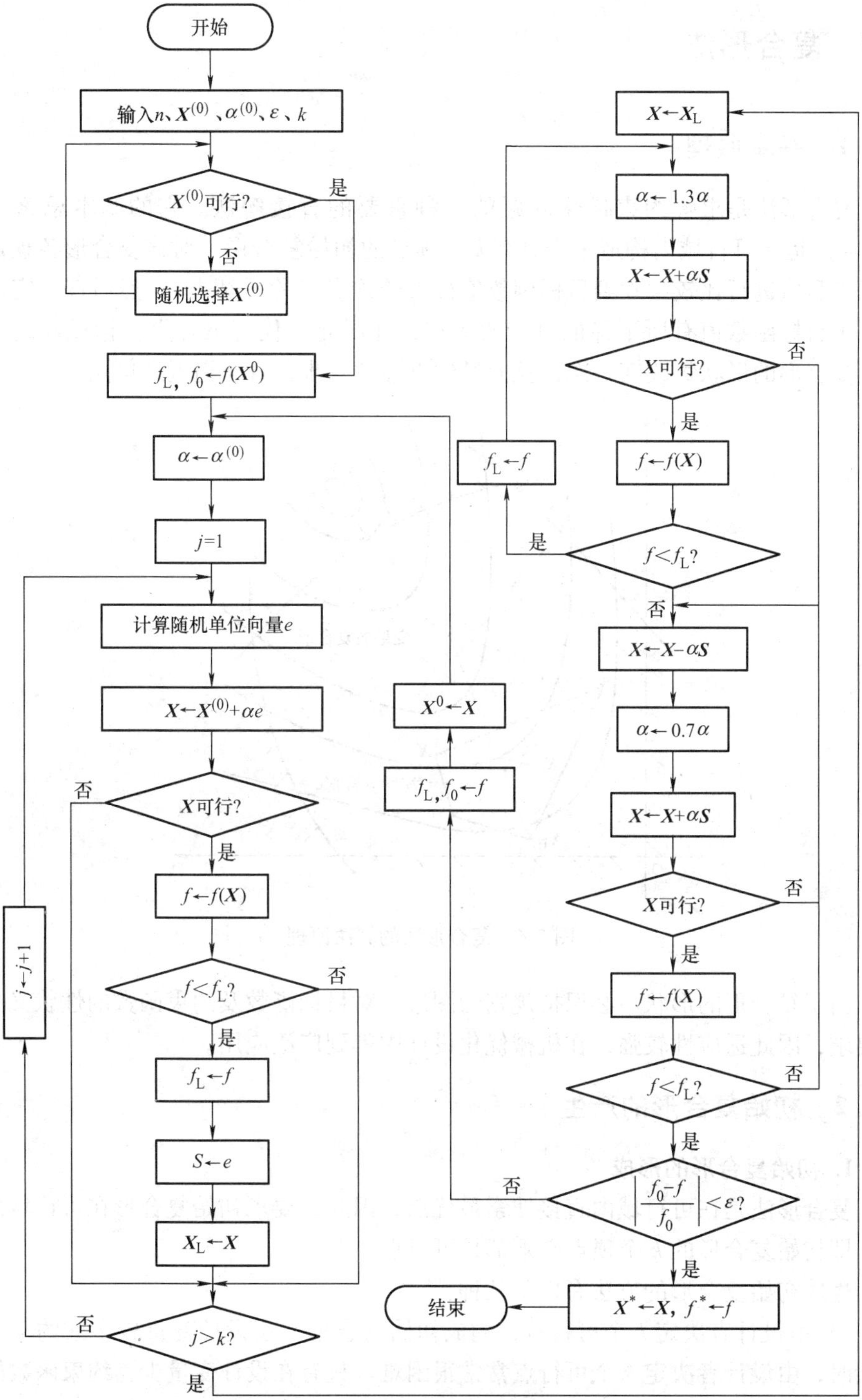

图 5-3　随机方向法的程序框图

5.3 复合形法

5.3.1 基本原理

复合形法是求解约束优化问题的一种重要的直接解法。它的基本思路（见图 5-4）是在可行域内构造一个具有 k 个顶点的初始复合形。对该复合形各顶点的目标函数值进行比较，找到目标函数值最大的顶点（称最坏点），然后按一定的法则求出目标函数值有所下降的可行的新点，并用此点代替最坏点，构成新的复合形，复合形的形状每改变一次，就向最优点移动一步，直至逼近最优点。

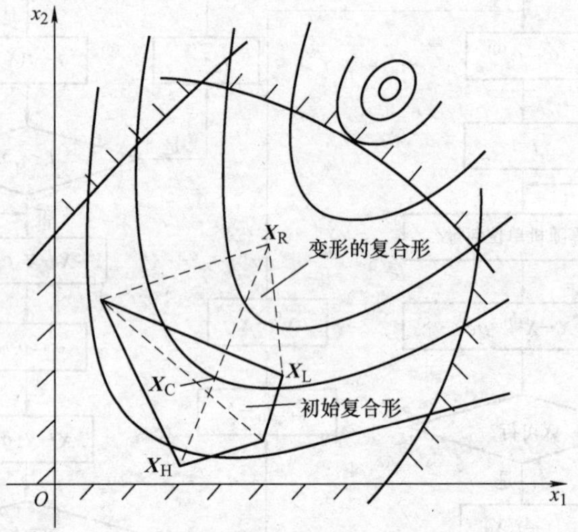

图 5-4 复合形法的算法原理

由于复合形的形状不必保持规则的图形，对目标函数及约束函数的性状又无特殊要求，因此适应性较强，在机械优化设计中得到广泛应用。

5.3.2 初始复合形的产生

1. 初始复合形的形成

复合形法是在可行域内直接搜索最优点，因此，要求初始复合形在可行域内生成，即初始复合形的 k 个顶点必须都是可行点。

生成初始复合形的方法有以下几种：

1）由设计者决定 k 个可行点，构成初始复合形。当设计变量较多或约束函数复杂时，由设计者决定 k 个可行点常常很困难。只有在设计变量少，约束函数简单的情况下，这种方法才被采用。

2）由设计者选定一个可行点，其余的（$k-1$）个可行点用随机法产生。各顶点按下式计算：

$$\boldsymbol{X}_j=\boldsymbol{a}+r_j(\boldsymbol{b}-\boldsymbol{a})\quad(j=1,2,\cdots,k) \tag{5-10}$$

式中，$\boldsymbol{X}_j$为复合形中的第j个顶点；$\boldsymbol{a}$、$\boldsymbol{b}$分别为设计变量的下限和上限；r_j为在（0，1）区间内的伪随机数。

用式（5-10）计算得到的（$k-1$）个随机点不一定都在可行域内，因此要设法将非可行点移到可行域内。通常采用的方法是，求出已经在可行域内的L个顶点的中心$\boldsymbol{X}_\mathrm{C}$：

$$\boldsymbol{X}_\mathrm{C}=\frac{1}{L}\sum_{j=1}^{L}\boldsymbol{X}_j \tag{5-11}$$

然后将非可行点向中心点移动，即

$$\boldsymbol{X}_{L+1}=\boldsymbol{X}_\mathrm{C}+0.5(\boldsymbol{X}_{L+1}-\boldsymbol{X}_\mathrm{C}) \tag{5-12}$$

若$\boldsymbol{X}_{L+1}$仍为不可行点，则利用式（5-12），使其继续向中心点移动。显然，只要中心点可行，$\boldsymbol{X}_{L+1}$点一定可以移到可行域内。随机产生的（$k-1$）个点经过这样的处理后，全部成为可行点，并构成初始复合形。

事实上，只要可行域为凸集，其中心点必为可行点，用上述方法可以成功地在可行域内构成初始复合形。如果可行域为非凸集，如图5-5所示，中心点不一定在可行域之内，则上述方法可能失败。此时可以通过改变设计变量的下限和上限值，重新产生各顶点。经过多次试算，有可能在可行域内生成初始复合形。

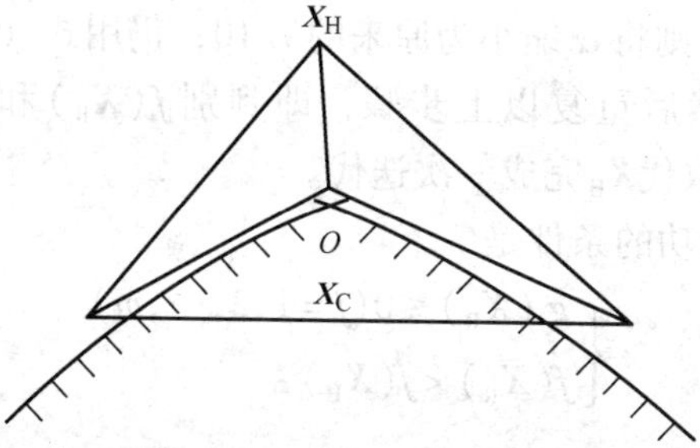

图5-5　中心点$\boldsymbol{X}_\mathrm{C}$为非可行点的情况

3）由计算机自动生成初始复合形的全部顶点。其方法是首先随机产生一个可行点，然后按第二种方法产生其余的（$k-1$）个可行点。这种方法对设计者来说最为简单，但因初始复合形在可行域内的位置不能控制，可能会给以后的计算带来困难。

2. 复合形法的搜索方法

在可行域内生成初始复合形后，将采用不同的搜索方法来改变其形状，使复合形逐步向约束最优点趋近。改变复合形形状的搜索方法主要有以下几种：

（1）反射　反射是改变复合形形状的一种主要策略，其计算步骤为：

1）计算复合形各顶点的目标函数值，并比较其大小，求出最好点$\boldsymbol{X}_{\mathrm{L}}$、最坏点$\boldsymbol{X}_{\mathrm{H}}$及次坏点$\boldsymbol{X}_{\mathrm{G}}$，即

$$\boldsymbol{X}_{\mathrm{L}}:f(\boldsymbol{X}_{\mathrm{L}})=\min\{f(\boldsymbol{X}_j)\mid_{j=1,2,\cdots,k}\}$$

$$\boldsymbol{X}_{\mathrm{H}}:f(\boldsymbol{X}_{\mathrm{H}})=\max\{f(\boldsymbol{X}_j)\mid_{j=1,2,\cdots,k}\}$$

$$\boldsymbol{X}_{\mathrm{G}}:f(\boldsymbol{X}_{\mathrm{G}})=\min\{f(\boldsymbol{X}_j)\mid_{j=1,2,\cdots,k,j\neq \mathrm{H}}\}$$

2）计算除去最坏点$\boldsymbol{X}_{\mathrm{H}}$外的（$k-1$）个顶点的中心$\boldsymbol{X}_{\mathrm{C}}$：

$$\boldsymbol{X}_{\mathrm{C}}=\frac{1}{k-1}\sum_{\substack{j=1\\ j\neq H}}^{k}\boldsymbol{X}_j \tag{5-13}$$

3）从统计的观点来看，一般情况下，最坏点$\boldsymbol{X}_{\mathrm{H}}$和中心点$\boldsymbol{X}_{\mathrm{C}}$的连线方向为目标函数下降的方向。为此，以$\boldsymbol{X}_{\mathrm{C}}$点为中心，将最坏点$\boldsymbol{X}_{\mathrm{H}}$按一定比例进行反射，有希望找到一个比最坏点$\boldsymbol{X}_{\mathrm{H}}$的目标函数值为小的新点$\boldsymbol{X}_{\mathrm{R}}$，$\boldsymbol{X}_{\mathrm{R}}$称为反射点。其计算公式为

$$\boldsymbol{X}_{\mathrm{R}}=\boldsymbol{X}_{\mathrm{C}}+\alpha(\boldsymbol{X}_{\mathrm{C}}-\boldsymbol{X}_{\mathrm{H}}) \tag{5-14}$$

式中，α为反射系数，一般取$\alpha=1.3$。

反射点$\boldsymbol{X}_{\mathrm{R}}$与最坏点$\boldsymbol{X}_{\mathrm{H}}$、中心点$\boldsymbol{X}_{\mathrm{C}}$的相对位置如图5-6所示。

4）判别反射点$\boldsymbol{X}_{\mathrm{R}}$的位置，若$\boldsymbol{X}_{\mathrm{R}}$为可行点，则比较$\boldsymbol{X}_{\mathrm{R}}$和$\boldsymbol{X}_{\mathrm{H}}$两点的目标函数值，如果$f(\boldsymbol{X}_{\mathrm{R}})<f(\boldsymbol{X}_{\mathrm{H}})$，则用$\boldsymbol{X}_{\mathrm{R}}$取代$\boldsymbol{X}_{\mathrm{H}}$，构成新的复合形，完成一次迭代；如果$f(\boldsymbol{X}_{\mathrm{R}})\geqslant f(\boldsymbol{X}_{\mathrm{H}})$，则将$\alpha$缩小为原来的7/10，用式（5-14）重新计算新的反射点，若仍不可行，继续缩小，直至$f(\boldsymbol{X}_{\mathrm{R}})<f(\boldsymbol{X}_{\mathrm{H}})$为止。

若$\boldsymbol{X}_{\mathrm{R}}$为非可行点，则将$\alpha$缩小为原来的7/10，仍用式（5-14）计算反射点$\boldsymbol{X}_{\mathrm{R}}$，直至为可行点为止。然后重复以上步骤，即判别$f(\boldsymbol{X}_{\mathrm{R}})$和$f(\boldsymbol{X}_{\mathrm{H}})$的大小，一旦$f(\boldsymbol{X}_{\mathrm{R}})<f(\boldsymbol{X}_{\mathrm{H}})$，用$\boldsymbol{X}_{\mathrm{R}}$取代$\boldsymbol{X}_{\mathrm{H}}$完成一次迭代。

综上所述，反射成功的条件是

$$\begin{cases} g_j(\boldsymbol{X}_{\mathrm{R}})\leqslant 0\ (j=1,2,\cdots,m)\\ f(\boldsymbol{X}_{\mathrm{R}})<f(\boldsymbol{X}_{\mathrm{H}}) \end{cases} \tag{5-15}$$

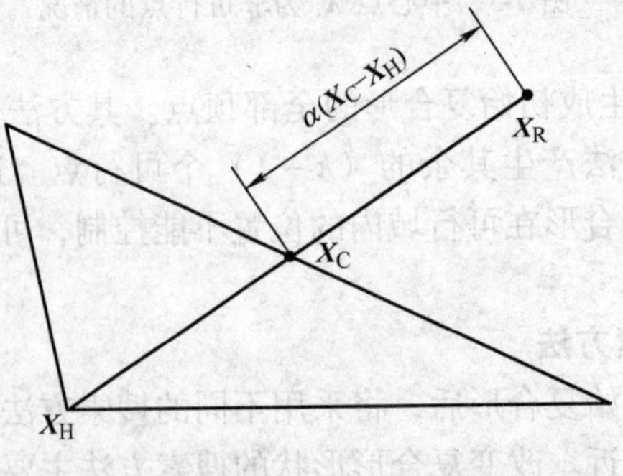

图5-6 $\boldsymbol{X}_{\mathrm{R}}$、$\boldsymbol{X}_{\mathrm{H}}$与$\boldsymbol{X}_{\mathrm{C}}$的相对位置

（2）扩张　当求得的反射点X_R为可行点，且目标函数值下降较多（如$f(X_R)<f(X_C)$），则沿反射方向继续移动，即采用扩张的方法，可能找到更好的新点X_E，X_E称为扩张点。其计算公式为

$$X_E = X_R + \gamma(X_R - X_C)$$

式中，γ为扩张系数，一般取$\gamma=1$。

扩张点X_E与中心点X_C、反射点X_R的相对位置如图5-7所示。

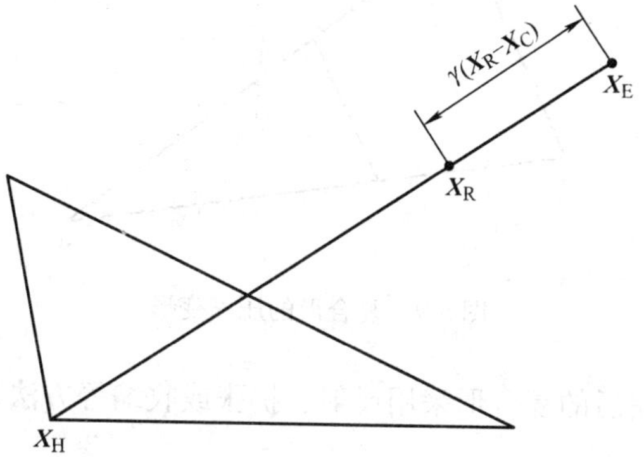

图5-7　X_E与中心点X_C、反射点X_R的相对位置

若扩张点X_E为可行点，且$f(X_E)<f(X_R)$，则称扩张成功，用X_E取代X_R，构成新的复合形。否则称扩张失败，放弃扩张，仍用原反射点X_R取代X_H，构成新的复合形。

（3）收缩　若在中心点X_C以外找不到好的反射点，还可以在X_C以内，即采用收缩的方法寻找较好的新点X_k，X_k称为收缩点。其计算公式为

$$X_k = X_H + \beta(X_C - X_H) \tag{5-16}$$

式中，β为收缩系数，一般取$\beta=0.7$。

收缩点X_k与最坏点X_H及中心点X_C的相对位置如图5-8所示。

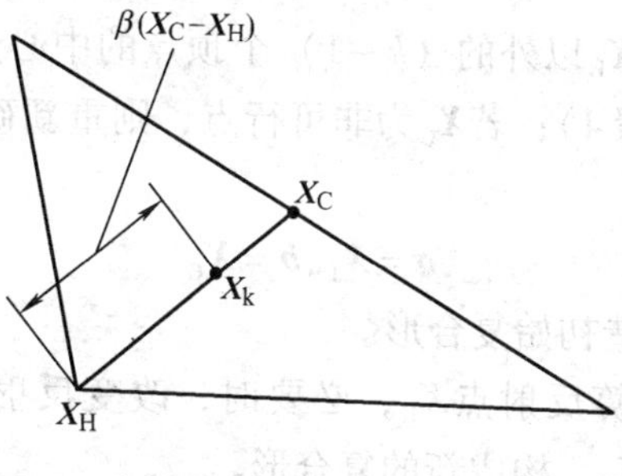

图5-8　X_k与最坏点X_H及中心点X_C的相对位置

若$f(X_k)<f(X_H)$，则称收缩成功，用X_k取代X_H，构成新的复合形。

（4）压缩　若采用上述各种方法均无效，还可以采取将复合形各顶点向最好

点X_L靠拢，即采用压缩的方法来改变复合形的形状。压缩后的各顶点的计算公式为

$$X_j = X_L - 0.5(X_L - X_j)\ (j=1,2,\cdots,k; j \neq L) \tag{5-17}$$

压缩后的复合形各顶点的相对位置如图 5-9 所示。

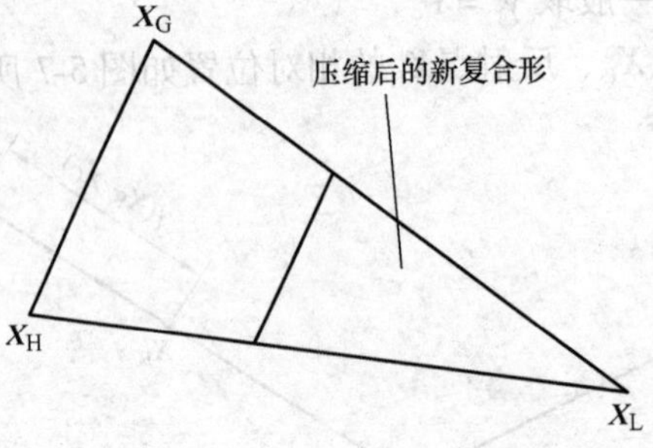

图 5-9 复合形的压缩变形

然后，再对压缩后的复合形采用反射、扩张或收缩等方法，继续改变复合形的形状。

除此之外，还可以采用旋转等方法来改变复合形形状。应当指出的是，采用改变复合形形状的方法越多，程序设计越复杂，有可能降低计算效率及可靠性。因此，程序设计时，应针对具体情况，采用某些有效的方法。

5.3.3 迭代过程及算法框图

基本的复合形法（只含反射）的计算步骤为：

1）选择复合形的顶点数 k，一般取 $n+1 \leqslant k \leqslant 2n$，在可行域内构成具有 k 个顶点的初始复合形。

2）计算复合形各顶点的坐标函数值，比较其大小，找出最好点X_L、最坏点X_H及次坏点X_G。

3）计算除去最坏点X_H以外的（$k-1$）个顶点的中心点X_C。判别X_C是否可行，若X_C为可行点，则转步骤 4)；若X_C为非可行点，则重新确定设计变量的下限和上限值，即令

$$a = X_L, b = X_C \tag{5-18}$$

然后转步骤 1)，重新构造初始复合形。

4）按式（5-14）计算反射点X_R，必要时，改变反射系数 α 的值，即满足式(5-15)。然后以X_R取代X_H，构成新的复合形。

5）若收敛条件

$$\left\{ \left| \frac{1}{k-1} \right| \sum_{j=1}^{k} \left[f(X_j) - f(X_L) \right]^2 \right\}^{\frac{1}{2}} \leqslant \varepsilon \tag{5-19}$$

得到满足，计算终止，约束最优解为$X^* = X_L$，$f(X^*) = f(X_L)$，否则，转步骤 2)。

复合形法的程序框图如图 5-10 所示。

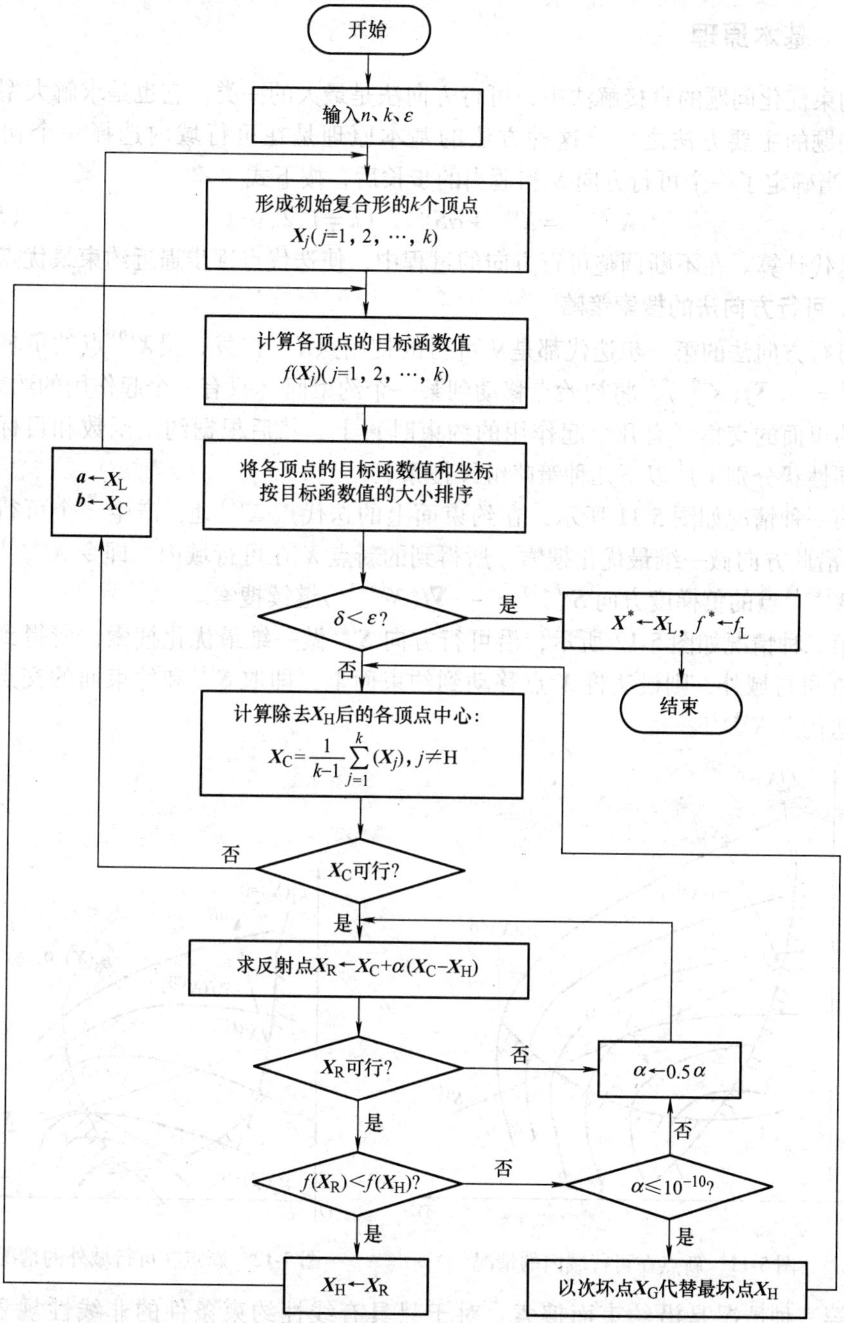

图 5-10　复合形法的程序框图

5.4 可行方向法

5.4.1 基本原理

约束优化问题的直接解法中，可行方向法是最大的一类，它也是求解大型约束优化问题的主要方法之一。这种方法的基本原理是在可行域内选择一个初始点 $\boldsymbol{X}^{(0)}$，当确定了一个可行方向 $\boldsymbol{S}$ 和适当的步长后，按下式

$$\boldsymbol{X}^{(k+1)}=\boldsymbol{X}^{(k)}+\alpha\boldsymbol{S}^{(k)}\quad(k=1,2,\cdots)\tag{5-20}$$

进行迭代计算。在不断调整可行方向的过程中，使迭代点逐步逼近约束最优点。

1. 可行方向法的搜索策略

可行方向法的第一步迭代都是从可行的初始点 $\boldsymbol{X}^{(0)}$ 出发，沿 $\boldsymbol{X}^{(0)}$ 点的负梯度方向 $\boldsymbol{S}^{(0)}=-\nabla f(\boldsymbol{X}^{(0)})$，将初始点移动到某一个约束面（只有一个起作用的约束时）上或约束面的交集（有几个起作用的约束时）上。然后根据约束函数和目标函数的不同性状分别采用以下几种策略继续搜索。

第一种情况如图 5-11 所示，在约束面上的迭代点 $\boldsymbol{X}^{(k)}$ 处，产生一个可行方向 $\boldsymbol{S}^{(k)}$，沿此方向做一维最优化搜索，所得到的新点 $\boldsymbol{X}$ 在可行域内，即令 $\boldsymbol{X}^{(k+1)}=\boldsymbol{X}$，再沿 $\boldsymbol{X}^{(k+1)}$ 点的负梯度方向 $\boldsymbol{S}^{(k+1)}=-\nabla f(\boldsymbol{X}^{(k+1)})$ 继续搜索。

第二种情况如图 5-12 所示，沿可行方向 $\boldsymbol{S}^{(k)}$ 做一维最优化搜索，所得到的新点 $\boldsymbol{X}$ 在可行域外，则设法将 $\boldsymbol{X}$ 点移动到约束面上，即取 $\boldsymbol{S}^{(k)}$ 和约束面的交点作为新的迭代点 $\boldsymbol{X}^{(k+1)}$。

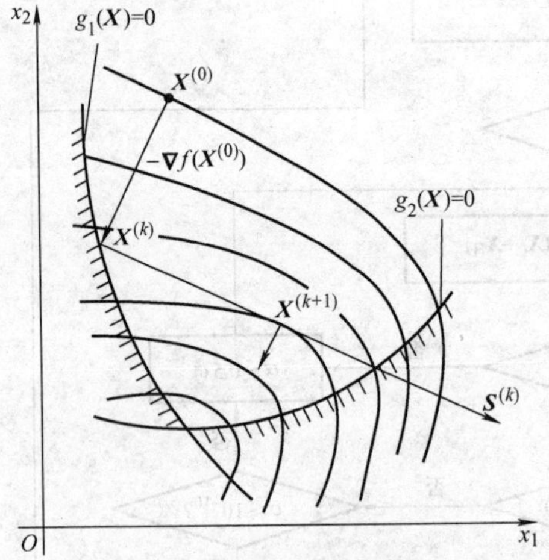

图 5-11 新点在可行域内的情况

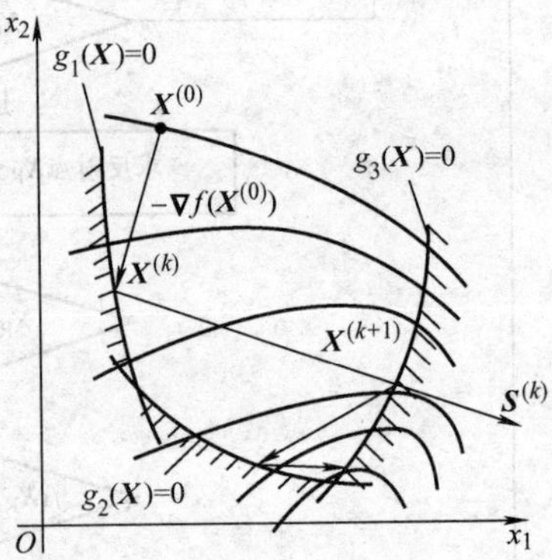

图 5-12 新点在可行域外的情况

第三种情况是沿约束面搜索。对于只具有线性约束条件的非线性规划问题（见图 5-13），从 $\boldsymbol{X}^{(k)}$ 点出发，沿约束面移动，在有限的几步内即可搜索到约束最

优点；对于非线性约束函数（见图5-14），沿约束面移动将会进入非可行域，使问题变得复杂得多。此时，需将进入非可行域的新点 $\boldsymbol{X}$ 设法调整到约束面上，然后才能进行下一次迭代。调整的方法是先规定约束面容差 δ，建立新的约束边界（如图5-14上的虚线所示），然后将已离开约束面的 $\boldsymbol{X}$ 点，沿起作用约束函数的负梯度方向 $-\nabla g(\boldsymbol{X})$ 返回到约束面上。其计算公式为

$$\boldsymbol{X}^{(k+1)}=\boldsymbol{X}+\alpha_t\nabla g(\boldsymbol{X}) \tag{5-21}$$

式中，α_t 称为调整步长，可用试探法决定，或用下式估算：

$$\alpha_t=\left|\frac{g(\boldsymbol{X})}{[\nabla g(\boldsymbol{X})]^{\mathrm{T}}\nabla g(\boldsymbol{X})}\right| \tag{5-22}$$

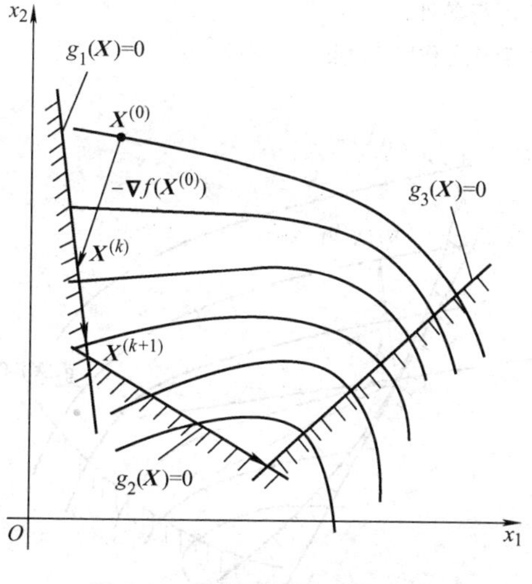

图5-13 沿线性约束面的搜索

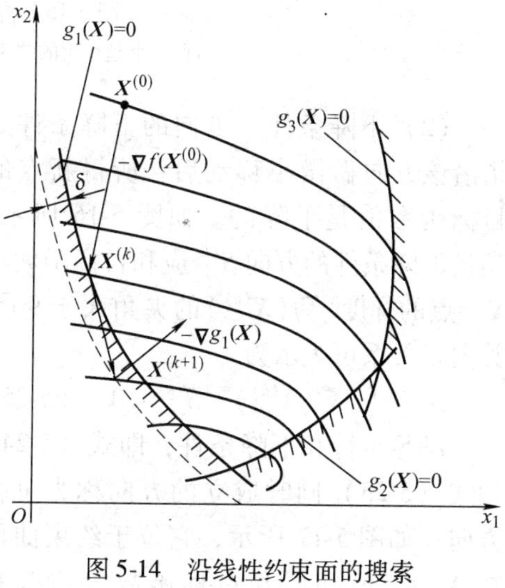

图5-14 沿线性约束面的搜索

2. 产生可行方向的条件

可行方向是指沿该方向做微小移动后所得到的新点是可行点，且目标函数值有所下降。显然，可行方向应满足可行和下降两个条件。

（1）可行条件　方向的可行条件是指沿该方向做微小移动后，所得到的新点为可行点。如图5-15a所示，若 $\boldsymbol{X}^{(k)}$ 点在一个约束面上，过 $\boldsymbol{X}^{(k)}$ 点作约束面 $g(\boldsymbol{X})=0$ 的切线 τ，显然满足可行条件的方向 $\boldsymbol{S}^{(k)}$ 应与起作用的约束函数在 $\boldsymbol{X}^{(k)}$ 点的梯度 $\nabla g(\boldsymbol{X}^{(k)})$ 的夹角大于或等于90°。用向量关系式可表示为

$$[\nabla g(\boldsymbol{X}^{(k)})]^{\mathrm{T}}\boldsymbol{S}^{(k)}\leqslant 0 \tag{5-23}$$

若 $\boldsymbol{X}^{(k)}$ 点在 J 个约束面的交集上，如图5-15 b所示，为保证方向 $\boldsymbol{S}^{(k)}$ 可行，要求 $\boldsymbol{S}^{(k)}$ 和 J 个约束函数在 $\boldsymbol{X}^{(k)}$ 点的梯度 $\nabla g_j(\boldsymbol{X}^{(k)})$ $(j=1,2\cdots,J)$ 的夹角均大于或等于90°。其向量关系可表示为

$$[\nabla g_j(\boldsymbol{X}^{(k)})]^{\mathrm{T}}\boldsymbol{S}^{(k)}\leqslant 0\quad(j=1,2\cdots,J) \tag{5-24}$$

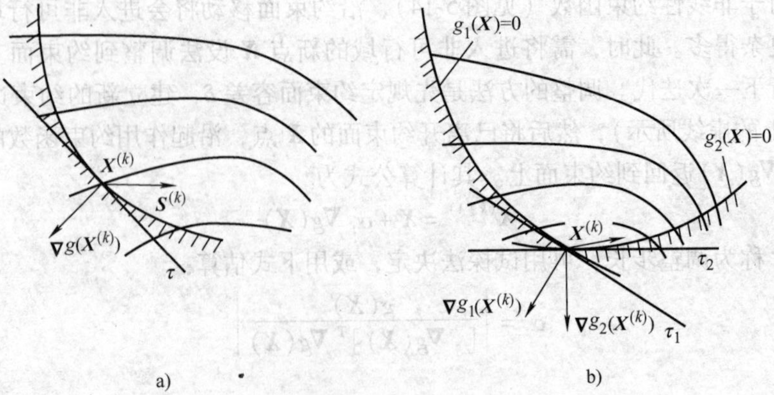

图 5-15 方向的可行条件

a）一个起作用的约束 b）两个起作用的约束

（2）下降条件 方向的下降条件是指沿该方向做微小移动后，所得新点的目标函数值是下降的。如图 5-16 所示，满足下降条件的方向 $S^{(k)}$ 应和目标函数在 $X^{(k)}$ 点的梯度 $\nabla f(X^{(k)})$ 的夹角大于 90°。其向量关系可表示为

$$[\nabla f(X^{(k)})]^{\mathrm{T}} S^{(k)} < 0 \quad (5\text{-}25)$$

满足可行和下降条件，即式（5-24）和式（5-25）同时成立的方向称为可行方向。如图 5-17 所示，它位于约束曲面在 $X^{(k)}$ 点的切线和目标函数等值线在 $X^{(k)}$ 点的切线所围成的扇形区内，该扇形区称为可行下降方向区。

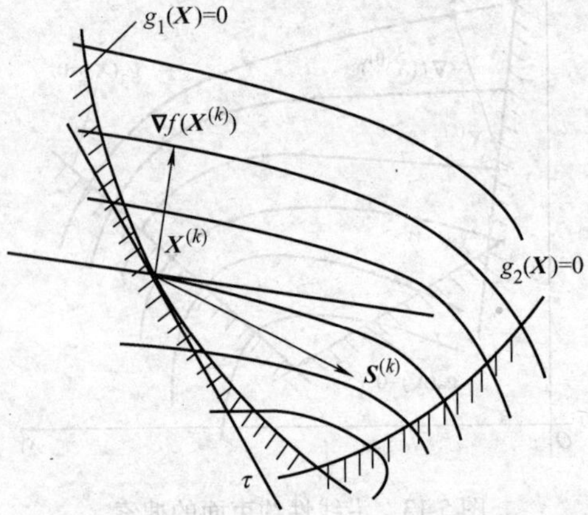

图 5-16 方向的下降条件

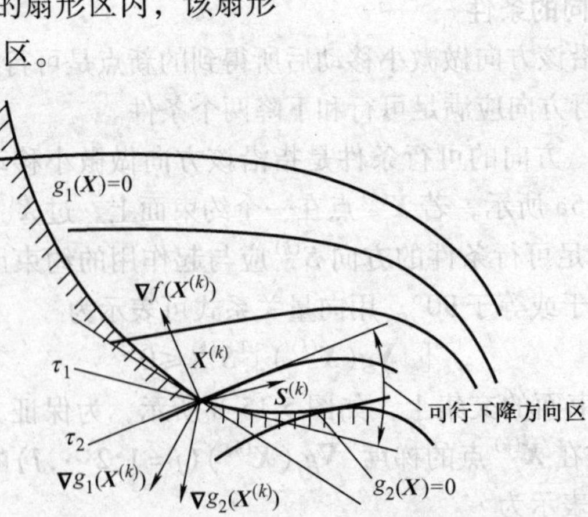

图 5-17 可行下降方向区

综上所述，当 $X^{(k)}$ 点位于 J 个起作用的约束面上时，满足

$$\begin{cases}[\nabla g_j(X^{(k)})]^{\mathrm{T}}S^{(k)} \leqslant 0 \quad (j=1,2,\cdots,J) \\ [\nabla f(X^{(k)})]^{\mathrm{T}}S^{(k)} < 0\end{cases} \tag{5-26}$$

的方向 $S^{(k)}$ 称为可行方向。

3. 可行方向的产生方法

如上所述，满足可行、下降条件的方向位于可行下降扇形区内，在扇形区内寻找一个最有利的方向作为本次迭代的搜索方向，其方法主要有优选方向法和梯度投影法两种。

（1）优选方向法　在由式（5-26）构成的可行下降扇形区内选择任一方向 S 进行搜索，可得到一个目标函数值下降的可行点。现在的问题是如何在可行下降扇形区内选择一个能使目标函数下降最快的方向作为本次迭代的方向。显然，这是一个以搜索方向 S 为设计变量的约束优化问题，这个新的约束优化问题的数学模型可写成

$$\text{s. t. } \min[\nabla f(X^{(k)})]^{\mathrm{T}}S$$
$$\begin{cases}[\nabla g_j(X^{(k)})]^{\mathrm{T}}S \leqslant 0 \quad (j=1,2,\cdots,J) \\ [\nabla f(X^{(k)})]^{\mathrm{T}}S < 0 \\ \|S\| \leqslant 1\end{cases} \tag{5-27}$$

由于 $\nabla f(X^{(k)})$ 和 $\nabla g_j(X^{(k)})]^{\mathrm{T}} \leqslant 0 (j=1,2,\cdots,J)$ 为定值，上述各函数均为设计变量 S 的线性函数，因此式（5-27）为一个线性规划问题。用线性规划法求解后，求得的最优解 S^* 即为本次迭代的可行方向，即 $S^{(k)}=S^*$。

（2）梯度投影法　当 $X^{(k)}$ 点目标函数的负梯度方向 $-\nabla f(X^{(k)})$ 不满足可行条件时，可将 $-\nabla f(X^{(k)})$ 方向投影到约束面（或约束面的交集）上，得到投影向量 $S^{(k)}$，从图 5-18 中可看出，该投影向量显然满足方向的可行和下降条件。梯度投影法就是取该方向作为本次迭代的可行方向。可行方向的计算公式为

$$S^{(k)} = -P\nabla f(X^{(k)}) / \|P\nabla f(X^{(k)})\| \tag{5-28}$$

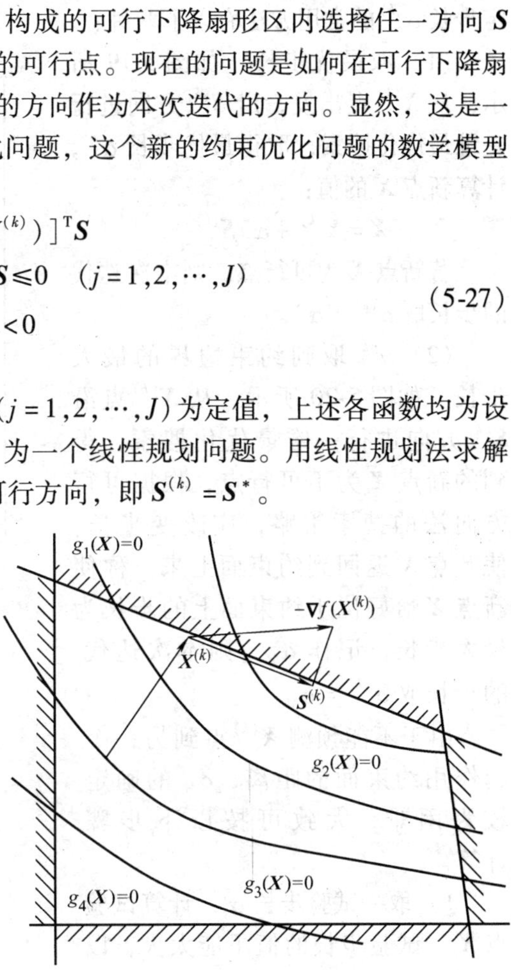

图 5-18　约束面上的梯度投影方向

式中，$\nabla f(X^{(k)})$ 为目标函数在 $X^{(k)}$ 处的梯度；P 为投影算子，为 $n \times n$ 阶矩阵，其计算公式为

$$P = I - G(G^{\mathrm{T}}G)^{-1}G^{\mathrm{T}} \tag{5-29}$$

式中，I 为 $n\times n$ 阶单位矩阵；G 为起作用约束函数的 $n\times J$ 阶梯度矩阵，且

$$G=(\nabla g_1(X^{(k)}),\ \nabla g_2(X^{(k)}),\cdots,\ \nabla g_J(X^{(k)}))$$

式中，J 为起作用的约束函数个数。

4. 步长的确定

可行方向 $S^{(k)}$ 确定后，按下式计算新的迭代点：

$$X^{(k+1)}=X^{(k)}+\alpha^{(k)}S^{(k)} \tag{5-30}$$

由于目标函数及约束函数的性状不同，步长 $\alpha^{(k)}$ 的确定方法也不同，不论是用何种方法，都应使新的迭代点 $X^{(k+1)}$ 为可行点，且目标函数具有最大的下降量。确定步长 $\alpha^{(k)}$ 的常用方法有以下两种：

(1) 取最优步长　如图 5-19 所示，从 $X^{(k)}$ 点出发，沿 $S^{(k)}$ 方向进行一维最优化搜索，取得最优步长 α^*，计算新点 X 的值：

$$X=X^{(k)}+\alpha^*S^{(k)}$$

若新点 X 为可行点，则本次迭代的步长取 $\alpha^{(k)}=\alpha^*$。

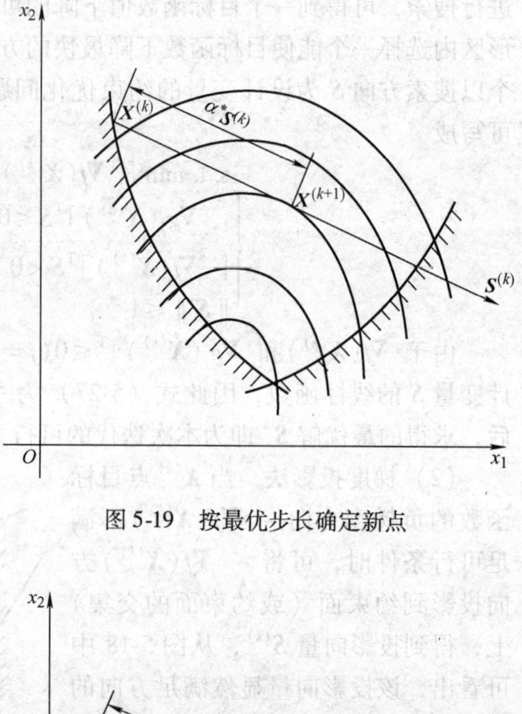

图 5-19　按最优步长确定新点

(2) $\alpha^{(k)}$ 取到约束边界的最大步长　如图 5-20 所示，从 $X^{(k)}$ 点沿 $S^{(k)}$ 方向进行一维最优化搜索，得到的新点 X 为不可行点，根据可行方向法的搜索策略，应改变步长，使新点 X 返回到约束面上来。称使新点 X 恰好位于约束面上的步长为最大步长，记作 α_M，则本次达代的步长取 $\alpha^{(k)}=\alpha_M$。

由于不能预测 $X^{(k)}$ 点到另一个起作用约束面的距离，α_M 的确定较为困难，大致可按以下步骤计算。

1）取一试验步长 α_t，计算试验点 X_t，试验步长的值不能太大，以免因一步走得太远导致计算困难；也不能太小，使得计算效率太低。根据经验，试验步长 α_t 的值能使试验点 X_t 的目标函数值下降 5% ~ 10% 为宜，即

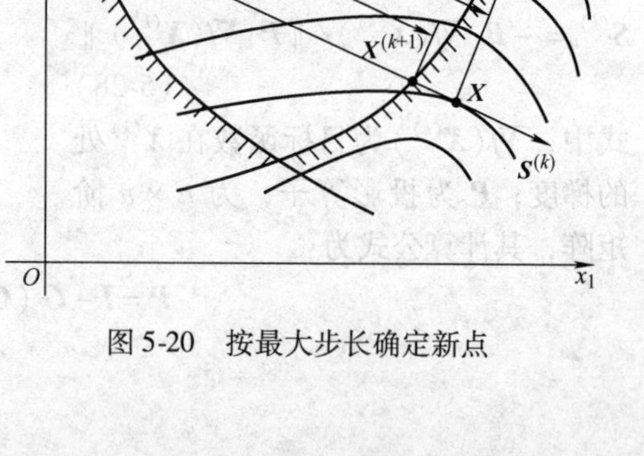

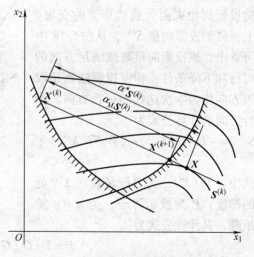

图 5-20　按最大步长确定新点

$$\Delta f = f(\boldsymbol{X}^{(k)}) - f(\boldsymbol{X}_t) = (0.05 \sim 0.1)|f(\boldsymbol{X}^{(k)})| \tag{5-31}$$

将目标函数 $f(\boldsymbol{X})$ 在 $\boldsymbol{X}_t$ 点展开成泰勒级数的线性式

$$f(\boldsymbol{X}_t) = f(\boldsymbol{X}^{(k)} + \alpha_t \boldsymbol{S}^{(k)}) = f(\boldsymbol{X}^{(k)}) + [\nabla f(\boldsymbol{X}^{(k)})]^{\mathrm{T}} \alpha_t \boldsymbol{S}^{(k)}$$

则

$$\Delta f = f(\boldsymbol{X}^{(k)}) - f(\boldsymbol{X}_t) = -\alpha_t [\nabla f(\boldsymbol{X}^{(k)})]^{\mathrm{T}} \boldsymbol{S}^{(k)} \tag{5-32}$$

由此可得试验步长 α_t 的计算公式：

$$\alpha_t = -\frac{\Delta f}{[\nabla f(\boldsymbol{X}^{(k)})]^{\mathrm{T}} \boldsymbol{S}^{(k)}} = (0.05 \sim 0.1) \frac{-|f(\boldsymbol{X}^{(k)})|}{[\nabla f(\boldsymbol{X}^{(k)})]^{\mathrm{T}} \boldsymbol{S}^{(k)}} \tag{5-33}$$

因 $\boldsymbol{S}^{(k)}$ 为目标函数的下降方向，$[\nabla f(\boldsymbol{X}^{(k)})]^{\mathrm{T}} \boldsymbol{S}^{(k)} < 0$，所以试验步长 α_t 恒为正值。试验步长选定后，试验点 $\boldsymbol{X}_t$ 按下式计算：

$$\boldsymbol{X}_t = \boldsymbol{X}^{(k)} + \alpha_t \boldsymbol{S}^{(k)} \tag{5-34}$$

2）判别试验点 $\boldsymbol{X}_t$ 的位置。由试验步长 α_t 确定的试验点 $\boldsymbol{X}_t$ 可能在约束面上，也可能在可行域或非可行域内。只要 $\boldsymbol{X}_t$ 不在约束面上，就要设法将其调整到约束面上来。要想使 $\boldsymbol{X}_t$ 到达约束面 $g_j(\boldsymbol{X}^{(k)})(j=1,2,\cdots,J)$ 是很困难的。为此，先确定一个约束允差 δ。当试验点 $\boldsymbol{X}_t$ 满足

$$-\delta \leqslant g_j(\boldsymbol{X}_t) \leqslant 0 \quad (j=1,2,\cdots,J) \tag{5-35}$$

的条件时，则认为试验点 $\boldsymbol{X}_t$ 已位于约束面上。

若试验点 $\boldsymbol{X}_t$ 位于非可行域内，则转步骤 3）。

若试验点 $\boldsymbol{X}_t$ 位于可行域内，则应沿 $\boldsymbol{S}^{(k)}$ 方向以步长 $2\alpha_t$ 继续向前搜索，直至新的试验点 $\boldsymbol{X}_t$ 到达约束面或超出可行域，再转步骤 3）。

3）将位于非可行域内的试验点 $\boldsymbol{X}_t$ 调整到约束面上。

若试验点 $\boldsymbol{X}_t$ 位于图 5-21 所示的位置，在 $\boldsymbol{X}_t$ 点处，$g_1(\boldsymbol{X}_t)>0$，$g_2(\boldsymbol{X}_t)>0$。显然应将 $\boldsymbol{X}_t$ 点调整到 $g_1(\boldsymbol{X}_t)=0$ 的约束面上，因为对于 $\boldsymbol{X}_t$ 点来说 $g_1(\boldsymbol{X}_t)$ 的约束违反量比 $g_2(\boldsymbol{X}_t)$ 大。若设 $g_k(\boldsymbol{X}_t)$ 为约束违反量最大的约束条件，则 $g_k(\boldsymbol{X}_t)$ 应满足

$$g_k(\boldsymbol{X}_t) = \max\{g_j(\boldsymbol{X}_t) > 0|_{j=1,2,\cdots,J}\} \tag{5-36}$$

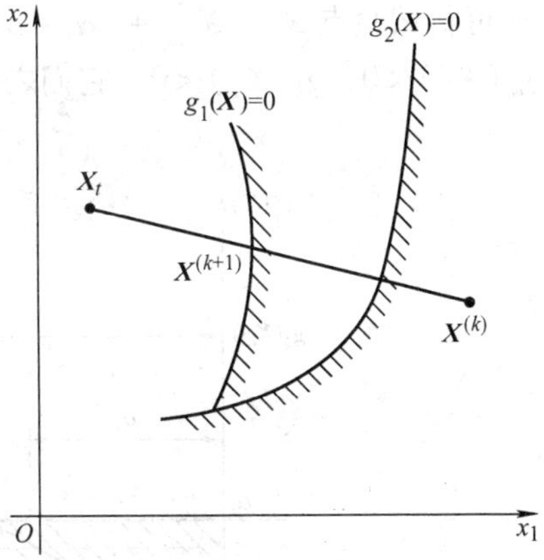

图 5-21　违反量最大的约束条件

将试验点 $\boldsymbol{X}_t$ 调整到 $g_k(\boldsymbol{X}_t)=0$ 的约束面上的方法有试探法和插值法两种。

试探法的基本内容是当试验点位于非可行域时，将试验步长 α_t 缩短；当试验点位于可行域时，将试验步长 α_t 增加，即不断变化 α_t 的大小，直至满足式（5-35）的条件时，即认为试验点 $\boldsymbol{X}_t$ 已被调整到约束面上了。

图 5-22 所示框图表示了用试探法调整试验步长 α_t 的过程。

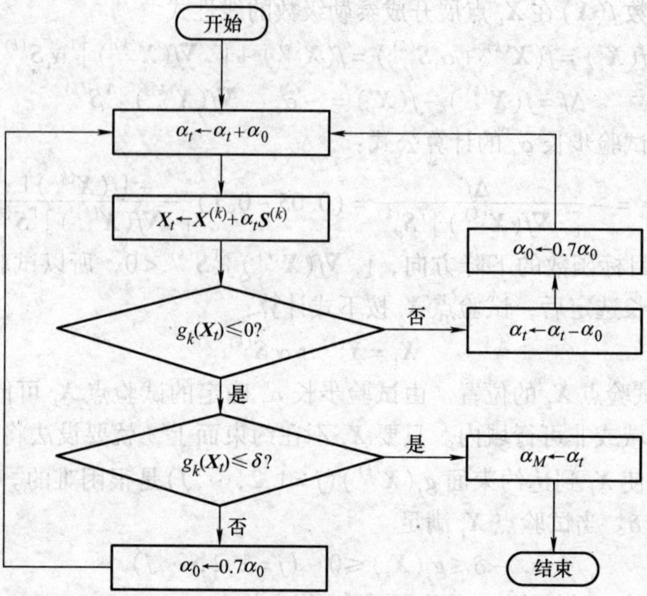

图 5-22　用试探法调整试验步长的框图

插值法是利用线性插值将位于非可行域的试验点 X_t 调整到约束面上。设试验步长为 α_t 时，求得可行试验点 $X_{t1} = X^{(k)} + \alpha_t S^{(k)}$，当试验步长为 $\alpha_t + \alpha_0$ 时，求得非可行试验点 $X_{t2} = X^{(k)} + (\alpha_t + \alpha_0) S^{(k)}$，并设试验点 X_{t1} 和 X_{t2} 的约束函数分别为 $g_k(X_{t1}) < 0$，$g_k(X_{t2}) < 0$，它们之间的位置关系如图 5-23 所示。

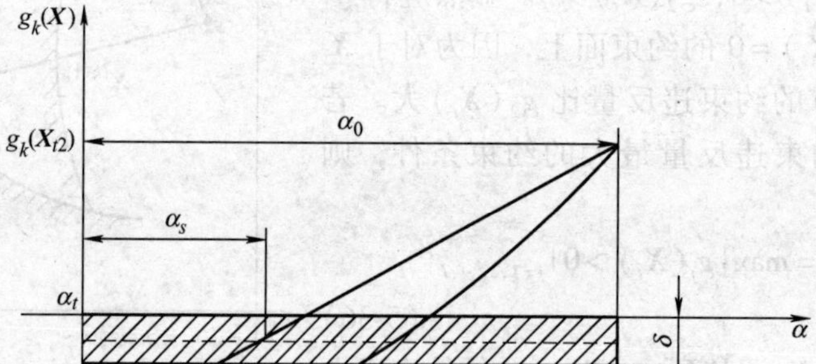

图 5-23　用插值法确定试验步长

若考虑约束允差 δ，并按允差中心 $\delta/2$ 作线性内插，可以得到将 X_{t2} 点调整到约

束面上的步长 α_s，其计算公式为

$$\alpha_s=\frac{-0.5\delta-g_k(\boldsymbol{X}_{t1})}{g_k(\boldsymbol{X}_{t2})-g_k(\boldsymbol{X}_{t1})}\alpha_0 \tag{5-37}$$

本次迭代的步长取为

$$\alpha_k=\alpha_M=\alpha_t+\alpha_s \tag{5-38}$$

5. 收敛条件

按可行方向法的原理，将设计点调整到约束面上后，需要判断迭代是否收敛，即判断该迭代点是否为约束最优点。常用的收敛条件有以下两种：

1）设计点 $\boldsymbol{X}^k$ 及约束允差满足

$$\begin{cases}|[\nabla f(\boldsymbol{X}^{(k)})^{\mathrm{T}}\boldsymbol{S}^{(k)}]|\leqslant\varepsilon_1\\ \delta\leqslant\varepsilon_2\end{cases} \tag{5-39}$$

条件时，迭代收敛。

2）设计点 $\boldsymbol{X}^{(k)}$ 满足库恩-塔克（Kuhn-Tucker）条件时，迭代收敛。

$$\begin{cases}\nabla f(\boldsymbol{X}^{(k)})+\sum\limits_{j=1}^{J}\lambda_j\nabla g_j(\boldsymbol{X}^{(k)})=\boldsymbol{0}\\ \lambda_j\geqslant 0\quad(j=1,2,\cdots,J)\end{cases} \tag{5-40}$$

5.4.2 迭代过程及算法框图

1）在可行域内选择一个初始点 $\boldsymbol{X}^{(0)}$，给出约束允差 δ 及收敛精度值 ε。

2）令迭代次数 $k=0$，第一次迭代的搜索方向取 $\boldsymbol{S}^{(0)}=-\nabla f(\boldsymbol{X}^{(0)})$。

3）估算试验步长 α_t，按式（5-34）计算试验点 $\boldsymbol{X}_t$。

4）若试验点 $\boldsymbol{X}_t$ 满足 $-\delta\leqslant g_j(\boldsymbol{X}_t)\leqslant 0$，$\boldsymbol{X}_t$ 点必位于第 j 个约束面上，则转步骤 6）；若试验点 $\boldsymbol{X}_t$ 位于可行域内，则加大试验步长 α_t，重新计算新的试验点，直至 $\boldsymbol{X}_t$ 越出可行域，再转步骤 5）；若试验点位于非可行域内，则直接转步骤 5）。

5）按式（5-36）确定约束违反量最大的约束函数 $g_k(\boldsymbol{X}_t)$。用插值法即按式（5-37）计算调整步长 α_s，使试验点 $\boldsymbol{X}_t$ 返回到约束面上，则完成一次迭代。再令 $k\leftarrow k+1$，$\boldsymbol{X}^{(k)}=\boldsymbol{X}_t$ 转下一步。

6）在新的设计点 $\boldsymbol{X}^{(k)}$ 处产生新的可行方向 $\boldsymbol{S}^{(k)}$。

7）若 $\boldsymbol{X}^{(k)}$ 点满足收敛条件，则计算终止。约束最优解为 $\boldsymbol{X}^*=\boldsymbol{X}^{(k)}$，$f(\boldsymbol{X}^*)=f(\boldsymbol{X}^{(k)})$。

否则，改变允差 δ 的值，即令

$$\delta^k=\begin{cases}\delta^k & \text{当}[\nabla f(\boldsymbol{X}^{(k)})]^{\mathrm{T}}\boldsymbol{S}^{(k)}>\varepsilon\\ 0.5\,\delta^k & \text{当}[\nabla f(\boldsymbol{X}^{(k)})]^{\mathrm{T}}\boldsymbol{S}^{(k)}\leqslant\varepsilon\end{cases} \tag{5-41}$$

可行方向法的程序框图示于图 5-24。

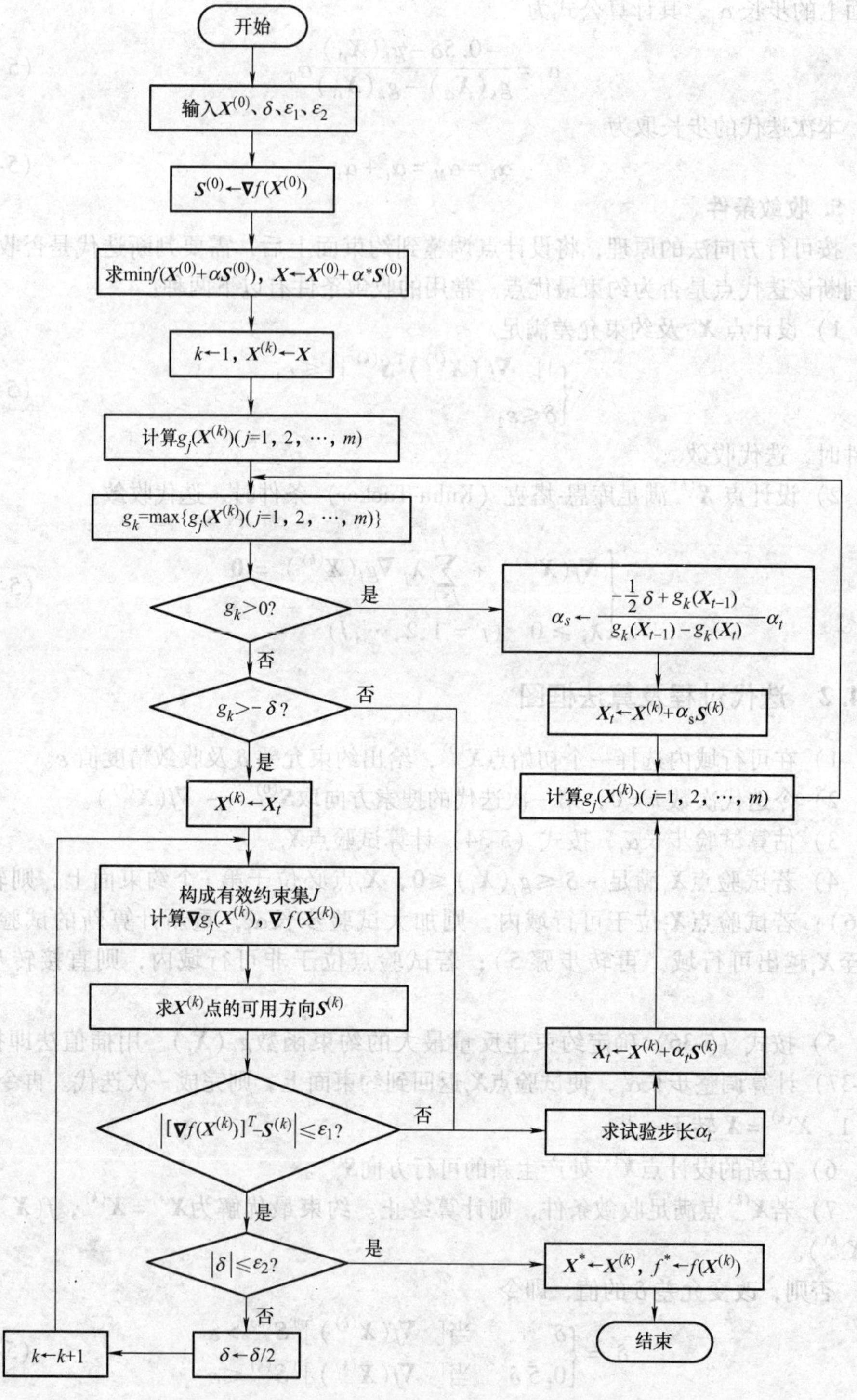

图 5-24 可行方向法的程序框图

5.5　惩罚函数法

5.5.1　基本原理

惩罚函数法是一种使用很广泛、很有效的间接解法。它的基本原理是将约束优化问题

$$\begin{cases} \min f(\boldsymbol{X}) \\ \text{s.t. } g_j(\boldsymbol{X}) \leqslant 0 \quad (j=1,2,\cdots,m) \\ \quad\quad h_k(\boldsymbol{X}) = 0 \quad (k=1,2,\cdots,l) \end{cases} \tag{5-42}$$

中的不等式和等式约束函数经过加权转化后，和原目标函数结合成新的目标函数——惩罚函数

$$\phi(\boldsymbol{X},r_1,r_2) = f(\boldsymbol{X}) + r_1 \sum_{j=1}^{m} G[g_j(\boldsymbol{X})] + r_2 \sum_{k=1}^{l} H[h_k(\boldsymbol{X})] \tag{5-43}$$

求解该新目标函数的无约束极小值，以期得到原问题的约束最优解。为此，按一定的法则改变加权因子r_1和r_2的值，构成一系列的无约束优化问题，求得一系列的无约束最优解，并不断地逼近原约束优化问题的最优解。因此，惩罚函数法又称序列无约束极小化方法，常称 SUMT 法。

式（5-43）中的 $r_1 \sum_{j=1}^{m} G[g_j(\boldsymbol{X})]$ 和 $r_2 \sum_{k=1}^{l} H[h_k(\boldsymbol{X})]$ 称为加权转化项。根据它们在惩罚函数中的作用，又分别称为障碍项和惩罚项。障碍项的作用是当迭代点在可行域内时，在迭代过程中阻止迭代点超出可行域。惩罚项的作用是当迭代点在非可行域或不满足不等式约束条件时，在迭代过程中将迫使迭代点逼近约束边界或等式约束曲面。

根据迭代过程是否在可行域内进行，惩罚函数法又可分为内点惩罚函数法、外点惩罚函数法和混合惩罚函数法三种。

5.5.2　外点惩罚函数法

外点惩罚函数法简称外点法。这种方法和内点法相反，新目标函数定义在可行域之外，序列迭代点从可行域之外逐渐逼近约束边界上的最优点。外点法可以用来求解含不等式和等式约束的优化问题。

对于约束优化问题

$$\begin{cases} \min f(\boldsymbol{X}) \\ \text{s.t. } g_j(\boldsymbol{X}) \leqslant 0 (j=1,2,\cdots,m) \\ \quad\quad h_k(\boldsymbol{X}) = 0 (k=1,2,\cdots,l) \end{cases}$$

转化后的外点惩罚函数的形式为

$$\phi(\boldsymbol{X},r) = f(\boldsymbol{X}) + r\sum_{j=1}^{m}\max\left[0,g_j(\boldsymbol{X})\right]^2 + r\sum_{k=1}^{l}\left[h_k(\boldsymbol{X})\right]^2 \tag{5-44}$$

式中，r 为惩罚因子，它是由小到大，且趋近于∞ 的数列，即$r^{(0)} < r^{(1)} < r^{(2)} < \cdots \to \infty$；$r\sum_{j=1}^{m}\max\left[0,g_j(\boldsymbol{X})\right]^2, r\sum_{k=1}^{l}\left[h_k(\boldsymbol{X})\right]^2$ 分别为对应于不等式约束和等式约束函数的惩罚项。

由于外点法的迭代过程在可行域之外进行，惩罚项的作用是迫使迭代点逼近约束边界或等式约束曲面。由惩罚项的形式可知，当迭代点 $\boldsymbol{X}$ 不可行时，惩罚项的值大于0。使得惩罚函数 $\phi(\boldsymbol{X},r)$ 大于原目标函数，这可看成是对迭代点不满足约束条件的一种惩罚。当迭代点离约束边界越远，惩罚项的值越大，这种惩罚越重。但当迭代点不断接近约束边界和等式约束曲面时，惩罚项的值减小，且趋近于0，惩罚项的作用逐渐消失、迭代点也就趋近于约束边界上的最优点了。

下面用一简例来说明外点法的基本原理。

例 5-1 用外点法求问题

$$\min f(\boldsymbol{X}) = x_1^2 + x_2^2$$

$$\text{s. t.} \quad g(\boldsymbol{X}) = 1 - x_1 \leqslant 0$$

的约束最优解。

解：如图 5-25 所示，该问题的约束最优点为$\boldsymbol{X}^* = (0,1)^{\mathrm{T}}$，它是目标函数等值线，即圆$x_1^2 + x_2^2 = 1$ 和约束函数，即直线 $1 - x_1 = 0$ 的切点，最优值为$f(\boldsymbol{X}^*) = 1$。用外点法求解时，首先按式（5-44）构造外点惩罚函数

$$\phi(\boldsymbol{X},r) = x_1^2 + x_2^2 + r(1 - x_1)^2$$

对于任意给定的惩罚因子 $r(r > 0)$，函数 $\phi(\boldsymbol{X},r)$ 为凸函数，用解析法求 $\phi(\boldsymbol{X},r)$ 的无约束极小值，即令 $\nabla\phi(\boldsymbol{X},r) = 0$ 得方程组

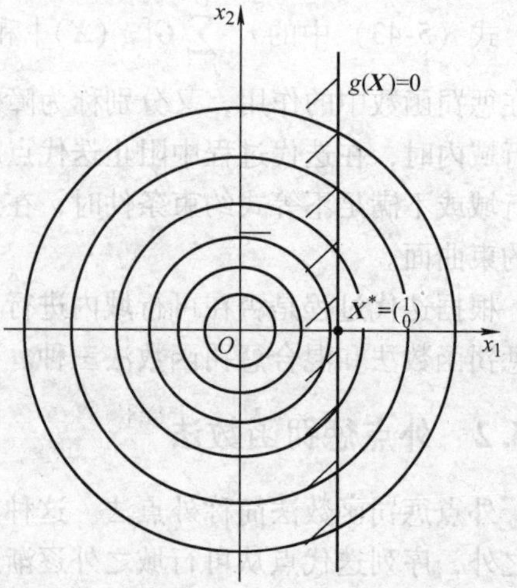

图 5-25 例 5-1 图解

$$\begin{cases}\dfrac{\partial\phi}{\partial x_1} = 2x_1 - 2r(1 - x_1) = 0\\[2mm]\dfrac{\partial\phi}{\partial x_2} = 2x_2 = 0\end{cases}$$

联立求解得

$$x_1^*(r) = \frac{r}{1 + r}$$

$$x_2^*(r)=0$$

当 $r=0.3$ 时，$\boldsymbol{X}^*(r)=(0.231,0)^{\mathrm{T}}$，$f(\boldsymbol{X}^*(r))=0.053$

当 $r=1.5$ 时，$\boldsymbol{X}^*(r)=(0.6,0)^{\mathrm{T}}$，$f(\boldsymbol{X}^*(r))=0.36$

当 $r=7.5$ 时，$\boldsymbol{X}^*(r)=(0.882,0)^{\mathrm{T}}$，$f(\boldsymbol{X}^*(r))=0.778$

当 $r\to\infty$ 时，$\boldsymbol{X}^*(r)=(1,0)^{\mathrm{T}}$，$f(\boldsymbol{X}^*(r))=1$

由计算可知，当逐渐增大 r 值，直至趋近 $+\infty$ 时，$\boldsymbol{X}^*(r)$ 逼近原约束问题的最优解。

当 r = 0.3，1.5，7.5 时，惩罚函数 $\phi(\boldsymbol{X},r)$ 的等值线图分别示于图 5-26 a、b、c。

从图中可清楚地看出，当 r 逐渐增大时，无约束极值点 $\phi(X,r)$ 的序列，将在可行域之外逐步逼近约束最优点。

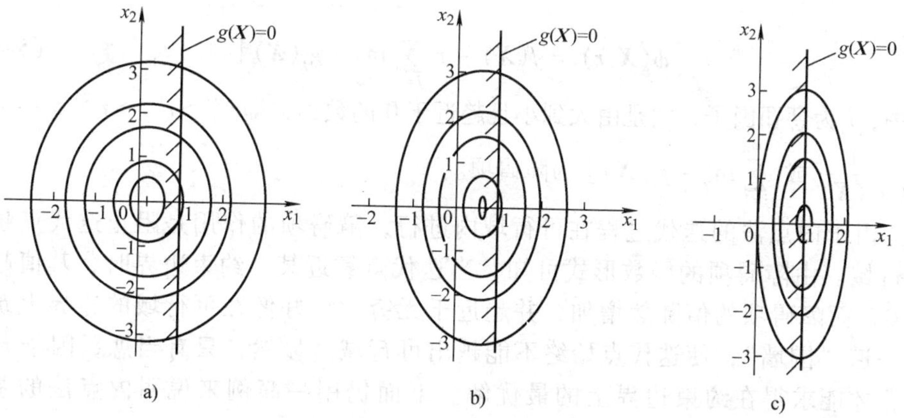

图 5-26 外点惩罚函数的极小点向约束最优点逼近

a) $r=0.3$，$\boldsymbol{X}^*(r)=\begin{pmatrix}0.231\\0\end{pmatrix}$ b) $r=1.5$，$\boldsymbol{X}^*(r)=\begin{pmatrix}0.6\\0\end{pmatrix}$ c) $r=0.75$，$\boldsymbol{X}^*(r)=\begin{pmatrix}0.882\\0\end{pmatrix}$

外点法的惩罚因子按下式递增

$$r^{(k)}=c\,r^{(k-1)} \tag{5-45}$$

式中，c 为递增系数，通常取 $c=5\sim10$。

与内点法相反，惩罚因子的初值 $r^{(0)}$ 若取相当大的值。会使 $\phi(\boldsymbol{X},r)$ 的等值线变形或偏心，求 $\phi(\boldsymbol{X},r)$ 的极值将发生困难，但 $r^{(0)}$ 取得过小，势必增加迭代次数。所以，在外点法中 $r^{(0)}$ 的合理取值也是很重要的。许多计算表明，取 $r^{(0)}=1$，$c=10$ 常常可以取得满意的结果。有时仅用下面的经验公式来计算 $r^{(0)}$ 值：

$$r^{(0)}=\max|r_j^{(0)}|\quad(j=1,2,\cdots,m)$$

式中，

$$r_j^{(0)}=-\frac{0.02}{mg_j(X^{(0)})f(X^{(0)})}\quad(j=1,2,\cdots,m)$$

外点法的收敛条件和内点法相同，其计算步骤、程序框图也与内点法相近。

5.5.3 内点惩罚函数法

内点惩罚函数法简称内点法，这种方法将新目标函数定义于可行域内，序列迭代点在可行域内逐步逼近约束边界上的最优点。内点法只能用来求解具有不等式约束的优化问题。

对于只具有不等式约束的优化问题

$$\begin{cases}\min f(\boldsymbol{X}) \\ \text{s. t. } g_j(\boldsymbol{X}) \leqslant 0 (j=1,2,\cdots,m)\end{cases} \tag{5-46}$$

转化后的惩罚函数形式为

$$\phi(\boldsymbol{X},r) = f(\boldsymbol{X}) - r\sum_{j=1}^{m}\frac{1}{g_j(\boldsymbol{X})} \tag{5-47}$$

或

$$\phi(\boldsymbol{X},r) = f(\boldsymbol{X}) - r\sum_{j=1}^{m}\ln[-g_j(\boldsymbol{X})] \tag{5-48}$$

式中，r 为惩罚因子，它是由大到小且趋近于 0 的数列，即 $r^{(0)} > r^{(1)} > r^{(2)} > \cdots \to 0$；$\sum_{j=1}^{m}\frac{1}{g_j(\boldsymbol{X})}$ 或 $\sum_{j=1}^{m}\ln[-g_j(\boldsymbol{X})]$ 为障碍项。

由于内点法的迭代过程在可行域内进行，障碍项的作用是阻止迭代点越出可行域。由障碍项的函数形式可知，当迭代点靠近某一约束边界时，其值趋近于 0，而障碍项的值陡然增加，并趋近于无穷大，好像在可行域的边界上筑起了一道“围墙”，使迭代点始终不能越出可行域。显然，只有当惩罚因子 $r \to 0$ 时，才能求得在约束边界上的最优解。下面仍用一简例来说明内点法的基本原理。

例 5-2 用内点法求问题

$$\min f(\boldsymbol{X}) = x_1^2 + x_2^2$$
$$\text{s. t.} \quad g(\boldsymbol{X}) = 1 - x_1 \leqslant 0$$

的约束最优解。

解：前面已用外点法求解过这一问题，其约束最优解为 $\boldsymbol{X}^* = (1,0)^{\mathrm{T}}$，$f(\boldsymbol{X}^*) = 1$。用内点法求解该问题时，首先按式（5-48）构造内点惩罚函数

$$\phi(\boldsymbol{X},r) = x_1^2 + x_2^2 - r\ln(x_1 - 1)$$

对于任意给定的惩罚因子 $r(r>0)$，函数 $\phi(\boldsymbol{X},r)$ 为凸函数。用解析法求函数 $\phi(\boldsymbol{X},r)$ 的极小值，即令 $\nabla\phi(\boldsymbol{X},r) = 0$ 得方程组

$$\begin{cases}\dfrac{\partial\phi}{\partial x_1} = 2x_1 - \dfrac{r}{x_1 - 1} = 0 \\ \dfrac{\partial\phi}{\partial x_2} = 2x_2 = 0\end{cases}$$

联立求解得

$$\begin{cases} x_1(r) = \dfrac{1 \pm \sqrt{1+2r}}{2} \\ x_2(r) = 0 \end{cases}$$

当 $x_1(r) = \dfrac{1-\sqrt{1+2r}}{2}$ 时不满足约束条件 $g(\boldsymbol{X}) = 1 - x_1 \leqslant 0$ 应舍去。无约束极值点为

$$x_1^*(r) = \frac{1+\sqrt{1+2r}}{2}$$

$$x_2^*(r) = 0$$

当 $r=4$ 时，$\boldsymbol{X}^*(r) = (2,0)^{\mathrm{T}}$，$f(\boldsymbol{X}^*(r)) = 4$

当 $r=1.2$ 时，$\boldsymbol{X}^*(r) = (1.422,\ 0]^{\mathrm{T}}$，$f(\boldsymbol{X}^*(r)) = 2.022$

当 $r=0.36$ 时，$\boldsymbol{X}^*(r) = (1.156,0)^{\mathrm{T}}$，$f(\boldsymbol{X}^*(r)) = 1.336$

当 $r=0$ 时，$\boldsymbol{X}^*(r) = (1,0)^{\mathrm{T}}$，$f(\boldsymbol{X}^*(r)) = 1$

由计算可知，当逐步减小 r 值，直至趋近于 0 时，$\boldsymbol{X}^*(r)$ 逼近原问题的约束最优解。

当 $r=4$，1.2，0.36 时，惩罚函数 $\phi(\boldsymbol{X},r)$ 的等值线图分别如图 5-27a、b、c 所示。从图中可清楚地看出，当 r 逐渐减小时，无约束极值点 $\boldsymbol{X}^*(r)$ 的序列，将在可行域内逐步逼近最优点。

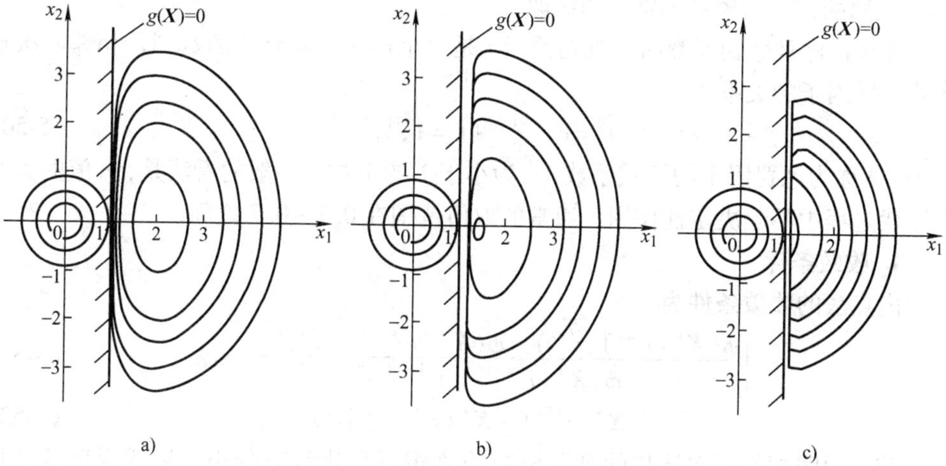

图 5-27　内点惩罚函数的极小点向最优点逼近

a) $r=4$，$\boldsymbol{X}^*(r) = \begin{pmatrix} 2 \\ 0 \end{pmatrix}$　b) $r=1.2$，$\boldsymbol{X}^*(r) = \begin{pmatrix} 1.422 \\ 0 \end{pmatrix}$　c) $r=0.36$，$\boldsymbol{X}^*(r) = \begin{pmatrix} 1.156 \\ 0 \end{pmatrix}$

下面介绍内点法中初始点 $\boldsymbol{X}^{(0)}$、惩罚因子的初值 $r^{(0)}$ 及其缩减系数 c 等重要参数的选取和收敛条件的确定等问题。

1. 初始点$X^{(0)}$的选取

使用内点法时，初始点$X^{(0)}$应选择一个离约束边界较远的可行点。若$X^{(0)}$太靠近某一约束边界，构造的惩罚函数可能由于障碍项的值很大而变得畸形，使求解无约束优化问题发生困难。程序设计时，一般都考虑使程序具有人工输入和计算机自动生成可行初始点的两种功能，由使用者选用。计算机自动生成可行初始点的常用方法是利用随机数生成设计点，该方法已在本章介绍过。

2. 惩罚因子初值$r^{(0)}$的选取

惩罚因子的初值$r^{(0)}$应适当，否则会影响迭代计算的正常进行。一般来说，$r^{(0)}$太大，将增加迭代次数；$r^{(0)}$太小，会使惩罚函数的性态变坏，甚至难以收敛到极值点。由于问题函数的多样化，使得$r^{(0)}$的取值相当困难，目前还无一定的有效方法。对于不同的问题，都要经过多次试算，才能决定一个适当的$r^{(0)}$，以下的方法可作为试算取值的参考。

1）取$r^{(0)}=1$，根据试算的结果，再决定增加或减小$r^{(0)}$的值。

2）按经验公式

$$r^{(0)}=\left|\frac{f(\boldsymbol{X}^{(0)})}{\sum_{j=1}^{m}\frac{1}{g_j(\boldsymbol{X}^{(0)})}}\right| \tag{5-49}$$

计算$r^{(0)}$值。这样选取的$r^{(0)}$可以使惩罚函数中的障碍项和原目标函数的值大致相等，不会因障碍项的值太大而起支配作用，也不会因障碍项的值太小而被忽略掉。

3. 惩罚因子的缩减系数 c 的选取

在构造序列惩罚函数时，惩罚因子 r 是一个逐次递减到 0 的数列，相邻两次迭代的惩罚因子的关系为

$$r^{k}=c\,r^{k-1}\quad(k=1,2,\cdots) \tag{5-50}$$

式中，c 称为惩罚因子的缩减系数，c 为小于 1 的正数。一般的看法是，c 值的大小在迭代过程中不起决定性作用，通常的取值范围在 0.1 ~0.7 之间。

4. 收敛条件

内点法的收敛条件为

$$\left|\frac{\phi(\boldsymbol{X}^*(r^{(k)}),r^{(k)})-\phi(\boldsymbol{X}^*(r^{(k-1)}),r^{(k-1)})}{\phi(\boldsymbol{X}^*(r^{(k-1)}),r^{(k-1)})}\right|\leqslant\varepsilon_1 \tag{5-51}$$

$$\|\boldsymbol{X}^*(r^{(k)})-\boldsymbol{X}^*(r^{(k-1)})\|\leqslant\varepsilon_2 \tag{5-52}$$

前式说明相邻两次迭代的惩罚函数的值相对变化量充分小，后式说明相邻两次迭代的无约束极小点已充分接近。满足收敛条件的无约束极小点$\boldsymbol{X}^*(r^{(k)})$已逼近原问题的约束最优点，迭代终止，原约束问题的最优解为$\boldsymbol{X}^*=\boldsymbol{X}^*(r^{(k)})$，$f(\boldsymbol{X}^*)=f(\boldsymbol{X}^*(r^{(k)}))$。

内点法的计算步骤为：

1）选取可行的初始点$X^{(0)}$、惩罚因子的初值$r^{(0)}$、缩减系数 c 以及收敛精度ε_1、

ε_2，令迭代次数 $k=0$。

2）构造惩罚函数 $\phi(\boldsymbol{X},r)$，选择适当的无约束优化方法，求函数 $\phi(\boldsymbol{X},r)$ 的无约束极值，得 $\boldsymbol{X}^*(r^{(k)})$ 点。

3）用式（5-51）及式（5-52）判别迭代是否收敛，若满足收敛条件，迭代终止。约束最优解为 $\boldsymbol{X}^*=\boldsymbol{X}^*(r^{(k)})$，$f(\boldsymbol{X}^*)=f(\boldsymbol{X}^*(r^{(k)}))$，否则令 $r^{(k+1)}=c\,r^{(k)}$，$X^{(0)}=X^*(r^{(k)})$。$k=k+1$ 转步骤 2)。

内点法的程序框图如图 5-28 所示。

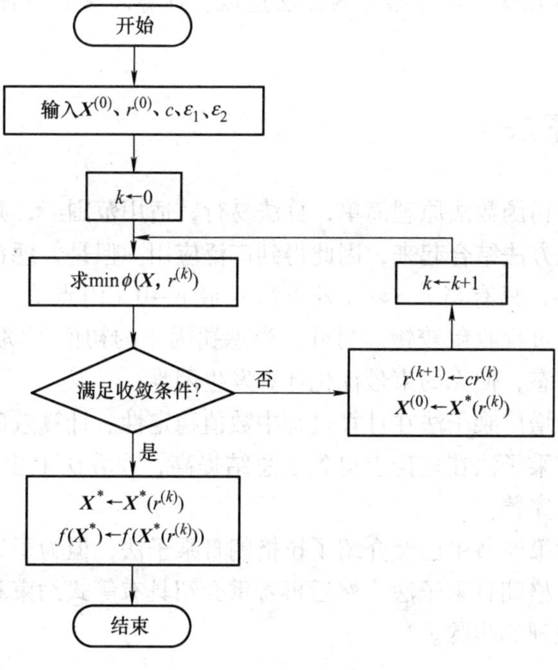

图 5-28　内点法的程序框图

5.5.4　混合惩罚函数法

混合惩罚函数法简称混合法，这种方法是把内点法和外点法结合起来，用来求解同时具有等式约束和不等式约束函数的优化问题。

对于约束优化问题

$$\begin{cases}\min f(\boldsymbol{X}) \\ \text{s. t.}\ \ g_j(\boldsymbol{X}) \leqslant 0 (j=1,2,\cdots,m) \\ \qquad h_k(\boldsymbol{X})=0(k=1,2,\cdots,l)\end{cases}$$

转化后的混合惩罚函数的形式为

$$\phi(X,r)=f(X)-r\sum_{j=1}^{m}\frac{1}{g_j(X)}+\frac{1}{\sqrt{r}}\sum_{k=1}^{l}[h_k(X)]^2 \tag{5-53}$$

式中，$r\sum_{j=1}^{m}\frac{1}{g_j(X)}$为障碍项，惩罚因子 r 按内点法选取，即$r^{(0)}>r^{(1)}>r^{(2)}>\cdots\to 0$；$\frac{1}{\sqrt{r}}\sum_{k=1}^{l}[h_k(X)]^2$ 为惩罚项。惩罚因子为$\frac{1}{\sqrt{r}}$，当 $r\to 0$ 时，$\frac{1}{\sqrt{r}}\to\infty$，满足外点法对惩罚因子的要求。

混合法具有内点法的求解特点，即迭代过程在可行域内进行，因而初始点$X^{(0)}$、惩罚因子的初值$r^{(0)}$均可参考内点法选取。计算步骤及程序框图也与内点法相近。

5.6 增广乘子法

前节所述的惩罚函数法原理简单，算法易行，适用范围广，并且可以和各种有效的无约束最优化方法结合起来，因此得到广泛应用。但是，惩罚函数也存在不少问题，从理论上讲，只有当 $r\to\infty$（外点法）或 $r\to 0$（内点法）时，算法才能收敛，因此序列迭代过程收敛较慢。另外，当惩罚因子的初值$r^{(0)}$取得不合适时，惩罚函数可能变得病态，使无约束最优化计算发生困难。

近年来提出的增广乘子法在计算过程中数值稳定性、计算效率上都超过惩罚函数法。目前，增广乘子法在理论上得到了总结提高，在算法上也积累了不少经验，使得这种方法日益完善。

虽然在第 2 章第四节中已经介绍了拉格朗日乘子法，但为了讨论的方便，这里再简单回顾一下拉格朗日乘子法，然后再着重介绍具有等式约束和不等式约束的增广乘子法的算法原理和步骤。

5.6.1 拉格朗日乘子法

拉格朗日乘子法是一种古典的求约束极值的间接解法。它是将具有等式约束的优化问题

$$\begin{cases}\min f(X)\\ \text{s.t. } h_p(X)=0\,(p=1,2,\cdots,l)\end{cases}$$

转化成拉格朗日函数

$$L(X,\boldsymbol{\lambda})=f(X)+\sum_{p=1}^{l}\lambda_p h_p(X) \tag{5-54}$$

用解析法求解式（5-54），即令 $\nabla L(X,\boldsymbol{\lambda})=\mathbf{0}$ 可求得函数 $L(X,\boldsymbol{\lambda})$的极值。在函数 $L(X,\boldsymbol{\lambda})$中，$\boldsymbol{\lambda}=(\lambda_1,\lambda_2,\cdots,\lambda_l)$ 称为拉格朗日乘子，也是变量，因此可以列出（$n+l$）个方程。

$$\begin{cases} \dfrac{\partial L}{\partial x_i}=0 & (i=1,2,\cdots,n) \\ \dfrac{\partial L}{\partial \lambda_p}=0 & (p=1,2,\cdots,l) \end{cases}$$

联立求解后，可得（$n+l$）个变量：$\boldsymbol{X}^*=(x_1^*,x_2^*,\cdots,x_n^*)^{\mathrm{T}}$，$\boldsymbol{\lambda}^*=(\lambda_1^*,\lambda_2^*,\cdots,\lambda_n^*)^{\mathrm{T}}$，其中，$\boldsymbol{X}^*$ 为极值点，$\boldsymbol{\lambda}^*$ 为相应的拉格朗日乘子向量。

现用一个简单的例子来说明拉格朗日乘子法的计算方法。

例 5-3　用拉格朗日乘子法求问题

$$\min f(\boldsymbol{X})=60-10x_1-4x_2+x_1^2+x_2^2-x_1x_2$$

$$\text{s.t. } h(\boldsymbol{X})=x_1+x_2-8=0$$

的约束最优解。

解：按式（5-54）构造拉格朗日函数

$$L(\boldsymbol{X},\lambda)=60-10x_1-4x_2+x_1^2+x_2^2-x_1x_2+\lambda(x_1+x_2-8)$$

令 $\boldsymbol{\nabla} L=\boldsymbol{0}$，得方程组

$$\frac{\partial L}{\partial x_1}=-10+2x_1-x_2+\lambda=0$$

$$\frac{\partial L}{\partial x_2}=-4+2x_2-x_1+\lambda=0$$

$$\frac{\partial L}{\partial \lambda}=x_1+x_2-8=0$$

联立求解，得约束最优解

$$\boldsymbol{X}^*=(5,3)^{\mathrm{T}}, f(\boldsymbol{X}^*)=17$$

拉格朗日乘子法求解上例，看起来似乎很简单，实际上这种方法存在着许多问题，例如，对于非凸问题容易失败；对于大型的非线性优化问题，需求解高次联立方程组，其数值解法几乎和求解优化问题同样困难；此外，还必须分离出方程组的重根。因此，拉格朗日乘子法用来求解一般的约束优化问题不是一种有效的方法。

5.6.2　等式约束问题

1. 基本原理

对于含等式约束的优化问题

$$\begin{cases} \min f(\boldsymbol{X}) \\ \text{s.t. } h_p(\boldsymbol{X})=0 \quad (p=1,2,\cdots,l) \end{cases}$$

构造拉格朗日函数

$$L(\boldsymbol{X},\boldsymbol{\lambda})=f(\boldsymbol{X})+\sum_{p=1}^{l}\lambda_p h_p(\boldsymbol{X}) \tag{5-55}$$

当令 $\boldsymbol{\nabla} L(\boldsymbol{X},\boldsymbol{\lambda})=\boldsymbol{0}$ 可得原问题的极值点 $\boldsymbol{X}^*$ 以及相应的拉格朗日乘子向量 $\boldsymbol{\lambda}^*$，

若构造外点惩罚函数

$$\phi(\boldsymbol{X},r) = f(\boldsymbol{X}) + \frac{r}{2}\sum_{p=1}^{l}[h_p(\boldsymbol{X})]^2 \tag{5-56}$$

当 $r\to\infty$ 时，对函数 $\phi(\boldsymbol{X},r)$ 进行序列极小化，可求得原问题的极值点 $\boldsymbol{X}^*$ 且 $h_p(\boldsymbol{X}^*)=0\ (p=1,2,\cdots,l)$。

前已述及，用拉格朗日乘子法求解约束优化问题往往失败，而用惩罚函数法求解，又因要求 $r\to\infty$ 而使计算效率低。为此，将这两种方法结合起来，即构造惩罚函数的拉格朗日函数

$$\begin{aligned} M(\boldsymbol{X},\boldsymbol{\lambda},r) &= f(\boldsymbol{X}) + \frac{r}{2}\sum_{p=1}^{l}[h_p(\boldsymbol{X})]^2 + \sum_{p=1}^{l}\lambda_p h_p(\boldsymbol{X}) \\ &= L(\boldsymbol{X},\boldsymbol{\lambda}) + \frac{r}{2}\sum_{p=1}^{l}[h_p(\boldsymbol{X})]^2 \end{aligned} \tag{5-57}$$

若令

$$\nabla M(\boldsymbol{X},\boldsymbol{\lambda},r) = \nabla L(\boldsymbol{X},\boldsymbol{\lambda}) + r\sum_{p=1}^{l}h_p(\boldsymbol{X})\ \nabla h_p(\boldsymbol{X}) = \boldsymbol{0}$$

求得约束极值点 $\boldsymbol{X}^*$ 且使 $h_p(\boldsymbol{X}^*)=0(p=1,2,\cdots,l)$，所以，不论 r 取何值，式（5-57）与原问题有相同的极值点 $\boldsymbol{X}^*$，与式（5-55）有相同的拉格朗日乘子向量 $\boldsymbol{\lambda}^*$。

式（5-57）称增广乘子函数，或称增广惩罚函数，式中的 r 仍称惩罚因子。

既然式（5-55）和式（5-57）有相同的 $\boldsymbol{X}^*$ 和 $\boldsymbol{\lambda}^*$。仍然要考虑由式（5-57）表示的增广乘子函数的主要原因是，这两类函数的二阶导数矩阵，即黑塞矩阵的性质不同。一般来说，式（5-55）所表示的拉格朗日函数 $L(\boldsymbol{X},\boldsymbol{\lambda})$ 的黑塞矩阵

$$H(\boldsymbol{X},\boldsymbol{\lambda}) = \frac{\partial^2 L}{\partial x_i x_j}\quad (i,j=1,2,\cdots,n) \tag{5-58}$$

并不是正定的。而式（5-57）所表示的增广乘子函数 $M(\boldsymbol{X},\boldsymbol{\lambda},r)$ 的黑塞矩阵

$$H(\boldsymbol{X},\boldsymbol{\lambda},r) = \frac{\partial^2 M}{\partial x_i x_j} = H(\boldsymbol{X},\boldsymbol{\lambda}) + r\Big[\sum_{p=1}^{l}\frac{\partial h_p}{\partial x_i}\frac{\partial h_p}{\partial x_j}\Big](i,j=1,2,\cdots,n) \tag{5-59}$$

必定存在一个 r'，对于一切满足 $r\geqslant r'$ 的值总是正定的。下面举一个简单例子来说明上述结论的正确性。

例 5-4 求优化问题

$$\begin{aligned} &\min f(\boldsymbol{X}) = x_1^2 - 3x_2 - x_2^2 \\ &\text{s. t.}\quad h(\boldsymbol{X}) = x_2 = 0 \end{aligned}$$

的约束最优解。

解：该问题的约束最优解为 $\boldsymbol{X}^* = (0,0)^{\mathrm{T}}$，$f(\boldsymbol{X}^*)=0$，相应的拉格朗日乘子为 $\lambda^*=3$。

构造拉格朗日函数

$$L(\boldsymbol{X},\lambda)=x_1^2-3x_2-x_2^2+\lambda x_2$$

其黑塞矩阵为 $\boldsymbol{H}=\begin{pmatrix}2 & 0\\0 & -2\end{pmatrix}$，且其在全平面上任一点，包括 $\boldsymbol{X}^*$ 处，都不是正定的。

构造增广乘子函数

$$M(\boldsymbol{X},\lambda,r)=x_1^2-3x_2-x_2^2+\frac{1}{2}rx_2^2+\lambda x_2$$

其黑塞矩阵为 $\boldsymbol{H}=\begin{pmatrix}2 & 0\\0 & r-2\end{pmatrix}$，当取 $r>2$ 时，它在全平面上处处正定。

由这一性质可知，当惩罚因子 r 取足够大的定值，即 $r>r'$，不必趋于无穷大，且恰好取 $\boldsymbol{\lambda}=\boldsymbol{\lambda}^*$ 时，$\boldsymbol{X}^*$ 就是函数 $M(\boldsymbol{X},\boldsymbol{\lambda},r)$ 的极小点。也就是说，为了求得原问题的约束最优点，只需对增广乘子函数 $M(\boldsymbol{X},\boldsymbol{\lambda},r)$ 求一次无约束极值。当然，问题并不是如此简单，因为 $\boldsymbol{\lambda}^*$ 是未知的，为了求得 $\boldsymbol{\lambda}^*$ 采取如下方法。

假定惩罚因子 r 取为大于 r' 的定值，则增广乘子函数只是 $\boldsymbol{X}$、$\boldsymbol{\lambda}$ 的函数。若不断地改变 $\boldsymbol{\lambda}$，并对每一个 $\boldsymbol{\lambda}$ 求 $\min M(\boldsymbol{X},\boldsymbol{\lambda})$，将得到极小点的点列：$\boldsymbol{X}^*(\boldsymbol{\lambda}^{(k)})(k=1,2,\cdots)$。

显然，当 $\boldsymbol{\lambda}^{(k)}\to\boldsymbol{\lambda}^*$ 时，$\boldsymbol{X}^*=\boldsymbol{X}^*(\boldsymbol{\lambda}^*)$ 将是原问题的约束最优解。为使 $\boldsymbol{\lambda}^{(k)}\to\boldsymbol{\lambda}^*$，采用如下公式来校正 $\boldsymbol{\lambda}^{(k)}$：

$$\boldsymbol{\lambda}^{(k+1)}=\boldsymbol{\lambda}^{(k)}+\Delta\boldsymbol{\lambda}^{(k)} \tag{5-60}$$

这一步骤在增广乘子法中称为乘子迭代，是惩罚函数法中所没有的。为了确定式（5-60）中的校正量 $\Delta\boldsymbol{\lambda}^{(k)}$，再定义

$$M(\boldsymbol{\lambda})=M(\boldsymbol{X}(\boldsymbol{\lambda}),\boldsymbol{\lambda}) \tag{5-61}$$

为了直观地说明函数 $M(\boldsymbol{\lambda})$ 的属性，仍然从分析例 5-4 入手。将例 5-4 的原问题构造成增广乘子函数

$$\begin{aligned}M(\boldsymbol{X},\lambda,r)&=x_1^2-3x_2-x_2^2+\frac{1}{2}rx_2^2+\lambda x_2\\&=x_1^2+(\lambda-3)x_2+\left(\frac{1}{2}r-1\right)x_2^2\end{aligned}$$

若取 $r=6$，则上式可简化为

$$M(\boldsymbol{X},\lambda)=x_1^2+(\lambda-3)x_2+2x_2^2$$

对 $\boldsymbol{X}$ 求函数 $M(\boldsymbol{X},\lambda)$ 的极值，即令 $\nabla M(\boldsymbol{X},\lambda)=\mathbf{0}$ 得方程组

$$\frac{\partial M}{\partial x_1}=2x_1=0$$

$$\frac{\partial M}{\partial x_2}=\lambda-3+4x_2=0$$

联立方程并求解得

$$x_1^*=0, x_2^*=\frac{1}{4}(3-\lambda)$$

代入上式，得

$$M(\lambda)=\frac{1}{4}(\lambda-3)(3-\lambda)+\frac{1}{8}(3-\lambda)^2$$

$$=\frac{1}{8}(-\lambda^2+6\lambda-9)$$

令

$$\frac{\partial M}{\partial \lambda}=-\frac{1}{4}\lambda+\frac{3}{4}=0$$

解得

$$\lambda^*=3$$

函数 $M(\lambda)$ 的二阶导数为$\frac{\partial^2 M}{\partial \lambda^2}=-\frac{1}{4}<0$，可见$\lambda^*=3$ 是函数 $M(\lambda)$ 的极大值。

从对这个例子的分析可知，为了求得λ^*，只需求函数 $M(\lambda)$ 的极大值。求函数 $M(\lambda)$ 极大值的方法不同，将会得到不同的乘子迭代公式。目前常采用近似的牛顿法求解，得到的乘子迭代公式为

$$\lambda_p^{(k+1)}=\lambda_p^{(k)}+r\,h_p(\boldsymbol{X}^{(k)})\quad (p=1,2,\cdots,l) \tag{5-62}$$

2. 参数选择

增广乘子法中的乘子向量 $\boldsymbol{\lambda}$、惩罚因子 r、设计变量的初值都是重要参数。下面分别介绍选择这些参数的一般方法。

1）在没有其他信息的情况下，初始乘子向量取零向量，即$\boldsymbol{\lambda}^{(0)}=\boldsymbol{0}$，显然，这时增广乘子函数和外点惩罚函数的形式相同。也就是说，第一次迭代计算是用外点法进行的。从第二次迭代开始，乘子向量按式（5-62）校正。

2）惩罚因子的初值$r^{(0)}$，可按外点法选取。以后的迭代计算，惩罚因子按下式递增

$$r^{(k+1)}=\begin{cases}\beta r^{(k)} & \text{当 } h(\boldsymbol{X}^{(k)})/h(\boldsymbol{X}^{(k-1)})>\delta \\ r^{(k)} & \text{当 } h(\boldsymbol{X}^{(k)})/h(\boldsymbol{X}^{(k-1)})\leqslant\delta\end{cases} \tag{5-63}$$

式中，β 为惩罚因子递增系数，取 $\beta=10$；δ 为判别数，取 $\delta=0.25$ 。

惩罚因子的递增公式可以这样来理解：开始迭代时，因 r 不可能取很大的值，只能在迭代过程中根据每次求得的无约束极值点$\boldsymbol{X}^{(k)}$趋近于约束面的情况来决定。当$\boldsymbol{X}^{(k)}$离约束面很远，即$\|h(\boldsymbol{X}^{(k)})\|$的值很大时，则增大 r 值，以加大惩罚项的作用，迫使迭代点更快地逼近约束面。当$\boldsymbol{X}^{(k)}$已接近约束面，即$\|h(\boldsymbol{X}^{(k)})\|$明显减小时，则不再增加 r 值了。

惩罚因子也可以用简单的递增公式计算：

$$r^{(k+1)}=\beta\, r^{(k)} \tag{5-64}$$

这一公式形式上和外点法所用的公式相同，但实质上不同。因为增广乘子法并

不要求 $r\to\infty$。事实上，当 r 增加到一定值时，$\boldsymbol{\lambda}$ 已趋近于 $\boldsymbol{\lambda}^*$。从而增广乘子函数的极值点也逼近原问题的约束最优点了。用式（5-64）计算 r^{k+1} 时，一般取 $\beta=2\sim4$，以免因 r 增加太快，使乘子迭代不能充分发挥作用。

3）设计变量的初值 $\boldsymbol{X}^{(0)}$ 也按外点法选取，以后的迭代初始点都取上次迭代的无约束极值点，以提高计算效率。

3. 计算步骤

1）选取设计变量的初值 $\boldsymbol{X}^{(0)}$、惩罚因子初值 $r^{(0)}$、增长系数 β、判别数 δ、收敛精度 ε，并令 $\lambda_p^{(0)}=0(p=1,2,\cdots,l)$，迭代次数 $k=0$。

2）按式（5-57）构造增广乘子函数 $M(\boldsymbol{X},\boldsymbol{\lambda},r)$，并求 $\min M(\boldsymbol{X},\boldsymbol{\lambda},r)$，得无约束最优解 $\boldsymbol{X}^{(k)}=\boldsymbol{X}^*(\boldsymbol{\lambda}^{(k)},r^{(k)})$。

3）计算

$$\|h(\boldsymbol{X}^{(k)})\|=\left\{\sum_{p=1}^{l}[h_p(\boldsymbol{X}^{(k)})]\right\}^{\frac{1}{2}}$$

4）按式（5-62）校正乘子向量，求 $\boldsymbol{\lambda}^{(k+1)}$。

5）如果 $\|h(\boldsymbol{X}^{(k)})\|\leqslant\varepsilon$，则迭代终止。约束最优解为 $\boldsymbol{X}^*=\boldsymbol{X}^{(k)}$，$\boldsymbol{\lambda}^*=\boldsymbol{\lambda}^{(k+1)}$，否则转下一步。

6）按式（5-63）或式（5-64）计算惩罚因子 $r^{(k+1)}$，再令 $k=k+1$ 转步骤2。

5.6.3 不等式约束问题

对于含不等式约束的优化问题

$$\begin{cases}\min f(\boldsymbol{X})\\ \text{s. t. } g_j(\boldsymbol{X})\leqslant 0 \quad (j=1,2,\cdots,m)\end{cases}$$

引进松弛变量 $\boldsymbol{Z}=(z_1, z_2, \cdots, z_m)^{\mathrm{T}}$，并且令

$$g_j(\boldsymbol{X},\boldsymbol{Z})=g_j(\boldsymbol{X})+z_j^2(j=1,2,\cdots,m)$$

于是，原问题转化成等式约束的优化问题

$$\begin{cases}\min f(\boldsymbol{X})\\ \text{s. t. } g_j'(\boldsymbol{X},\boldsymbol{Z})\leqslant 0 \quad (j=1,2,\cdots,m)\end{cases} \tag{5-65}$$

这样就可以采用等式约束的增广乘子法来求解了。取定一个足够大的 $r(r>r')$ 后，式（5-65）的增广乘子函数的形式为

$$M(\boldsymbol{X},\boldsymbol{Z},\boldsymbol{\lambda})=f(\boldsymbol{X})+\sum_{j=1}^{m}\lambda_j g'_j(\boldsymbol{X},\boldsymbol{Z})+\frac{r}{2}\sum_{j=1}^{m}[g'_j(\boldsymbol{X},\boldsymbol{Z})]^2 \tag{5-66}$$

并对一组乘子向量 $\boldsymbol{\lambda}^*$（初始乘子向量仍取零向量）求 $\min M(\boldsymbol{X},\boldsymbol{Z},\boldsymbol{\lambda})$，得 $\boldsymbol{X}^{(k)}=\boldsymbol{X}^*(\boldsymbol{\lambda}^{(k)})$，$\boldsymbol{Z}\boldsymbol{X}^{(k)}=\boldsymbol{Z}^*(\boldsymbol{\lambda}^{(k)})$，再按式（5-62）计算新的乘子向量

$$\lambda_j^{(k+1)}=\lambda_j^{(k)}+r\,g'_j(\boldsymbol{X},\boldsymbol{Z})=\lambda_j^{(k)}-r[g_j(\boldsymbol{X})+z_j^2](j=1,2,\cdots,m) \tag{5-67}$$

将增广乘子函数的极小化和乘子迭代交替进行，直至 $\boldsymbol{X}$、$\boldsymbol{Z}$ 和 $\boldsymbol{\lambda}$ 分别趋近于 $\boldsymbol{X}^*$、$\boldsymbol{Z}^*$ 和 $\boldsymbol{\lambda}^*$。

虽然从理论上讲，这个计算过程与仅含等式约束的情形没有什么两样，但由于增加了松弛变量 $\boldsymbol{Z}$，使原来的 n 维极值问题扩充成 $n+m$ 维问题，势必增加计算量和求解的困难，有必要将计算加以简化。

将式（5-66）所示的增广乘子函数改写成

$$M(\boldsymbol{X},\boldsymbol{Z},\boldsymbol{\lambda}) = f(\boldsymbol{X}) + \sum_{j=1}^{m} \lambda_j (g_j(\boldsymbol{X}) + z_j^2) + \frac{r}{2} \sum_{j=1}^{m} [g_j(\boldsymbol{X}) + z_j^2]^2 \quad (5\text{-}68)$$

利用解析法求函数 $M(\boldsymbol{X},\boldsymbol{Z},\boldsymbol{\lambda})$ 关于 $\boldsymbol{Z}$ 的极值，即令 $\nabla M(\boldsymbol{X},\boldsymbol{Z},\boldsymbol{\lambda}) = \boldsymbol{0}$ 可得

$$z_j[\lambda_j + r(g_j(\boldsymbol{X}) + z_j^2)] = 0 \quad (j=1,2,\cdots,m)$$

若 $\lambda_j + r\,g_j(\boldsymbol{X}) \geqslant 0$，则 $\quad z_j^2 = 0$

若 $\lambda_j + r\,g_j(\boldsymbol{X}) < 0$，则 $\quad z_j^2 = -[(\lambda_j/r) + g_j(\boldsymbol{X})]$

于是，可得

$$z_j^2 = \frac{1}{r}\{\max[0, -(\lambda_j + r g_j(\boldsymbol{X}))]\} \quad (j=1,2,\cdots,m) \quad (5\text{-}69)$$

将式（5-69）代入式（5-68），得

$$M(\boldsymbol{X},\boldsymbol{\lambda}) = f(\boldsymbol{X}) + \frac{1}{2r} \sum_{j=1}^{m} \{\max[0, \lambda_j + r g_j(\boldsymbol{X})]^2 - \lambda_j^2\} \quad (5\text{-}70)$$

这就是不等式约束优化问题的增广乘子函数，它与式（5-68）的不同之处在于松弛变量 $\boldsymbol{Z}$ 已经完全消失了。实际计算时，仍然只需要对给定的 $\boldsymbol{\lambda}$ 及 r，求关于 $\boldsymbol{X}$ 的无约束极值 $\min M(\boldsymbol{X})$。将式（5-69）代入式（5-67），得到乘子迭代公式

$$\lambda_j^{(k+1)} = \max\{0, \lambda_j^{(k)} + r g_j(\boldsymbol{X})\} \quad (j=1,2,\cdots,m) \quad (5\text{-}71)$$

5.6.4 兼有等式和不等式约束问题

对于同时具有等式约束和不等式约束的优化问题

$$\begin{aligned} &\min f(\boldsymbol{X}) = f(x_1, x_2, \cdots, x_n) \\ &\text{s. t. } g_j(\boldsymbol{X}) = g_j(x_1, x_2, \cdots, x_n) \leqslant 0 (j=1,2,\cdots,m) \\ &\qquad h_p(\boldsymbol{X}) = h_p(x_1, x_2, \cdots, x_n) = 0 (p=1,2,\cdots,l) \end{aligned}$$

构造的增广乘子函数的形式为

$$\begin{aligned} M(\boldsymbol{X},\boldsymbol{\lambda},r) = f(\boldsymbol{X}) &+ \frac{1}{2r} \sum_{j=1}^{m} \{\max[0, \lambda_{1j} + r\,g_j(\boldsymbol{X})]^2 - \boldsymbol{\lambda}_{1j}^2\} + \\ &\sum_{p=1}^{l} \lambda_{2p} h_p(\boldsymbol{X}) + \frac{r}{2} \sum_{p=1}^{l} [h_p(\boldsymbol{X})]^2 \end{aligned} \quad (5\text{-}72)$$

式中，λ_{1j} 为不等式约束函数的乘子向量；λ_{2p} 为等式约束函数的乘子向量。

λ_{1j} 和 λ_{2p} 的校正公式为

$$\begin{cases} \lambda_{1j}^{(k+1)} = \max[0, \lambda_{1j}^{(k)} + r\,g_j(\boldsymbol{X})] (j=1,2,\cdots,m) \\ \lambda_{2p}^{(k+1)} = \lambda_{2p}^{(k)} + r h_p(\boldsymbol{X}) (p=1,2,\cdots,l) \end{cases} \quad (5\text{-}73)$$

算法的收敛条件可视乘子向量是否稳定不变来决定，如果前后两次迭代的乘子

向量之差充分小，则认为迭代已经收敛。

增广乘子法的程序框图如图 5-29 所示。

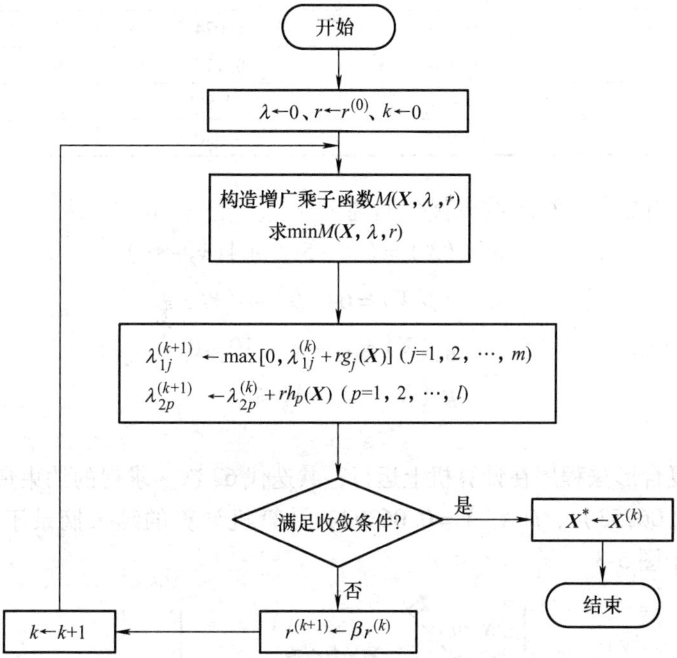

图 5-29　增广乘子法的程序框图

5.7　约束优化设计实例

例 5-5　求约束优化问题

$$\min f(\boldsymbol{X}) = x_1^2 + x_2$$

$$\text{s.t. } g_1(\boldsymbol{X}) = x_1^2 + x_2^2 - 9 \leqslant 0$$

$$g_2(\boldsymbol{X}) = x_1 + x_2 - 1 \leqslant 0$$

的最优解。

解：用随机方向法程序在计算机上运行，共迭代 13 次，求得的约束最优解为 $\boldsymbol{X}^* = (-0.002, -3.0)^{\mathrm{T}}$，$f(\boldsymbol{X}^*) = -3$，计算机计算的结果摘录于表 5-1，该问题的图解示于图 5-30。

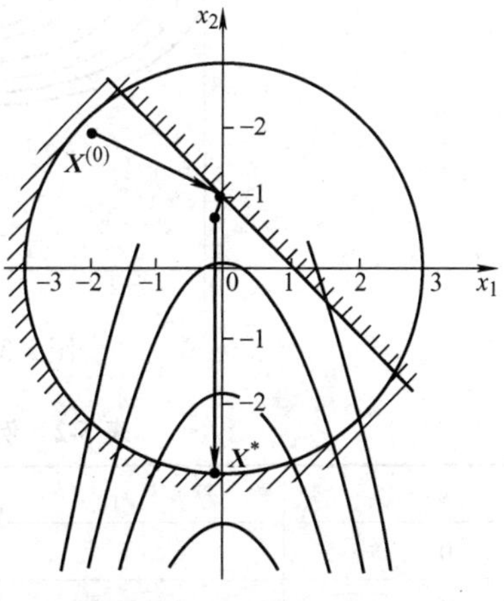

图 5-30　例 5-5 图解

表 5-1 例 5-5 的计算结果

k	x_1	x_2	$f(\boldsymbol{X})$
0	-2.0	2.0	6.0
1	-0.168	1.117	1.196
4	-0.033	1.024	1.025
7	-0.114	0.717	0.730
10	-0.077	-2.998	-2.997
13	-0.002	-3.0	-3.0

例 5-6 用复合形法求约束优化问题

$$\min f(\boldsymbol{X}) = (x_1 - 5)^2 + 4(x_2 - 6)^2$$
$$\text{s. t.} \quad g_1(\boldsymbol{X}) = 64 - x_1^2 - x_2^2 \leqslant 0$$
$$g_2(\boldsymbol{X}) = x_2 - x_1 - 10 \leqslant 0$$
$$g_3(\boldsymbol{X}) = x_1 - 10 \leqslant 0$$

的最优解。

解：用复合形法程序在计算机上运行，共迭代 67 次。求得的约束最优解为$\boldsymbol{X}^* = (5.21975 \quad 6.06253)^{\mathrm{T}}$，$f(\boldsymbol{X}^*) = 0.06393$，计算机计算的结果摘录于表 5-2，该问题的图解示于图 5-31。

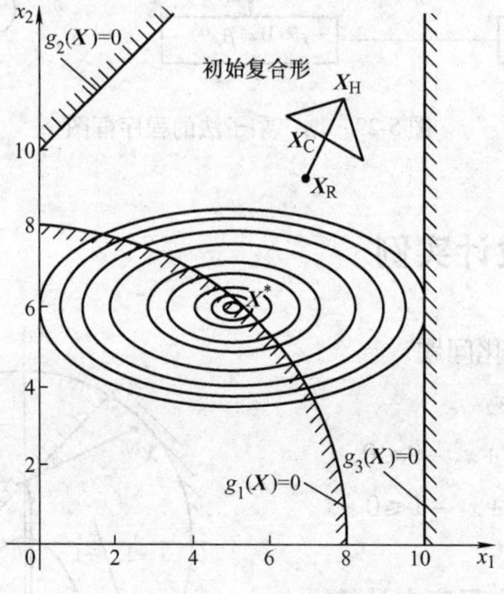

图 5-31 例 5-6 图解

表 5-2 例 5-6 的计算结果

k	x_1	x_2	$f(\boldsymbol{X})$
0	8	14	100
10	4.43521	6.90164	3.57084

（续）

k	x_1	x_2	$f(\boldsymbol{X})$
20	5.35314	6.68238	1.98728
30	5.58604	6.06063	0.35813
40	5.25561	6.06049	0.07997
50	5.20952	6.07303	0.06523
60	5.21975	6.06253	0.06402
67	5.21975	6.06253	0.06393

例5-7 用可行方向法求约束优化问题

$$\min f(\boldsymbol{X}) = 60 - 10x_1 - 4x_2 + x_1^2 + x_2^2 - x_1x_2$$

$$\text{s.t.}\quad g_1(\boldsymbol{X}) = -x_1 \leqslant 0$$

$$g_2(\boldsymbol{X}) = -x_2 \leqslant 0$$

$$g_3(\boldsymbol{X}) = x_1 - 6 \leqslant 0$$

$$g_4(\boldsymbol{X}) = x_2 - 8 \leqslant 0$$

$$g_5(\boldsymbol{X}) = x_2 + x_1 - 11 \leqslant 0$$

的约束最优解。

解：为了进一步说明可行方向法的原理，求解时将先采用优选方向法，后采用梯度投影法来确定可行方向。该问题的图解如图5-32所示。

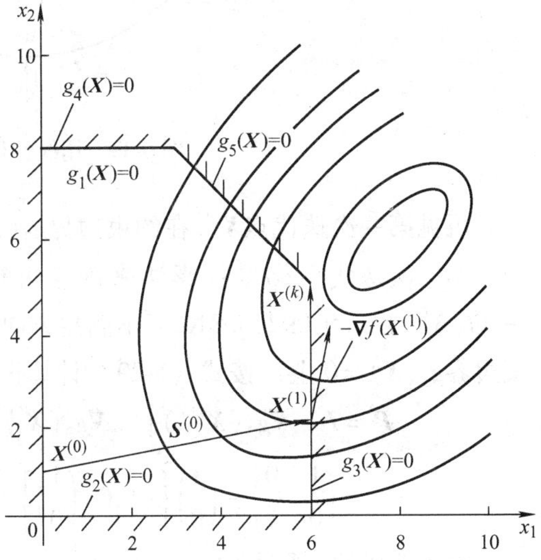

图5-32 例5-7图解

取初始点$\boldsymbol{X}^{(0)} = (0,1)^{\mathrm{T}}$为约束边界$g_1(\boldsymbol{X})=0$上的一点。第一次迭代用优选方向法确定可行方向。为此，首先计算$\boldsymbol{X}^{(0)}$点的目标函数$f(\boldsymbol{X}^{(0)})$和约束函数$g_1(\boldsymbol{X}^{(0)})$的梯度：

$$\nabla f(\boldsymbol{X}^{(0)}) = \begin{pmatrix} -10 + 2x_1 - x_2 \\ -4 + 2x_2 - x_1 \end{pmatrix} = \begin{pmatrix} -11 \\ -2 \end{pmatrix}$$

$$\nabla g_1(\boldsymbol{X}^{(0)}) = \begin{pmatrix} -1 \\ 0 \end{pmatrix}$$

为在可行下降扇形区内寻找最优方向，需求解一个以可行方向$\boldsymbol{S} = (S_1, S_2)^{\mathrm{T}}$为设计变量的线性规划问题，其数学模型为

$$\min\ [\nabla f(\boldsymbol{X}^{(0)})]^{\mathrm{T}}\boldsymbol{S} = 11S_1 - 2S_2$$

$$\text{s.t.}\quad [\nabla g_1(\boldsymbol{X}^{(0)})]^{\mathrm{T}}\boldsymbol{S} = -S_1 \leqslant 0$$

$$[\nabla f(\boldsymbol{X}^{(0)})]^{\mathrm{T}}\boldsymbol{S}=11S_1-2S_2\leqslant 0$$

$$S_1^2+S_2^2\leqslant 1$$

现用图解法求解，如图 5-33 所示，最优方向是$\boldsymbol{S}^*=(0.984,0.179)^{\mathrm{T}}$，它是目标函数等值线（直线束）和约束函数$S_1^2+S_2^2=1$（半径为 1 的圆）的切点。第一次迭代的可行方向为$\boldsymbol{S}^{(0)}=\boldsymbol{S}^*$，若步长取$\alpha^{(0)}=6.098$，则

$$\boldsymbol{X}^{(1)}=\boldsymbol{X}^{(0)}+\alpha^{(0)}\boldsymbol{S}^{(0)}=\begin{pmatrix}0\\1\end{pmatrix}+6.098\begin{pmatrix}0.984\\0.179\end{pmatrix}=\begin{pmatrix}6\\2.092\end{pmatrix}$$

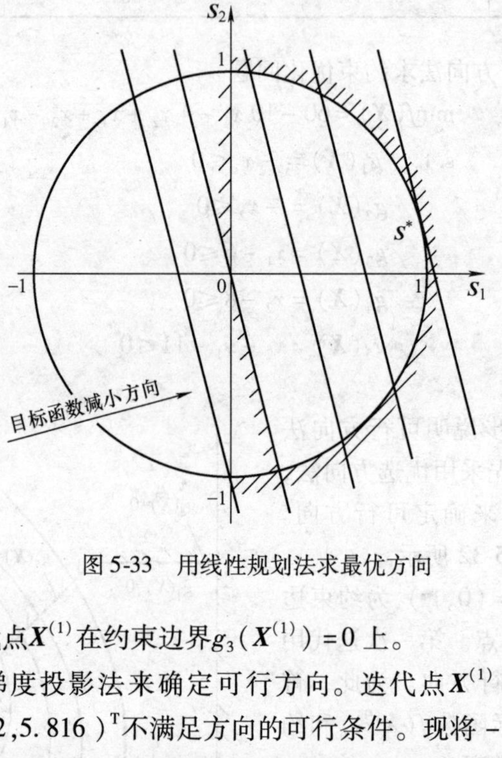

图 5-33 用线性规划法求最优方向

可见第一次迭代点$\boldsymbol{X}^{(1)}$在约束边界$g_3(\boldsymbol{X}^{(1)})=0$上。

第二次迭代用梯度投影法来确定可行方向。迭代点$\boldsymbol{X}^{(1)}$的目标函数负梯度$-\nabla f(\boldsymbol{X}^{(1)})=(0.092,5.816)^{\mathrm{T}}$不满足方向的可行条件。现将$-\nabla f(\boldsymbol{X}^{(1)})$投影到约束边界$g_3(\boldsymbol{X})=0$上，按式（5-29）计算投影算子

$$\boldsymbol{P}=\boldsymbol{I}-\nabla g_3(\boldsymbol{X}^{(1)})\{[\nabla g_3(\boldsymbol{X}^{(1)})]^{\mathrm{T}}\nabla g_3(\boldsymbol{X}^{(1)})\}^{-1}[\nabla g_3(\boldsymbol{X}^{(1)})]^{\mathrm{T}}$$

$$=\begin{pmatrix}1&0\\0&1\end{pmatrix}-\begin{pmatrix}1\\0\end{pmatrix}\left\{(1,0)\begin{pmatrix}1\\0\end{pmatrix}\right\}^{-1}(1,0)=\begin{pmatrix}0&0\\0&1\end{pmatrix}$$

本次迭代的可行方向为

$$\boldsymbol{S}^{(1)}=\frac{-\boldsymbol{P}\ \nabla f(\boldsymbol{X}^{(1)})}{\|\boldsymbol{P}\ \nabla f(\boldsymbol{X}^{(1)})\|}=\begin{pmatrix}0\\1\end{pmatrix}$$

显然，$\boldsymbol{S}^{(1)}$为沿约束边界$g_3(\boldsymbol{X})=0$的方向。若取$\alpha^{(1)}=2.909$，则本次迭代点

$$\boldsymbol{X}^{(2)}=\boldsymbol{X}^{(1)}+\alpha^{(1)}\boldsymbol{S}^{(1)}=\begin{pmatrix}6\\2.092\end{pmatrix}+2.909\begin{pmatrix}0\\1\end{pmatrix}=\begin{pmatrix}6\\5\end{pmatrix}$$

即为该问题的约束最优点$\boldsymbol{X}^*$，则得约束最优解$\boldsymbol{X}^*=\begin{pmatrix}6\\5\end{pmatrix}$，$f(\boldsymbol{X}^*)=11$。

例 5-8　试用混合罚函数法求点集 $A(x_1,x_2,x_3)$ 和点集 $B(x_4,x_5,x_6)$ 之间的最短距离。限制条件为

$$x_1^2+x_2^2+x_3^2\leqslant 5$$
$$(x_4-3)^2+x_5^2\leqslant 1$$
$$4\leqslant x_6\leqslant 8$$

分析　由图 5-34 可知$x_1^2+x_2^2+x_3^2\leqslant 5$ 表示以原点为球心、半径为$\sqrt{5}$的球体，点集 $A(x_1,x_2,x_3)$ 在球面上取点。$(x_4-3)^2+x_5^2\leqslant 1$，$4\leqslant x_6\leqslant 8$ 表示一圆柱体，点集 $B(x_4,x_5,x_6)$ 在圆柱面上取点。因此该问题就是求这两个几何体间的最短距离的约束优化问题，其数学模型为

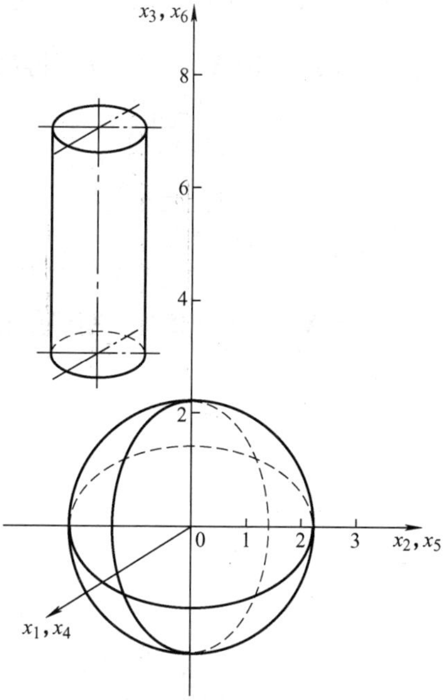

图 5-34　例 5-8 图解

$$\min f(\boldsymbol{X})=(x_1-x_4)^2+(x_2-x_5)^2+(x_3-x_6)^2$$
$$\text{s.t.}\quad g_1(\boldsymbol{X})=x_1^2+x_2^2+x_3^2-5\leqslant 0$$
$$g_2(\boldsymbol{X})=(x_4-3)^2+x_5^2-1\leqslant 0$$
$$g_3(X)=x_6-8\leqslant 0$$
$$g_4(X)=4-x_6\leqslant 0$$

解：用混合法程序计算时，取$\boldsymbol{X}^{(0)}=(1,1,1,3,1,5)^{\mathrm{T}}$，$r^{(0)}=1$，$c=0.2$ 在计

算机上运行，共迭代 13 次，求得的最优解为$\boldsymbol{X}^*=(1.0015,-0.0035,1.999,2.0,0.0077,4.07)^{\mathrm{T}}$，$f(\boldsymbol{X}^*)=5.008$。和理论解$\boldsymbol{X}^*=(1,0,2,2,0,4)^{\mathrm{T}}$，$f(\boldsymbol{X}^*)=5$ 比较，误差很小。

例 5-9 用增广乘子法求问题

$$\min f(\boldsymbol{X})=\frac{1}{2}\left(x_1^2+\frac{1}{3}x_2^2\right)$$

$$\text{s. t.}\quad h(\boldsymbol{X})=x_1+x_2-1=0$$

的约束最优解。

解：这个问题的精确解为$\boldsymbol{X}^*=(0.25,0.75)^{\mathrm{T}}$，$f(\boldsymbol{X}^*)=0.125$。相应的乘子向量为$\lambda^*=0.25$。

按式（5-57）构造增广乘子函数

$$M(\boldsymbol{X},\lambda,r)=\frac{1}{2}\left(x_1^2+\frac{1}{3}x_2^2\right)+\lambda(x_1+x_2-1)+\frac{r}{2}(x_1+x_2-1)^2$$

用解析法求 $M(\boldsymbol{X},\lambda,r)$，即令 $\nabla M(\boldsymbol{X},\lambda,r)=0$ 可得最优解

$$x_1^{(k)}=\frac{r^{(k)}-\lambda^{(k)}}{1+4r^{(k)}}$$

$$x_2^{(k)}=\frac{3(r^{(k)}-\lambda^{(k)})}{1+4r^{(k)}}$$

取$r^{(0)}=0.1$，$\beta=2$，$\lambda^{(0)}=0$，$\boldsymbol{X}^{(0)}=(0.0714,0.2142)^{\mathrm{T}}$，共迭代 6 次得到最优解：$\boldsymbol{X}^*=(0.2499,0.7499)^{\mathrm{T}}$，$f(\boldsymbol{X}^*)=0.125$，和精确解相比，误差很小。

第 6 章　多目标函数优化方法

6.1　概述

在优化设计中，有时往往不止一项设计指标要求最优化，而是同时要求考虑多个目标都达到优化。例如，设计一台齿轮机器，常常希望它的重量尽可能轻，制造成本尽可能低，同时还要求它的噪声尽可能小，寿命尽可能长，这种同时要求几项设计指标都达到最优的问题，称为多目标优化设计问题。

按照上述多项优化指标，我们可对齿轮变速箱的设计分别建立下列分目标函数：

1）要求结构紧凑，使重量总和$f_1(\boldsymbol{X})$尽可能轻。

2）要求减少材料消耗，使成本总和$f_2(\boldsymbol{X})$尽可能低。

3）要求制造和传动精度较高，使运转噪声$f_3(\boldsymbol{X})$尽可能小。

4）要求各类零件强度较高，使寿命$f_4(\boldsymbol{X})$尽可能长。

按照上述要求，在满足约束条件的情况下，使建立的四个目标函数都达到最优。可归纳为如下表达式：

$$
\begin{aligned}
&V-\min_{\boldsymbol{X}\in\mathbf{R}^n} F(\boldsymbol{X}) = \min_{\boldsymbol{X}\in\mathbf{R}^n}(f_1(\boldsymbol{X}), f_2(\boldsymbol{X}), f_3(\boldsymbol{X}), f_4(\boldsymbol{X}))^{\mathrm{T}}\\
&\text{s. t.}\quad g_j(\boldsymbol{X})\leqslant 0(j=1,2,\cdots,m)\\
&\qquad\quad h_k(\boldsymbol{X})=0(k=1,2,\cdots,l)
\end{aligned}
$$

一般而言，若有 L 个目标函数和若干个约束条件，其中 $\boldsymbol{X}\in\mathbf{R}^n$，则多目标优化问题的表达式可归纳为

$$
\begin{aligned}
&V-\min_{\boldsymbol{X}\in\mathbf{R}^n} F(\boldsymbol{X}) = \min_{\boldsymbol{X}\in\mathbf{R}^n}(f_1(\boldsymbol{X}), f_2(\boldsymbol{X}), \cdots, f_L(\boldsymbol{X}))^{\mathrm{T}}\\
&\text{s. t.}\quad g_j(\boldsymbol{X})\leqslant 0(j=1,2,\cdots,m)\\
&\qquad\quad h_k(\boldsymbol{X})=0(k=1,2,\cdots,l)
\end{aligned}
\tag{6-1}
$$

式中，$F(\boldsymbol{X})=\min(f_1(\boldsymbol{X}), f_2(\boldsymbol{X}), \cdots, f_L(\boldsymbol{X}))^{\mathrm{T}}$为向量目标函数；$V-\min\limits_{\boldsymbol{X}\in\mathbf{R}^n} F(\boldsymbol{X})$为多目标极小化数学模型采用向量形式的简写；$V-\min$ 为向量极小化表示，即向量目标函数 $F(\boldsymbol{X})=\min(f_1(\boldsymbol{X}), f_2(\boldsymbol{X}), \cdots, f_L(\boldsymbol{X}))^{\mathrm{T}}$中各个目标函数被同等地极小化的意思；s. t. $g_j(\boldsymbol{X})\leqslant 0(j=1,2,\cdots,m)$和$h_k(\boldsymbol{X})=0(k=1,2,\cdots,l)$为设计变量$\boldsymbol{X}^*$应满足的所有约束条件。

多目标优化问题的求解与单目标优化问题的求解有着根本的区别，对于单目标

优化问题，任何两个解都可以用其目标函数比较出方案的优劣。但是，对于多目标优化问题，任何两个解不一定可以比较出优劣。一般而言，单目标优化问题中得到的是最优解，而多目标优化问题中得到的可能只是非劣解（或称有效解），而非劣解往往不止一个。如果一个解使每个分目标函数值都比另一个解为劣，则这个解为劣解。显然多目标优化问题只有求得最好的非劣解时才具有意义。

多目标优化设计问题原则上要求各分量目标都达到最优，如能获得这样的结果，当然是十分理想的。但是，事实上解决多目标优化设计问题是一个比较复杂的问题，尤其是在各个分目标的优化相互矛盾，甚至相互对立时更是如此。例如上例中，在使精度和强度尽可能提高的同时，均会使总成本增加。

在这里，各分目标函数的优化已明显发生了相互的矛盾和对立。要解决这个问题，就要对各个分目标进行协调，使其互相做出些“让步”，以得到对各自分目标要求都比较接近的、比较好的最优方案。

近年来国内、外学者虽然对多目标优化问题做了许多研究，提出了不少解决的方法，但比起单目标优化设计问题，在理论上和计算方法上还很不完善，也不够系统。本章将在前述各章单目标优化方法的基础上，扼要介绍多目标优化设计方法的一些基本概念、求解思路和处理方法。

多目标优化的求解方法很多，其中最主要的有两大类。一类是直接求出非劣解，然后从中选择较好解。另一大类是将多目标优化问题在求解时做适当的处理。处理的方法又可分为两种：一种处理方法是将多目标优化问题重新构造一个函数，即评价函数，将多目标优化问题转变为求评价函数的单目标优化问题；另一种是将多目标优化问题转化为一系列单目标优化问题来求解。属于这一大类求解的前一种方法有：主要目标法、线性加权组合法、理想点法、分目标乘除法等。属于后一种的方法有分层序列法、宽容分层序列法等。下面简要介绍这几种用评价函数处理多目标优化问题的方法。

6.2 统一目标函数法

统一目标函数法的实质就是将原各分目标函数$f_1(\boldsymbol{X})$，$f_2(\boldsymbol{X})$，…，$f_L(\boldsymbol{X})$通过一定的方法，统一到一个新构成的总的统一目标函数 $F(\boldsymbol{X})=(f_1(\boldsymbol{X}),f_2(\boldsymbol{X}),\cdots,f_L(\boldsymbol{X}))$中，把原来的多目标优化问题转化成具有统一目标函数的单目标优化问题，然后再用前述的单目标函数优化方法求解。

在求统一目标函数最小化的过程中，可以应用不同的方法来构成不同的目标函数。其中较常用的有线性加权组合法、理想点法、分目标乘除法。

6.2.1 线性加权组合法

线性加权组合法又称加权因子法，即在将多目标函数组合成总的“统一目标函数”的过程中，引入加权因子W_i，以考虑各个分目标函数在相对重要程度方面的差异以及在量级和量纲上的差异。

此法考虑到多目标优化问题式（6-1）中各个分目标函数$f_1(\boldsymbol{X})$，$f_2(\boldsymbol{X})$，…，$f_L(\boldsymbol{X})$的重要程度，对应地选择一组加权因子W_1，W_2，…，W_L，当各项分量有相同的重要性时，可取$W_i=1(i=1,2,\cdots,L)$，并称其为均匀计权；否则，可取$W_i\geqslant 0$的其他值，并表达为

$$W_i=1 \text{ 或 } W_i\geqslant 0(i=1,2,\cdots,L) \tag{6-2}$$

再用$f_i(\boldsymbol{X})$与$W_i(i=1,2,\cdots,L)$的线性组合构成一个新的评价函数

$$F(\boldsymbol{X}) = \sum_{i=1}^{L} W_i f_i(\boldsymbol{X}) \tag{6-3}$$

如若将多目标优化问题转化为单目标优化问题，即求评价函数的最优解$\boldsymbol{X}^*$，则式（6-3）可写为

$$\min_{\boldsymbol{X}\in\mathbf{R}^n} F(\boldsymbol{X}) = \min_{\boldsymbol{X}\in\mathbf{R}^n}\left\{\sum_{i=1}^{L} W_i f_i(\boldsymbol{X})\right\} \tag{6-4}$$

这样，就使原来的多目标优化问题合理地转化为单目标优化问题，而且此单目标优化问题的解又是原多目标优化问题比较好的非劣解。

对于加权因子W_i的选取，要求比较准确地反映各个分目标对整个多目标问题的重要程度和对各自不同的估价和折中。下面介绍一种确定加权因子的方法。这种方法是将式（6-4）中各单目标最优化值的倒数取作加权因子。

即

$$W_i=1/f_i(\boldsymbol{X}^*)(i=1,2,\cdots,L) \tag{6-5}$$

$$f_i(\boldsymbol{X}^*)=\min_{\boldsymbol{X}\in\mathbf{R}^n} f_i(\boldsymbol{X})(i=1,2,\cdots,L) \tag{6-6}$$

此种方法在确定加权因子时，只需领先求出各个单目标最优值，无须其他信息，同时又反映了各个单目标函数值离开各自最优值的程度。因此，适用于同时考虑所有目标或各目标在整个问题中有同等重要程度的场合。此法也可理解为对各个分目标函数做统一量纲处理。这时在列出统一目标函数时，不会受各分目标值相对大小的影响，能充分反映出各分目标在整个问题中有同等重要含义。若各个分目标重要程度不相等，则可在上述统一量纲的基础上再另外赋以相应的加权因子值。这样，加权因子的相对大小，才充分反映出各分目标在整个优化问题中的相对重要程度。

6.2.2 目标规划法

这个方法的基本思想是先定出各个分目标函数的最优值，根据多目标优化设计的总体要求对这些最优值做适当调整，定出各个分目标的最合理值$f_i^{(0)}(i=1,2,\cdots,L)$，然后按如下的平方和法来构造统一目标函数

$$f(\boldsymbol{X}) = \sum_{i=1}^{L} \left[\frac{f_i(\boldsymbol{X}) - f_i^{(0)}}{f_i^{(0)}}\right]^2 \tag{6-7}$$

这意味着当各项分目标函数分别达到各自最合理值$f_i^{(0)}$时，统一目标函数$f(\boldsymbol{X})$为最小。式中除以$f_i^{(0)}$使之无量纲化。

在目标规划法中，关键是如何制定恰当的合理值$f_i^{(0)}$。

6.2.3 功效系数法

将每个分目标函数$f_i(\boldsymbol{X})(i=1,2,\cdots,L)$都用一个称为功效系数$\eta_i(i=1,2,\cdots,L)$来表示该项指标的好坏。功效系数$\eta_i$是一个定义于$0 \leqslant \eta_i \leqslant 1$之间的函数，当$\eta_i=1$时表示第$i$个分目标的效果达到最好，$\eta_i=0$时表示第$i$个分目标的效果最坏，将这些系数的几何平均值称为总功效系数η，即

$$\eta = \sqrt[L]{\eta_1 \eta_2 \cdots \eta_L} \tag{6-8}$$

η的大小可表示该设计方案的好坏，显然，最优设计方案应是

$$\eta = \sqrt[L]{\eta_1 \eta_2 \cdots \eta_L} \to \max \tag{6-9}$$

当$\eta=1$时表示取得最理想方案；当$\eta=0$时表明这个方案不能接受，此时必有某项分目标函数的功效系数$\eta_i=0$。

图6-1给出了几种功效系数函数曲线，其中图6-1a表示与$f_i(\boldsymbol{X})$值成正比的功效系数η_i的函数，图6-1b表示与$f_i(\boldsymbol{X})$值成反比的功效系数η_i的函数，图6-1c表示$f_i(\boldsymbol{X})$值过大或过小都不行的功效系数函数。在具体使用这些功效系数函数时应做出相应的规定。例如，规定$\eta_i=0.3$为可接受方案的功效系数下限，$0.3<\eta_i \leqslant 0.4$为较差情况；$0.4<\eta_i \leqslant 0.7$为效果稍差但可接受的情况；$0.7<\eta_i \leqslant 1$为效果最好的情况。

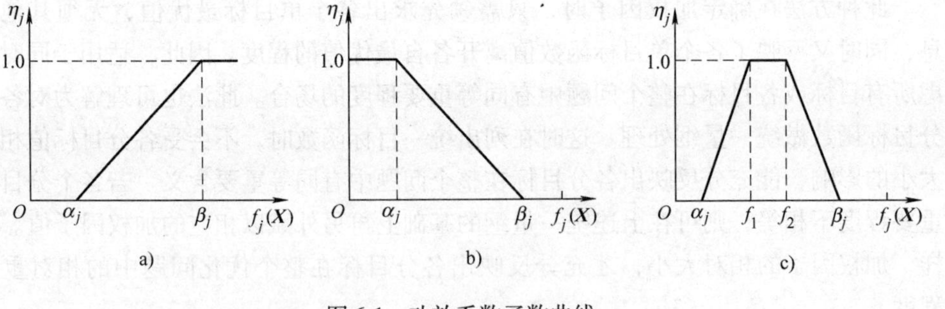

图6-1 功效系数函数曲线

用总功效系数η作为统一目标函数$F(\boldsymbol{X})$

$$F(\boldsymbol{X}) = \eta = \sqrt[L]{\eta_1 \eta_2 \cdots \eta_L} \to \max \tag{6-10}$$

比较直观且易调整，同时由于各个分目标最终都化为0~1间的数值，各个分目标函数的量纲不会互相影响，而且一旦有一项分目标函数不理想（$\eta_i=0$）时，其总

功效系数必为零，表示该设计方案不能接受。另外，这种方法易于处理，有的目标函数既不是越大越好，也不是越小越好的情况。因而虽然计算较繁、但仍不失为一种有效的多目标优化方法。

6.2.4　分目标乘除法

在多目标优化问题中，有一类属于多目标混合优化问题。如目标函数值$F'(\boldsymbol{X})$越小越好（如成本类目标值）和目标函数值 $F''(\boldsymbol{X})$越大越好（如效益类目标值），且前者有 r 项，后者有（$L-r$）项，则其优化模型为

$$\begin{cases}\min F'(\boldsymbol{X}) \\ V-\max F''(\boldsymbol{X}) \\ \boldsymbol{X}\in\mathbf{R}^n\end{cases} \tag{6-11}$$

式中，

$$F'(\boldsymbol{X})=(f_1(\boldsymbol{X}),f_2(\boldsymbol{X}),\cdots,f_r(\boldsymbol{X}))^{\mathrm{T}}$$

$$F''(\boldsymbol{X})=(f_{r+1}(\boldsymbol{X}),f_{r+2}(\boldsymbol{X}),\cdots,f_L(\boldsymbol{X}))^{\mathrm{T}}$$

求解上述优化模型的方法可将模型中的各分目标函数进行相乘和相除处理后，再在可行域上进行求解。

$$U(\boldsymbol{X})=\frac{\sum_{i=1}^{r}F'_i(\boldsymbol{X})}{\sum_{i=r+1}^{L}F'_i(\boldsymbol{X})}\quad\to\min \tag{6-12}$$

显然，要求得上述函数 $U(\boldsymbol{X})$值极小化的优化解，应使位于分子的各分目标函数取尽可能小的值，而位于分母的各分目标函数取尽可能大的值所得的解。

6.3　主要目标法

主要目标法的基本思想是根据总体技术条件，在求最优解的各分目标函数$f_1(\boldsymbol{X})$、$f_2(\boldsymbol{X})$、…、$f_L(\boldsymbol{X})$中选定其中一个作为主要目标函数，而将其余 $L-1$ 个分目标函数分别给一限制值后，使其转化为新的约束条件。这样抓住主要目标，同时兼顾其他目标，从而构成一个新的单目标最优化问题进行求优。

例如，一个具有两个分目标函数$f_1(\boldsymbol{X})$，$f_2(\boldsymbol{X})$构成的多目标优化问题，其式为

$$\begin{aligned}&V-\min_{\boldsymbol{X}\in\mathbf{R}^n}(f_1(X),f_2(X))^{\mathrm{T}}\\&\text{s. t.}\quad g_j(\boldsymbol{X})\leqslant 0(j=1,2,\cdots,m)\end{aligned} \tag{6-13}$$

假定经分析后$f_1(\boldsymbol{X})$取作主要目标函数，$f_2(\boldsymbol{X})$则为次要目标函数，把次要目标函数加上一个约束$f_2^{(0)}$，使

$$f_2(\boldsymbol{X}) \leqslant f_2^{(0)} \tag{6-14}$$

$f_2^{(0)}$ 为一事先给定的限制值（显然它不能小于$f_2(\boldsymbol{X})$的最小值）。这样就把式(6-13) 表示的原多目标最优化问题转化为求以下的单目标最优化问题：

$$\begin{aligned} &V-\min_{\boldsymbol{X}\in\mathbf{R}^n} f_1(\boldsymbol{X}) \\ &\text{s. t.}\quad g_j(\boldsymbol{X}) \leqslant 0 \quad (j=1,2,\cdots,m) \\ &\qquad\quad g_{m+1}(\boldsymbol{X}) = f_2^{(0)} - f_2(\boldsymbol{X}) \geqslant 0 \end{aligned} \tag{6-15}$$

图 6-2 表明$g_j(\boldsymbol{X}) \geqslant 0 (j=1,2,3,4)$ 构成的多目标优化问题的可行域。

$\boldsymbol{X}_1^*$、$\boldsymbol{X}_2^*$ 分别为$\min\limits_{\boldsymbol{X}\in\mathbf{R}^n} f_1(\boldsymbol{X})$、$\min\limits_{\boldsymbol{X}\in\mathbf{R}^n} f_2(\boldsymbol{X})$的最优点。

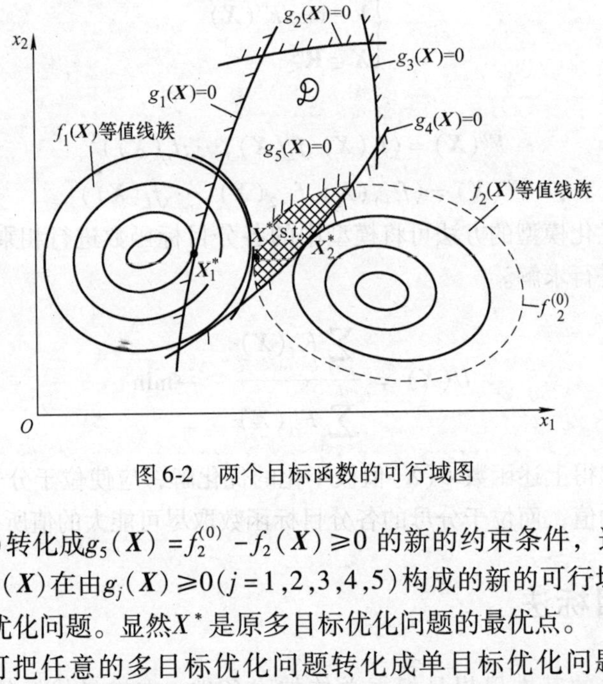

图 6-2 两个目标函数的可行域图

现将 $f_2(\boldsymbol{X})$转化成$g_5(\boldsymbol{X}) = f_2^{(0)} - f_2(\boldsymbol{X}) \geqslant 0$ 的新的约束条件，这样原多目标优化问题转变为$f_1(\boldsymbol{X})$在由$g_j(\boldsymbol{X}) \geqslant 0 (j=1,2,3,4,5)$构成的新的可行域 s. t. 内（阴影内）的单目标优化问题。显然X^*是原多目标优化问题的最优点。

由此，也可把任意的多目标优化问题转化成单目标优化问题。其方法归纳如下：

$$\begin{cases} \min\limits_{\boldsymbol{X}\in\mathbf{R}^n} f_1(\boldsymbol{X}) \\ \text{s. t.}\quad g_j(\boldsymbol{X}) \geqslant 0 \quad (j=1,2,\cdots,m) \\ h_k(\boldsymbol{X}) = 0 \quad (k=1,2,\cdots,l<n) \\ g_{m+p-1}(X) = f_p^{(0)} - f_p(\boldsymbol{X}) \geqslant 0 \quad (p=2,\cdots,L) \end{cases} \tag{6-16}$$

式中，$f_1(\boldsymbol{X})$为主要目标函数。

6.4 协调曲线法

在一个多目标优化问题中，会出现当一个分目标函数的优化时将导致另一些分目标函数的劣化，即所谓目标函数相互矛盾的情况。为了使某个较差的分目标也达到合理值，需要以增加其他几个分目标函数值为代价，也就是说各分目标函数值之间需要进行协调，互相做出一些让步，以便得出一个较合理的方案。

这种矛盾关系可以通过协调曲线法来形象化地说明。

以无约束二维双目标函数$f_1(\boldsymbol{X})$,$f_2(\boldsymbol{X})$的极小化为例，图 6-3 给出了各自的等值线图，可以看到它们各自极小化的趋势和相互关系。图上的任意一点代表着一个具体的双目标函数的设计方案。其中 A、B 分别代表$f_1(\boldsymbol{X})$、$f_2(\boldsymbol{X})$的极小值点。

G 点为某一设计方案，该处$f_1(\boldsymbol{X})=4$，$f_2(\boldsymbol{X})=9$ 当取定时，极小化$f_1(\boldsymbol{X})$得 D 点($f_1(\boldsymbol{X})=1.5$)为最佳设计方案。同样，当取定$f_1(\boldsymbol{X})=4$ 时，极小化$f_2(\boldsymbol{X})$，可得到 E 点为最佳计方案。显然 D、E 两点的设计方案均优于 C 点，实际上在阴影区内的任一设计方案均优于 C 点。

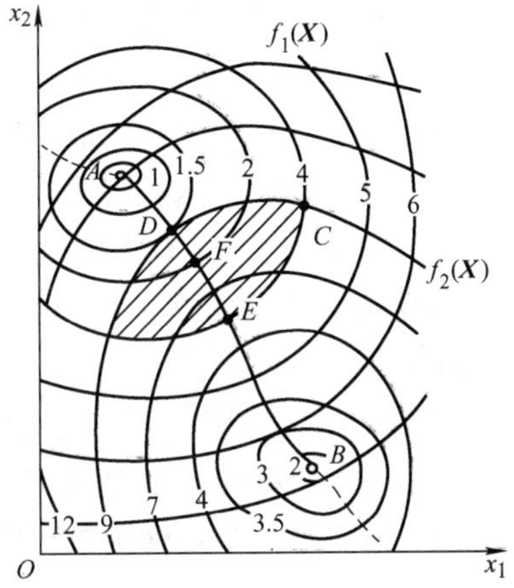

图 6-3　二维双目标函数的等值线图

线段 DE 的延长线 AB 即协调曲线，设计方案点在该线段上移动，出现一个函数值减小必然导致另一函数值增大、两目标函数相互矛盾的现象。AB 线段形象地表达了两目标函数极小化过程中的协调关系，其上任一点都可实现在一个目标函数值给定时，获得另一目标函数的相对极小化值，该值即可用作确定x_1、x_2的参考。

图 6-4 所示是在$f_1(\boldsymbol{X})-f_2(\boldsymbol{X})$坐标系内用图 6-3$AB$ 线段上各点所对应的函数值做出的关系曲线，这是协调曲线的另一种表现形式，在这里可以更清楚地看出两目标函数极小化过程中相互矛盾的关系。

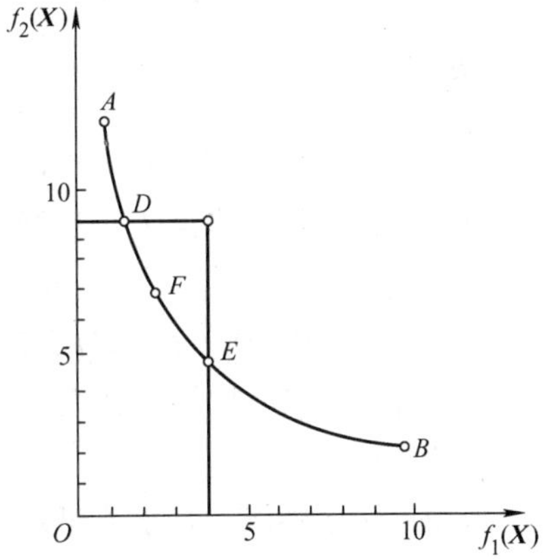

图 6-4　AB 线段上各点（见图 6-3）所对应函数的协调曲线

可将协调曲线作为使相互矛盾的目标函数取得相对优化解的主要依据。至于要从协调曲线上选出最优方案，还需按协调曲线法进行多目标优化设计，比较适用于两个目标函数极小化时出现相互矛盾的情形，因为这时通过画出协调曲线便可以比较透彻地分析各目标与设计方案的依存关系，设计者再结合两个目标恰当的匹配要求、实验数据、其他目标的好坏以及设计者的经验综合确定设计的改进方向，做出比较满意的设计。对于两个以上分目标函数的问题，虽然仍可以应用，但协调曲线变为多维抽象的协调曲面，这些曲面不可能用图形表示出来，只能给出各目标函数值的变化范围，其值可按如下的数学模型依次求得，即

$$\begin{aligned} \min \quad & f_j(\boldsymbol{X}) \quad j=1,2,\cdots,q \\ \text{s.t.} \quad & h_v(\boldsymbol{X})=f_v(\boldsymbol{X})-f_v^{(0)} \quad v=1,2,\cdots,q-1, v\neq j \\ & g_u(\boldsymbol{X})\leqslant 0 \quad u=1,2,\cdots,m \end{aligned}$$

式中，$f_v^{(0)}$ 为目标函数 $f_v(\boldsymbol{X})$（$v=1,2,\cdots,q-1$）的给定的值。

6.5 分层序列法及宽容分层序列法

分层序列法是将多目标优化问题式（6-1）中的 L 个目标函数分清主次，按其重要程度逐一排除，然后依次对各个目标函数求最优解，而后一目标应是在前一目标最优解的集合域 $\boldsymbol{X}\in D$ 内寻优。

现假设 $f_1(\boldsymbol{X})$ 最重要，$f_2(\boldsymbol{X})$ 其次，…。则先对第一个目标函数 $f_1(\boldsymbol{X})$ 求解，并得最优值

$$\min_{\boldsymbol{X}\in D} f_1(\boldsymbol{X})=f_1(\boldsymbol{X}^*) \tag{6-17}$$

在第一个目标函数的最优解的集合域 $\boldsymbol{X}\in D$ 内，求第二个目标函数 $f_2(\boldsymbol{X})$ 的最优值时，需将第一个目标函数转化为辅助约束。即求

$$\begin{cases} \min f_2(\boldsymbol{X})=f_2(\boldsymbol{X}^*) \\ \boldsymbol{X}\in D_1\subset\{\boldsymbol{X}\mid f_1(\boldsymbol{X})\leqslant f_1(\boldsymbol{X}^*)\} \end{cases} \tag{6-18}$$

然后，再在第一、第二个目标函数的最优解的集合域内，求第三个目标函数 $f_3(\boldsymbol{X})$ 的最优值 $f_3(\boldsymbol{X}^*)$，此时，第一、第二个目标函数转化为辅助约束。即

$$\begin{cases} \min f_3(\boldsymbol{X})=f_3(\boldsymbol{X}^*) \\ \boldsymbol{X}\in D_2\subset\{\boldsymbol{X}\mid f_i(\boldsymbol{X})\leqslant f_i(\boldsymbol{X}^*)\} \quad (i=1,2) \end{cases} \tag{6-19}$$

以此类推，最后求第 L 个目标函数 $f_L(\boldsymbol{X})$ 的最优值，即

$$\min f_L(\boldsymbol{X})=f_L(\boldsymbol{X}^*) \tag{6-20}$$

$$\boldsymbol{X}\in D_{L-1}\subset\{\boldsymbol{X}\mid f_i(\boldsymbol{X})\leqslant f_i(\boldsymbol{X}^*)\} \quad (i=1,2,\cdots,L-1)$$

其最优值是 $f_L(\boldsymbol{X}^*)$，对应的最优点是 $\boldsymbol{X}^*$。这个解即是多目标优化问题式（6-1）的最优解。

采用分层序列法，在求解过程中也可能出现中断现象，使求解过程无法继续进行下去。例如，当求解到第 k 个目标函数的最优解是唯一时，再往后求第 $k+1$、$k+2$、…、L 个目标函数的解已没有意义了。这时可供选用的最优设计方案并没有考虑第 k 个以后的目标函数。尤其是当求得的第一个目标函数的最优解是唯一时，则更失去了多目标优化的意义了。为此引入宽容分层序列法，这种方法就是对各目标函数的最优值放宽要求，先对各目标函数的最优值取出给定宽容量，即得 $\varepsilon_1>0$，

$\varepsilon_2>0$，…，$\varepsilon_l>0$。这样，在求后一个目标函数的最优值时，对其前一个目标函数不再严格限制在最优解内，而是在前一目标函数最优值附近的某一范围进行优化，因而避免了计算过程的中断。即

$$\begin{cases} 1)\min f_1(\boldsymbol{X})=f_1(\boldsymbol{X}^*) \\ \boldsymbol{X}\in D \\ 2)\min f_2(\boldsymbol{X})=f_2(\boldsymbol{X}^*) \\ \boldsymbol{X}\in D_1\subset\{\boldsymbol{X}|f_1(\boldsymbol{X})\leqslant f_1(\boldsymbol{X}^*)+\varepsilon_1\} \\ 3)\min f_3(\boldsymbol{X})=f_3(\boldsymbol{X}^*) \\ \boldsymbol{X}\in D_2\subset\{\boldsymbol{X}|f_i(\boldsymbol{X})\leqslant f_i(\boldsymbol{X}^*)+\varepsilon_i\} \quad (i=1,2) \\ \vdots \\ 4)\min f_L(\boldsymbol{X})=f_L(\boldsymbol{X}^*) \\ \boldsymbol{X}\in D_{L-1}\subset\{\boldsymbol{X}|f_i(\boldsymbol{X})\leqslant f_i(\boldsymbol{X}^*)+\varepsilon_i\} \quad (i=1,2,\cdots,L-1) \end{cases} \tag{6-21}$$

其中$\varepsilon_i>0$，最后求得最优解$\boldsymbol{X}^*$。

以上介绍了几种多目标问题的优化设计方法。实际上，在工程设计中，多目标优化设计问题是一个相当普遍的工程设计问题，而且多数是要求在相互矛盾的多目标中找出其最优解。由于我们很难预先掌握各个分目标函数的变化规律，所以也就难以自动地选择出合理的权因子值。因此，目前还面临着不少问题，如：①从工程设计意义上讨论多目标问题最优设计解的定义；②研究工程设计中多目标问题的最有效而且简单的优化设计方法和工作平台；③讨论多目标问题优化设计解的存在性、稳健性和对偶性等一些基本理论；④研究一种基于知识工程的多目标优化决策系统。

6.6　多目标函数优化法设计实例

例 6-1　试用线性组合统一目标函数法优化蟹爪式装载机抓取机构。图 6-5 表示该机器的外形图和计算简图。这个工作机构是属曲柄直线导轨机构，对它的设计要求是：

1）曲柄直线导轨机构 M 点的轨迹（x_{Mj},y_{Mj}）与给定的轨迹曲线（x_{0j},y_{0j}）的误差达到最小，即

$$f_1(\boldsymbol{X})=\sum_{j=1}^{N_1}[(x_{Mj}-x_{0j})^2+(y_{Mj}-y_{0j})^2]\to\min$$

2）抓取机构抓爪的位置角 α_j 与给定的位置角 α_{0j}的误差为最小，即

$$f_2(\boldsymbol{X})=\sum_{j=1}^{N_2}(\alpha_j-\alpha_{0j})^2\to\min$$

3）要求曲柄的位置角 φ 与预期轨迹曲线上指定点相对应，即当曲柄在 φ_1 位

置时连杆点 φ_1 对应于 (x_{01}, y_{01}) 点，φ_2 位置时对应于 (x_{02}, y_{02}) 点等，即应该使

$$f_3(\boldsymbol{X}) = \sum_{j=1}^{N_1} (\Delta\varphi_j)^2 \rightarrow \min$$

式中，N_1 为所取的再现轨迹点数；N_2 为所取的再现位置角点数，通常 $N_2 < N_1$；$\Delta\varphi_j$ 为规定的曲柄间隔差值，$\Delta\varphi_j = \varphi_{j+1} - \varphi_j$。

这样，统一目标函数可按如下方法来建立：

$$\Phi(\boldsymbol{X}) = W_1 f_1(\boldsymbol{X}) + W_2 f_2(\boldsymbol{X}) + W_3 f_3(\boldsymbol{X}) \rightarrow \min$$

由于三个目标函数均为误差值，所以其三个加权因子 W_1、W_2 和 W_3 值可用误差容限法。取 $\alpha_j = 0$，$\beta_j = f_j(\boldsymbol{X}^{(0)})\ (j=1,2,3)$，其加权因子值取 $W_j = 1/[(\beta_j - \alpha_j)/2]^2\ (j=1,2,3)$。

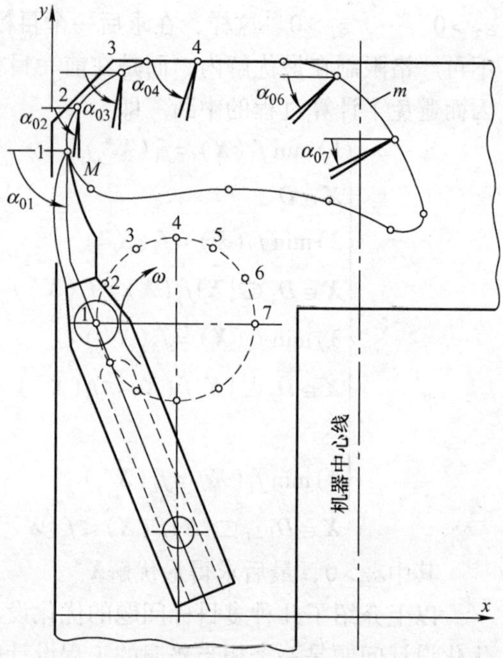

图 6-5　蟹爪式装载机工作机构优化设计示例

例 6-2　试用协调曲线法优化恒载作用下的径向动压滑动轴承。如图 6-6 所示，设 F 为轴承的径向载荷，n 为转速，c 为轴承间隙（其值近似等于 $D_1 - D$），μ 为润滑油的黏度。一般来说，动压轴承的工作能力和寿命主要取决于供油量 Q 及温升 Δt。供油量若不足，就不能产生油膜；若有足够的供油量，一方面可以补充轴承泄漏的油量，另外还可以通过漏出的油带走一部分热量，不致发生过热现象。因此，从实际意义上说，应取两个设计指标，即使油膜温升 Δt 和润滑油流量 Q 达到最小。设计变量取 $\boldsymbol{X} = (L/D, c, \mu)^{\mathrm{T}}$，并满足 $0.25 \leqslant L/D \leqslant 1$，$h_{\min} \geqslant 0.00127\mathrm{mm}$，$p_f \geqslant 9.26\mathrm{MPa}$，$\mu \geqslant 0.006859\mathrm{Pa \cdot s}$，$\Delta t \leqslant 150°$等的约束条件。

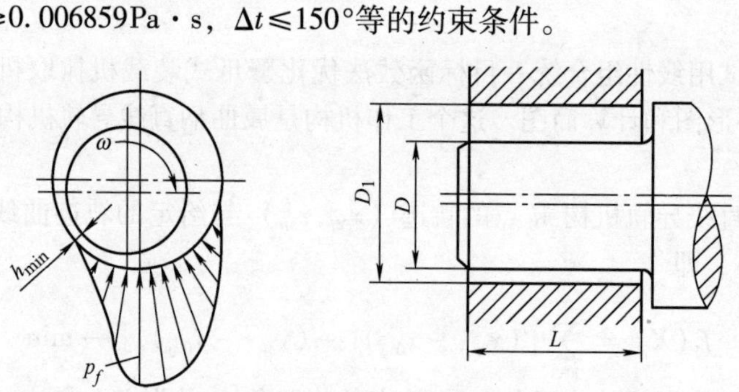

图 6-6　径向动压滑动轴承

这是一个三维的两个目标函数的优化设计问题。在图 6-7 中画出了油流量 Q 与

油膜温升 Δt 的协调曲线，它表示了满足 K-T 条件的所有非劣解。为了从中选出“选好解”，可以先作出当不同温升 Δt 时的各主要参数的变化曲线，如图6-8 所示。从图中的各特性曲线可以看出，相应于 S 点将是一个较好的设计方案。因为在 S 点的左边，轴承间隙很快增加，当间隙过大时，就会晃动，运动不稳定，使在工作中产生噪声；若在 S 点右边，功率损失和油的黏度增加较快，这是不好的。在 S 点，$\Delta t = 7.5℃$，所以选好解应为 $f_1^*(\boldsymbol{X}) = \Delta t = 7.5℃$，$f_2^*(\boldsymbol{X}) = Q = 18\ \mathrm{cm^3 \cdot s^{-1}}$，设计点为 $\boldsymbol{X} = (0.3, 0.0482, 0.006859)^{\mathrm{T}}$

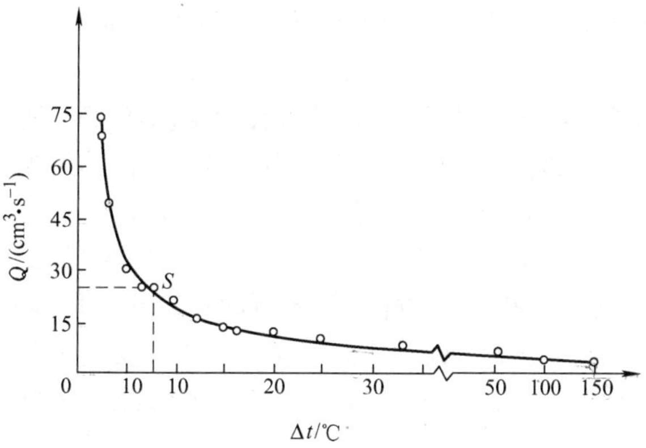

图6-7　动压滑动轴承润滑油流量与油膜温升的协调曲线

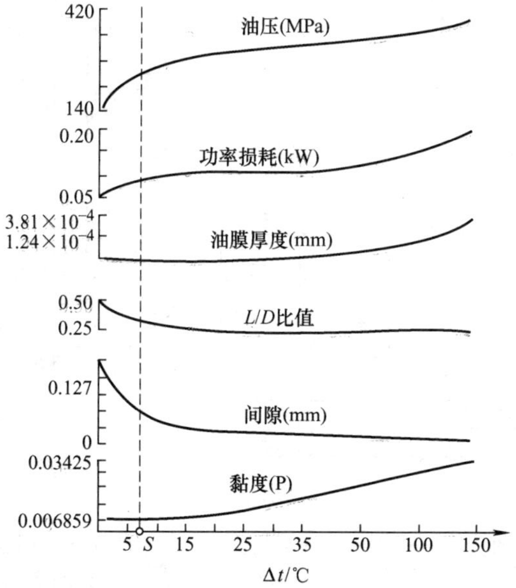

图6-8　动压滑动轴承各参数的特性曲线

注：1hp = 745.700W，1P = 10^{-1}Pa · s。

例 6-3 试用功效系数法建立如图 6-9 所示的门座式起重机变幅四杆机构的优化设计模型。

解：这个机构的设计希望达到如下几项要求：

（1）在四杆机构变幅行程中，要求 E 点沿水平直线，即

$$f_1(\boldsymbol{X}) = \{\max|y-h|\} \to \min$$

（2）在四杆机构变幅行程中，要求 E 点的水平分速度的变化最小，以减小货物的晃动，即

$$f_2(\boldsymbol{X}) = \{\max|\Delta v_x/\Delta\alpha|\} \to \min$$

（3）货物对支点 A 所引起的倾覆力矩差要尽量小，即

$$f_3(\boldsymbol{X}) = \{\max|\Delta M|\} \to \min$$

这三个目标函数都属同类性质，即目标函数值越小越好。所以可以按同一种功效系数函数来定义。例如，对于轨迹目标函数，可参照国际最先进的设计水平，按照设计要求先定出最坏和最好的两个临界值，如图 6-10 所示，若 $|\Delta y|_{\max} < 0.1\text{m}$，则取 $d_1 = 1$；若 $|\Delta y|_{\max} > 0.5\text{m}$，则取 $d_1 = 0$；然后，再取当 $|\Delta y|_{\max} = 0.3\text{m}$，$d_1 = 0.7$；$|\Delta y|_{\max} = 0.5\text{m}$，$d_1 = 0.3$。这样，把各点间用直线分段连接起来，便得到分段的线性功效系数函数 $d_1 = f(|\Delta y|_{\max})$。同样道理亦可以定义出水平适度变化率的功效系数函数 $d_2 = f(|\Delta v_x/\Delta\alpha|_{\max})$ 和倾覆力矩差的功效系数函数 $d_3 = f(|\Delta M|_{\max})$。

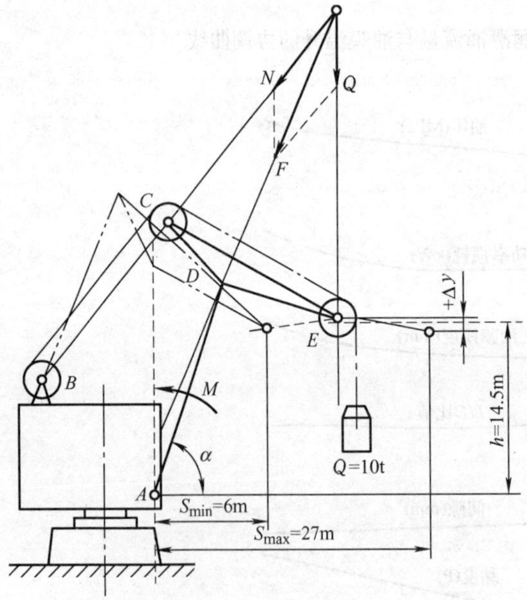

图 6-9 门座式起重机变幅四杆机构的计算简图

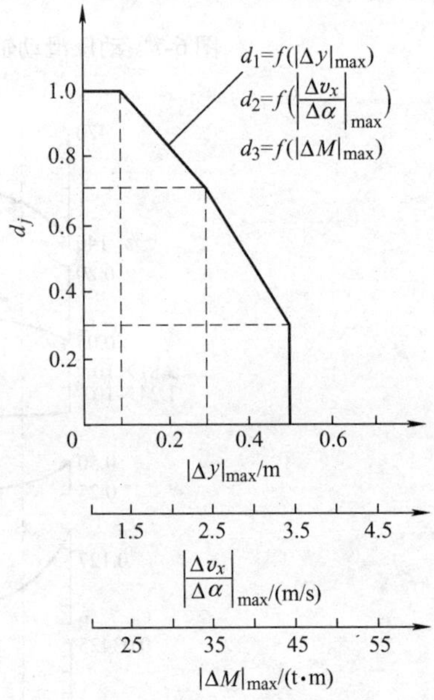

图 6-10 门座式起重机变幅四杆机构优化设计的功效系数

（4）在变幅四杆机构的设计中，倾覆力矩值是一项很重要的设计指标，而其大小是臂架摆角 α 的函数，即 $M = M(\alpha)$。从理论上说，整个变幅过程中 $M = 0$

为其最理想的情形（自平衡机构），但这是不易实现的。因此，在设计时希望做到：

1）在变幅距离较小时，希望作用有能恢复机构正常位置趋势的负力矩，如图6-11a所示，即 $M_1 = M(\alpha)$ 有一定的负值。

2）在变幅距离较大时，希望作用有恢复正常位置趋势的正力矩，如图6-11b所示即 $M_2 = M(\alpha)$ 有一定的正值。

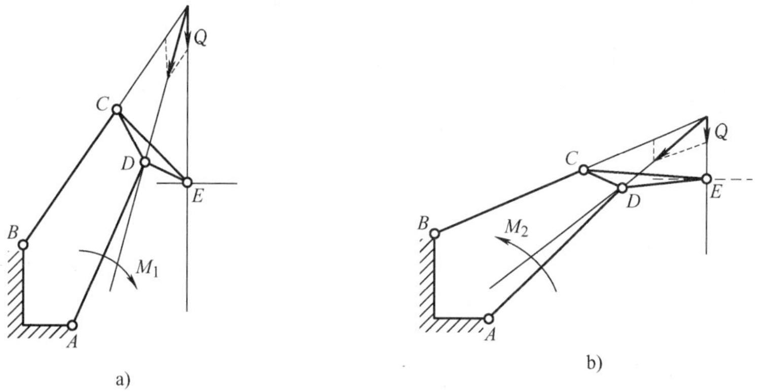

图6-11 门座式起重机变幅四杆机构极限位置时所要求的倾覆力矩
a）最小变幅 b）最大变幅

根据这两项设计指标的要求，可按图6-12所示的功效系数函数来定义。例如，对于力矩 M_1，最理想的情况是当 $-10\text{t}\cdot\text{m} \leqslant M_1 < 0\text{t}\cdot\text{m}$ 时，其功效系数值取 $d_4 = 1$。当然也应该允许出现较大的负力矩或一个不很大的正力矩，但当 $M_1 < -30\text{t}\cdot\text{m}$ 和 $20\text{t}\cdot\text{m} < M_1$ 时都定义为不可接受的方案，即取 $d_4 = 0$。对于力矩 M_2 也按类似的方法来定义功效系数 d_5。这样，就可得 $d_4 = f(M_1)$ 和 $d_5 = f(M_2)$ 的功效系数函数。

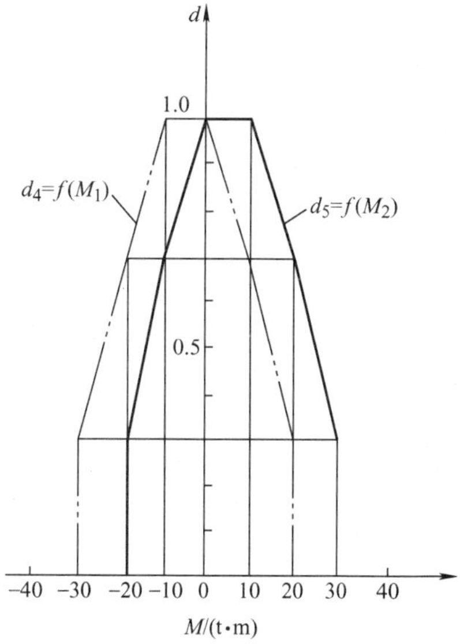

图6-12 倾覆力矩的功效系数

综上所述，起重机四杆变幅机构优化设计的模型为

$$\max \quad \left(\prod_{j=1}^{5} d_j\right)^{1/5} \quad (\boldsymbol{X} \in \mathbf{R}^n)$$

$$\text{s.t.} \quad g_u(\boldsymbol{X}) \leqslant 0 \quad (u = 1,2,\cdots,m)$$

对于起重量10t、工作高度为14.5m，最小变幅距离6m、最大变幅距离27m的港口起重机其计算结果列于表6-1。

表 6-1 港口起重机优化设计的各项技术指标

性能指标 / 机型	变幅范围 ΔS/m	落差 Δy_{max}/m	水平速度波动 $(\Delta v_k/\Delta\alpha)_{max}$	力矩差 ΔM_{max}/(t·m)	最大变幅时力矩 $+M_2$/(t·m)	最小变幅时力矩 $-M_2$/(t·m)
进口样机①	20	0.260	2.44	43	+16	-33
优化设计方案	21	0.247	2.20	30	+10	-18
最理想的要求	大	小	小	小	绝对值小	绝对值小

① 是近年从国外引进的同类机型中性能最好的一种产品（DB-10 型）。

从表中所列的各项性能指标值可以看出，优化设计结果不仅明显地改善了产品的技术指标的设计水平，而且也赶上并超过了国外某些同类产品的性能指标。

第7章　离散变量的优化设计方法

7.1　概述

前述各种优化设计方法都是将设计变量作为连续变量进行求优，但工程问题很多情况下，设计变量实际上不是连续变化的。例如，齿轮的齿数只能是正整数，是整型变量；齿轮的模数应按标准系列取用，钢丝直径、钢板厚度、型钢的型号也都应符合金属材料的供应规范等，属于这样的一些必须取离散数值的设计变量均称为离散变量。

离散变量优化方法是指专门研究变量集合中的某些或全部变量只定义在离散值域上的一种数学规划方法，具体有凑整解法、网格法、随机格点搜索法、离散惩罚函数法、离散复合形法等。与连续变量优化方法相比，它们更具自身的特点。机械设计中标准化、规范化日趋增多，离散变量优化方法显得十分重要，其在理论上、方法上以及计算机程序设计上均已取得一些研究成果。本章将阐述离散变量优化的一些基本概念，概略介绍凑整解法和网格法，重点介绍工程实用的离散复合形法。

7.1.1　离散设计空间和离散值域

对于连续变量，一维设计空间就是一条表示该变量的坐标轴上的所有点的集合；对于离散变量，一维离散设计空间则是一条表示该变量的坐标轴上的一些间隔点的集合。这些点的坐标值是该变量可取的离散值，这些点称为一维离散设计空间的离散点。二维连续设计变量的设计空间是代表该两个变量的两条坐标轴形成的平面。二维离散设计空间则是上述平面上的某些点的集合，这些点的坐标值分别是各离散变量可取的离散值，这些点称为二维离散设计空间的离散点。如图7-1所示，在 x_1Ox_2 平面上形成的网格节点即二维离散设计空间的离散点。对于三维离散变量，过每个变量离散值作该变量坐标轴的垂直面，这些平面的交点的集合就是三维离散设计空间，这些交点就是三维离散设计空间中的离散点，如图7-2所示。

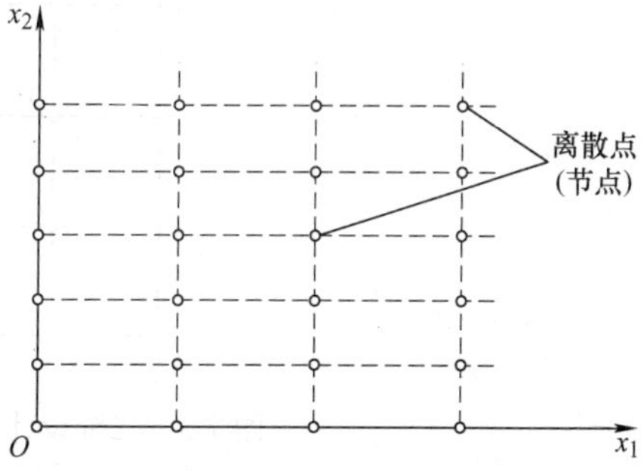

图7-1　二维离散设计空间中的离散点

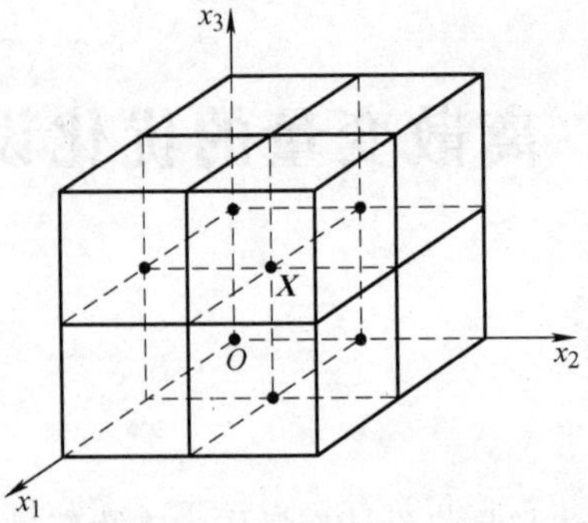

图 7-2　三维离散设计空间中的离散点

7.1.2　离散最优解

由于离散设计空间的不连续性，离散变量最优点与连续变量最优点不是同一概念，必须重新定义。

1. 离散单位邻域

在设计空间中，离散点 $\boldsymbol{X}$ 的单位邻域 $UN(\boldsymbol{X})$是指如下式定义的集合：

$$UN(X)=\begin{Bmatrix}\boldsymbol{X}\mid x_i-\Delta_i,x_i,x_i+\Delta_i,i=1,2,\cdots,p\\ \boldsymbol{X}\mid x_i-\varepsilon,x_i,x_i+\varepsilon,i=p+1,p+2,\cdots,n\end{Bmatrix}\tag{7-1}$$

图 7-3 所示为二维设计空间中离散点 $\boldsymbol{X}$ 的离散单位领域，则

$$UN(\boldsymbol{X})=\{A,B,C,D,E,F,G,H,\boldsymbol{X}\}$$

一般情况下，设离散变量的维数为 p，则 $UN(\boldsymbol{X})$内的离散点总数为 $N=3^p$。

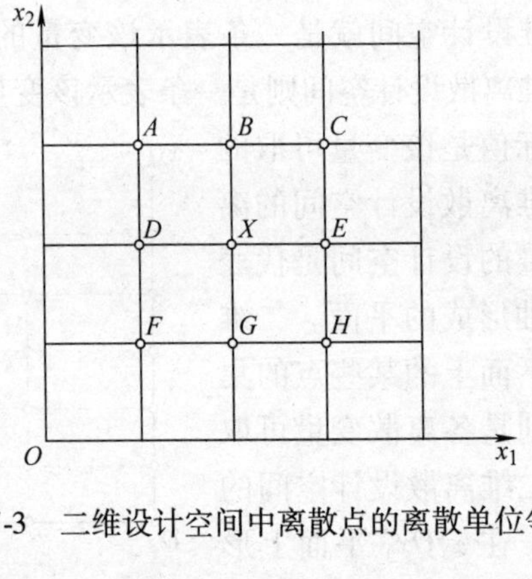

图 7-3　二维设计空间中离散点的离散单位邻域

2. 离散坐标邻域

在设计空间中离散点 $\boldsymbol{X}$ 的离散坐标邻域 $UC(\boldsymbol{X})$是指以 $\boldsymbol{X}$ 点为原点的坐标轴线和离散单位邻域 $UN(\boldsymbol{X})$的交点的集合。在图 7-3 中，离散点 X 的离散坐标邻域为

$$UC(\boldsymbol{X})=\{B,D,E,G,\boldsymbol{X}\}$$

一般在 p 维离散变量情况下，离散坐标邻域的离散点总数为 $N=2p+1$。

3. 离散局部最优解

若 $\boldsymbol{X}^* \in D$，对所有 $\boldsymbol{X} \in UN(\boldsymbol{X}^*) \cap D$，恒有 $f(\boldsymbol{X}^*) \leqslant f(\boldsymbol{X})$，则称 $\boldsymbol{X}^*$ 是离散局部最优点。

4. 拟离散局部最优解

若 $\overline{\boldsymbol{X}}^* \in D$，且对所有 $\boldsymbol{X} \in UC(\boldsymbol{X}^*) \cap D$，恒有 $f(\overline{\boldsymbol{X}}^*) \leqslant f(\boldsymbol{X})$，则称 $\overline{\boldsymbol{X}}^*$ 是拟离散局部最优点。

5. 离散全域最优解

若 $\boldsymbol{X}^{**} \in D$，且对所有 $\boldsymbol{X} \in D$，恒有 $f(\boldsymbol{X}^{**}) \leqslant f(\boldsymbol{X})$，则称 $\boldsymbol{X}^{**}$ 为离散全域最优点。

严格说来，离散优化问题的最优解是针对离散全域最优点而言，但它与一般的非线性优化问题一样，离散优化方法所求得的最优点一般是局部最优点，这样通常所说的最优解均指局部最优解。

由于设计空间的离散性，离散最优点将不是唯一的。为了判断 $\boldsymbol{X}$ 点是否是最优点，应将 $UN(\boldsymbol{X})$ 内所有离散点进行比较，得到局部最优点 $\boldsymbol{X}^{**}$。但由于在 $UN(\boldsymbol{X})$ 中离散点的总数目 $N=3^p$，若维数 p 很大，则判断离散局部最优点 $\boldsymbol{X}^{**}$ 的计算工作量太大，故也可仅在 $UC(\boldsymbol{X})$ 中进行比较，$UC(\boldsymbol{X})$ 的离散点总数仅有 $2p+1$ 个，计算工作量相对来说少一些。但这样判断得到的是拟离散局部最优点 $\overline{\boldsymbol{X}}*$，它可能是离散局部最优点，也可能不是，因而以此作为离散最优点，其可靠程度会低一些。

7.2　凑整解法与网格法

该法的特点是先按连续变量方法求得优化解 $\boldsymbol{X}^*$，然后再进一步找整型量或离散量优化解，这一过程称为整型化或离散化。下面介绍按连续实型量优化得到优化解后如何圆整化、离散化的方法，并讲述其中可能产生的问题。

设有 n 维优化问题，其实型量最优点为 $\boldsymbol{X}^* \in \mathbf{R}^n$，它的 n 个实型分量为 x_i^*（$i=1,2,\cdots,n$），则 x_i^* 的整数部分（它的偏下一个标准量）$[x_i^*]$ 和整数部分加 1 即 $[x_i^*]+1$（或它的偏上一个标准量）便是最接近 x_i^* 的两个整型（或离散型）分量。由这些整型分量的不同组合，便构成了最邻近于实型最优点 $\boldsymbol{X}^*$ 的两个整型分量及相应的一组整型点群 $[\boldsymbol{X}_i^*]^t$（$t=1,2,\cdots,2^n$，n 为变量维数）。该整型点群包含有 2^n 个设计点，在整型点群中，可能有些点不在可行域内，应将它们剔除。在其余可行域内的若干整型点中选取一个目标函数值最小的点作为最优的整型点给予输出。图 7-4 所示是二维的例子。在实型量最优点 $\boldsymbol{X}^*$ 周围的整型点群有 A、B、C、D 四点，图中 B 点在域外，A、D、C 三点为在域内的整型点群，分别计算其目标函数。

由图中等值线可看出，其最优整型点是 C 点，它即为最优整型设计点 $[\boldsymbol{X}^*]$。但这样做有时不一定行得通，因为连续变量的最优点通常处于约束边界上，在连续变量最优点附近凑整所得的设计点有可能均不在可行域内，如图 7-5 所示。显然，在这种情况下，采用连续变量优化点附近凑整法就可能得不到一个可行设计方案。另一方面，这种简单的凑整法是基于一种假设，即假设离散变量的最优点是在连续变量最优点附近。然而，这种假设并非总能成立。如图 7-6 所示，按上述假设，在连续变量最优点 $\boldsymbol{X}^*$ 附近凑整得到 Q 点，该点虽是可行点，但并非离散变量的最优点。从图中可见，该问题离散变量最优点应是离 $\boldsymbol{X}^*$ 较远的 P 点，而且目标函数与约束函数的非线性越严重，这种情况越易出现。这些情况表明，凑整法虽然简便，但不一定能得到理想的结果。

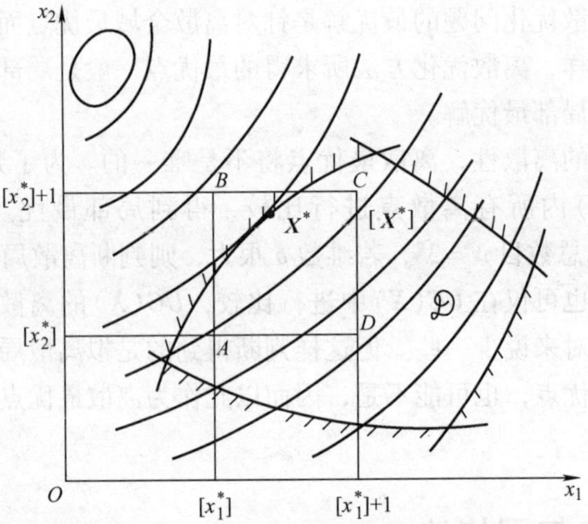

图 7-4 $\boldsymbol{X}^*$ 周围的整型点群

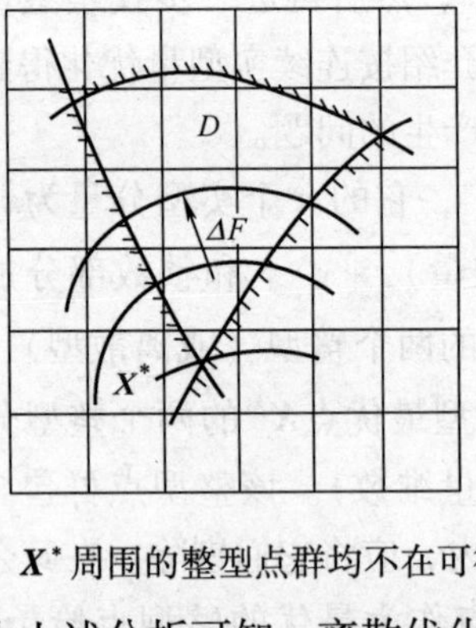

图 7-5 $\boldsymbol{X}^*$ 周围的整型点群均不在可行域内

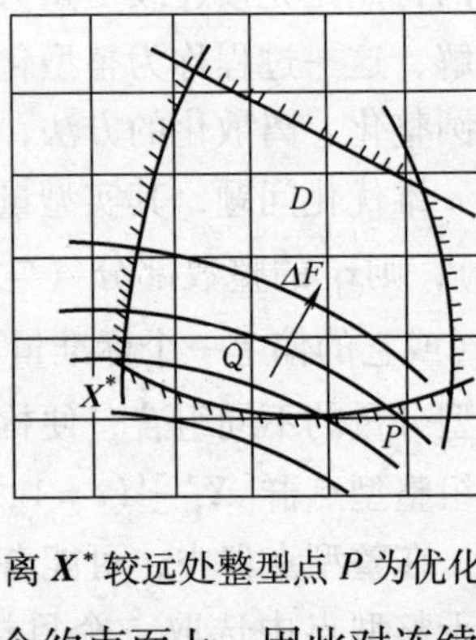

图 7-6 离 $\boldsymbol{X}^*$ 较远处整型点 P 为优化点的情形

由上述分析可知，离散优化点不一定落在某个约束面上，因此对连续变量约束最优解的 K-T 条件不再成立。与连续变量优化解一样，离散变量优化解通常也是指局部优化解。我们给出局部离散优化解的定义，是指在此点单位邻域 $UN(\boldsymbol{X})$ 内

查点未搜索到优于 X^* 点的离散点，所得的解即为局部离散优化解 X^*。当目标函数为凸函数，约束集合为凸集时，此点也是全域的约束离散优化解。

7.3　离散复合形法

离散复合形法是在求解连续变量复合形法的基础上进行改造，使之能在离散空间中直接搜索离散点，从而满足求解离散变量优化问题的需要。它的基本原理与第 6 章介绍的连续变量复合形法大致相同，即通过对初始复合形调优迭代，使新的复合形不断向最优点移动和收缩，直至满足一定的终止条件为止。但离散复合形法的复合形顶点必须是可行的离散点，这就使其在初始复合形的产生、约束条件的处理、离散一维搜索、终止准则以及重构复合形等方面具有与连续变量复合形法不同的特点。以下就这几方面加以介绍。

7.3.1　初始离散复合形的产生

用复合形法在 n 维离散设计空间搜索时，通常取初始离散复合形的顶点数为 $k=2n+1$ 个。先给定一个初始离散点 $X^{(0)}$，$X^{(0)}$ 必须满足各离散变量值的边界条件，如式（7-2）所示：

$$x_i^L \leqslant x_i^0 \leqslant x_i^H \quad (i=1,2,\cdots,n) \tag{7-2}$$

式中，x_i^L、x_i^H 分别为第 i 个变量的下限值和上限值。

然后按下列公式产生初始复合形的各个顶点：

$$\begin{cases} x_i^{(1)}=x_i^{(0)}(i=1,2,\cdots,n) \\ x_i^{(j+1)}=x_i^{(0)}(i=1,2,\cdots,n;i\neq j;j=1,2,\cdots,n) \\ x_j^{(j+1)}=x_i^L(i=1,2,\cdots,n) \\ x_i^{(n+j+1)}=x_i^{(0)}(i=1,2,\cdots,n;i\neq j;j=1,2,\cdots,n) \\ x_j^{(n+j+1)}=x_i^H(i=1,2,\cdots,n) \end{cases} \tag{7-3}$$

这样有 $2n$ 个顶点分布于 n 个设计变量的上、下限约束边界上。图 7-7 表示二维问题中按式（7-3）产生的离散复合形的五个初始顶点 $X^{(1)}$、$X^{(2)}$、$X^{(3)}$、$X^{(4)}$、$X^{(5)}$ 的分布情况。

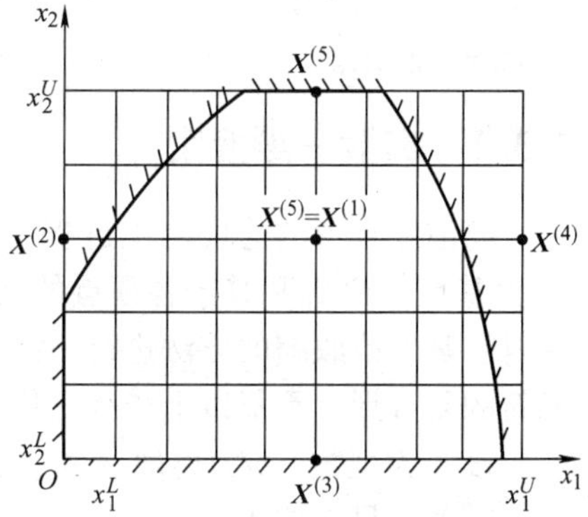

图 7-7　为 5 个初始复合形顶点的分布

7.3.2　约束条件的处理

由于上述初始复合形顶点的产生未考虑约束条件，此时产生的初始复合形顶点可能会有部分甚至全部落在可行域 D 的外面。在调优迭代运算中必须保持复合形各顶点的可行性，故如果有部分顶点落在可行域外面，可采用下述方法将其移入可行域之内。

定义离散复合形的有效目标函数$\bar{f}(\boldsymbol{X})$如下：

$$\bar{f}(\boldsymbol{X}) = \begin{cases} f(\boldsymbol{X}) & \boldsymbol{X} \in D \\ M + \sum\limits_{j \in e} g_j(\boldsymbol{X}) & \boldsymbol{X} \notin D \end{cases} \tag{7-4}$$

式中，$f(\boldsymbol{X})$为原目标函数；M为一个比$f(\boldsymbol{X})$值数量级大得多的常数；$e = \{j | g_j(\boldsymbol{X}) < 0 (j = 1, 2, \cdots, m)\}$。图7-8所示为一维变量时由式（7-4）定义的有效目标函数$f(x)$的示意图。由图可见，在可行域D以外，$f(\boldsymbol{X})$的曲线像一个向可行域D倾斜的"漏斗"，当部分复合形顶点在可行域之外时，最坏的顶点$\boldsymbol{X}^H$一定位于可行域之外的一个离散点上。以此点为进行离散一维搜索的基点，M在有效目标函数$\bar{f}(\boldsymbol{X}) = M - \sum\limits_{j \in e} g_j(\boldsymbol{X})$中保持不变，而$-\sum\limits_{j \in e} g_j(\boldsymbol{X})$的值则随搜索点离约束面的位置而变化。离约束面越近，其值越小；反之，其值越大。这样从不可行离散顶点出发的离散一维搜索实际上是求$-\sum\limits_{j \in e} g_j(\boldsymbol{X})$的极小值，当$-\sum\limits_{j \in e} g_j(\boldsymbol{X}) = 0$，即进入可行域$D$，从这时起目标函数$\bar{f}(\boldsymbol{X}) = f(\boldsymbol{X})$，由于可行域$D$的边界好像由$M$筑起的一堵"高墙"，从而保证始终在可行域内继续搜索$f(X)$的极小值。按这种处理方法设计的程序可自动地将先由不可行离散点寻找可行离散点和接下来的从可行离散点寻找离散最优点这两个阶段的运算过程很好地统一起来。

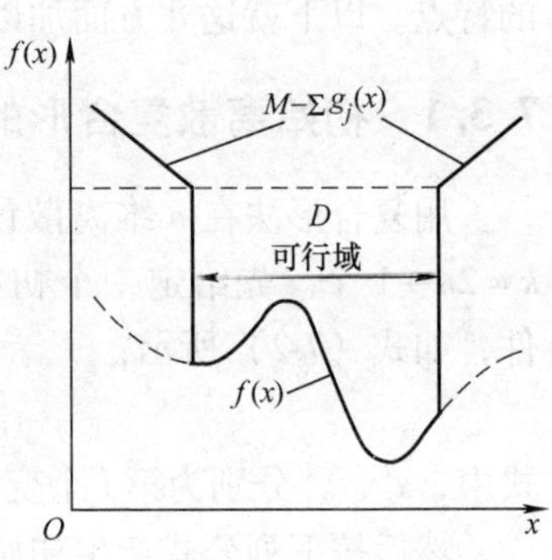

图7-8 有效目标函数图

7.3.3 离散一维搜索

离散复合形的迭代调优过程与一般复合形类似，即以复合形顶点中的最坏点$\boldsymbol{X}_{\mathrm{H}}$为基点，把$\boldsymbol{X}_{\mathrm{H}}$和其余各顶点的几何中心点$\boldsymbol{X}_{\mathrm{C}}$的连线方向作为搜索方向$\boldsymbol{S}$，采用映射、延伸或收缩的方法进行一维搜索，待找到好点$\boldsymbol{X}_{\mathrm{R}}$，则以该点代替最坏点组成新的复合形，重复以上步骤迭代调优。

设n为维数，p为离散变量个数，为保证离散一维搜索得到的新点$\boldsymbol{X}_{\mathrm{R}}$为一离散点，其各分量值应为

$$\begin{cases} x_i^{\mathrm{R}} = x_i^{\mathrm{H}} + \alpha S_i & (i = 1, 2, \cdots, n) \\ x_i^R = \langle x_i^R \rangle & (i = 1, 2, \cdots, p \leqslant n) \end{cases} \tag{7-5}$$

式中，S_i为离散一维搜索方向$\boldsymbol{S} = \boldsymbol{X}_{\mathrm{C}} - \boldsymbol{X}_{\mathrm{H}}$的各分量，即

$$S_i = x_i^{\mathrm{C}} - x_i^{\mathrm{H}} (i = 1, 2, \cdots, n) \tag{7-6}$$

α为离散一维搜索的步长因子；$\langle x_i^R \rangle$表示取最靠近x_i^R的离散值q_{ij}。离散一维搜索可采用简单的进退对分法，其步骤可参阅图7-9。

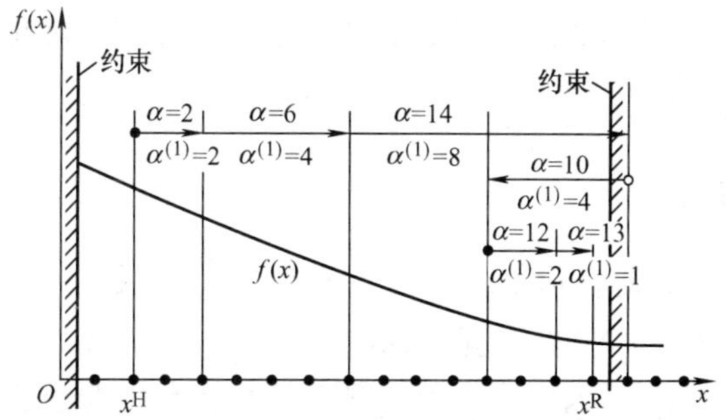

图 7-9　离散一维搜索的进退对分法

1）一般取初始步长$\alpha^{(0)}=1.3$，置$\alpha^{(0)}\Rightarrow\alpha\Rightarrow\alpha^{(1)}$，$1\Rightarrow k$。

2）按式（7-5）求新点$\boldsymbol{X}_{R}$。

3）如$\boldsymbol{X}_{R}$比$\boldsymbol{X}_{H}$好，则进行第 4）步，否则，置$0\Rightarrow k$，转第 4）步。

4）如$k=1$，则$2\alpha^{(1)}\Rightarrow\alpha^{(1)}$，$\alpha^{(1)}+\alpha\Rightarrow\alpha$，返回第 2）步；否则，置$0.5\alpha^{(1)}\Rightarrow\alpha^{(1)}$，$\alpha^{(1)}-\alpha\Rightarrow\alpha$ 返回第 2）步。

5）当$\alpha^{(1)}<\alpha_{\min}$时，离散一维搜索终止，$\alpha_{\min}$称为最小有用步长因子，其值按式（7-7）求出：

$$\alpha_{\min}=\min\left\{\left|\frac{0.5}{S_i}\right|_{i=1,2,\cdots,p},\left|\frac{\varepsilon_i}{S_i}\right|_{i=p+1,p+2,\cdots,n}\right\} \tag{7-7}$$

式中，ε_i是连续变量的拟离散增量。

还需指出，以上由$\boldsymbol{X}_{R}$点沿 S 方向进行一维离散搜索，由于设计空间的离散点远远少于连续点，有可能沿$\boldsymbol{X}_{H}$和$\boldsymbol{X}_{C}$连线方向找不到一个比$\boldsymbol{X}_{H}$更好的点，这时需要改变一维离散搜索方向，而依次改用第 2 坏点，第 3 坏点，直至第 $k-1$ 个坏点和复合形中点$\boldsymbol{X}_{C}$的连线方向作为搜索方向重新进行一维搜索。如果依次进行了上述及 $k-1$ 个方向搜索后，仍找不到一个好于$\boldsymbol{X}_{H}$的点，则将离散复合形各顶点均向最好顶点$\boldsymbol{X}_{L}$方向收缩 1/3，构成新的复合形再进行一维搜索。

7.3.4　离散复合形算法的终止准则

当离散复合形所有顶点在各坐标轴方向上的最大距离d_i不大于相应设计变量x_i的离散值增量Δ_i（对连续变量为拟离散增量ε_i）时，表明离散复合形各顶点的坐标值已不再可能产生有意义的变化，d_i按式（7-8）计算：

$$d_i=b_i-a_i\quad(i=1,2,\cdots,n) \tag{7-8}$$

$$a_i=\min\{x_i^{(k)}(k=1,2,\cdots,2n+1)\}$$

$$b_i=\max\{x_i^{(k)}(k=1,2,\cdots,2n+1)\}$$

如果在 n 个坐标轴方向中，满足$d_i\leqslant\Delta_i$（或ε_i）关系的方向数大于一个预先给

定的分量数 EN，则可认为收敛，离散复合形迭代运算即可终止。EN 取 $\left[\frac{n}{2}\sim n\right]$ 间的正整数。

7.3.5 重构复合形

收敛条件所求得的复合形最好顶点，$\boldsymbol{X}_{\mathrm{L}}$ 仅是 Δ_i（或 ε_i）范围内的最好点。$\boldsymbol{X}_{\mathrm{L}}$ 并不能保证是单位邻域 $UN(\boldsymbol{X}_{\mathrm{L}})$ 内的最好点，由图 7-3 可知，单位邻域的坐标尺寸范围是两倍的 Δ_i（或 ε_i），因而将这种情况下的 $\boldsymbol{X}_{\mathrm{L}}$ 点作为最优点是不可靠的。为了避免漏掉最优点，我们再采取多次构造离散复合形进行运算，直到前后两次离散复合形运算的最好点重合为止。具体做法是以前一次满足终止条件得到的最好点 $\boldsymbol{X}_{\mathrm{L}}$ 作为初始点 $\boldsymbol{X}^{(0)}$，重新构造初始复合形进行迭代调优计算，如果下一次满足收敛条件得到的好点 $\boldsymbol{X}_{\mathrm{L}}$ 与 $\boldsymbol{X}^{(0)}$ 重合，即认为已求得最优解 $\boldsymbol{X}^*$，否则还应再次构造初始复合形继续运算。

7.3.6 离散复合形法的迭代过程及算法框图

离散复合形的迭代计算过程如下：

1）选择并输入运算的基本参数：维数 n，离散变量个数 p，各设计变量的上、下限 x_i^H 和 x_i^L，离散变量的离散值增量 $\Delta_i(i=1,2,\cdots,p)$，连续变量的拟离散增量 $\varepsilon_i(i=p+1,p+2,\cdots,n)$，判别收敛的分量数 EN。

2）选取一个满足设计变量上、下限的离散初始点 $\boldsymbol{X}^{(0)}$。

3）由 $\boldsymbol{X}^{(0)}$ 按式（7-3）产生 $k=2n+1$ 个复合形顶点。

4）计算各顶点的有效目标函数值。

5）各顶点按有效目标函数值的大小进行排队，找出最好点 $\boldsymbol{X}_{\mathrm{L}}$、最坏点 $\boldsymbol{X}_{\mathrm{H}}$。

6）检查复合形终止条件，若已满足则转第 13）步；否则进行下一步。

7）求除最坏点 $\boldsymbol{X}_{\mathrm{H}}$ 外的顶点几何中心 $\boldsymbol{X}_{\mathrm{C}}$，以 $\boldsymbol{X}_{\mathrm{C}}$ 为基点，沿 $\boldsymbol{X}_{\mathrm{C}}-\boldsymbol{X}_{\mathrm{H}}$ 方向进行一维离散搜索。

8）若一维离散搜索终点的有效目标函数值比 $\boldsymbol{X}_{\mathrm{H}}$ 点函数值小，则一维离散搜索成功，转第 9）步；否则转第 10）步。

9）用一维离散搜索终点代替 $\boldsymbol{X}_{\mathrm{H}}$ 点，完成一轮迭代，转入第 5）步。

10）改变搜索方向，即以下一个坏点为基点，沿该点与 $\boldsymbol{X}_{\mathrm{C}}$ 的连线方向进行一维离散搜索。

11）如搜索成功，转第 9）步；否则进行下一步。

12）若改变搜索方向未到 $2n$ 次，则返回第 10）步，否则各顶点向最好点收缩 1/3，转第 4）步。

13）检查 $\boldsymbol{X}_{\mathrm{L}}$ 点是否与 $\boldsymbol{X}^{(0)}$ 点重合，若不重合，则置 $\boldsymbol{X}_{\mathrm{L}}\Rightarrow\boldsymbol{X}^{(0)}$，转第 3）步；若重合，则输出结果 $\boldsymbol{X}_{\mathrm{L}}\Rightarrow\boldsymbol{X}^*$，$f(\boldsymbol{X}_{\mathrm{L}})\Rightarrow f(\boldsymbol{X}^*)$，结束迭代。

离散复合形法的算法框图如图 7-10 所示。

为进一步提高离散复合形法的效能，计算程序还可以按需要配以二次轨线加速搜索、贴边搜索、最终反射技术等辅助功能。

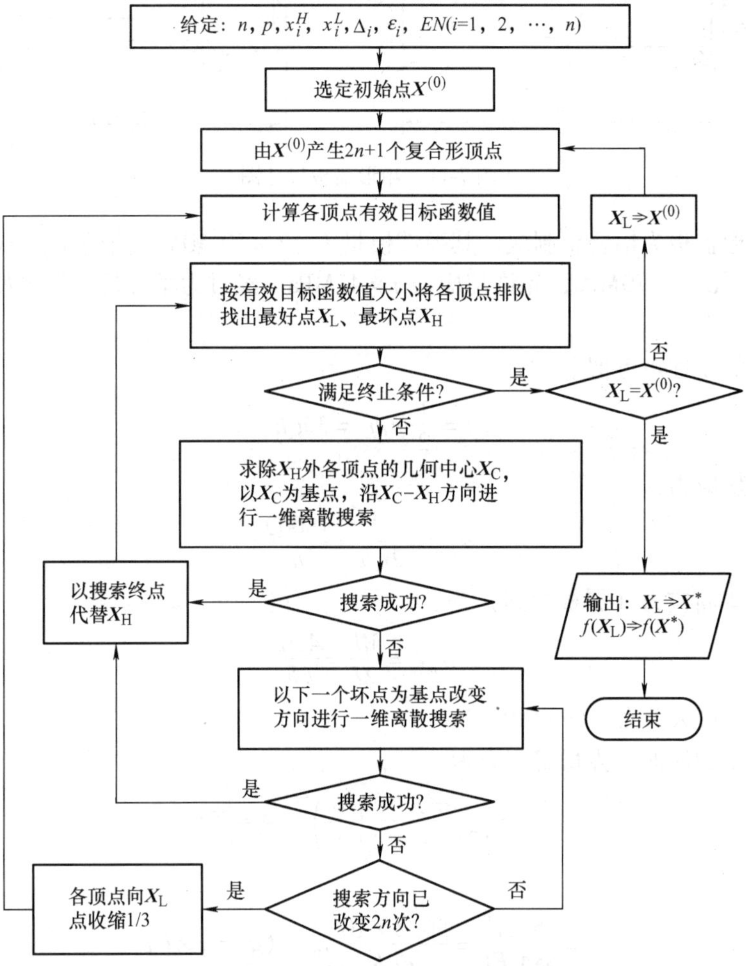

图 7-10　离散复合形法的算法框图

7.4　离散变量的优化设计实例

例题　如图 7-11 所示，设有一箱形盖板，已知长度 $l_0 = 600\text{cm}$，宽度 $b = 60\text{cm}$，厚度 $t_s = 0.5\text{cm}$。翼板厚度为 $t_f\text{cm}$，它承受最大的单位载荷 $q = 0.01\text{MPa}$，要求在满足强度、刚度和稳定性等条件下，设计一个重量最轻的结构方案。

解：（1）设计分析

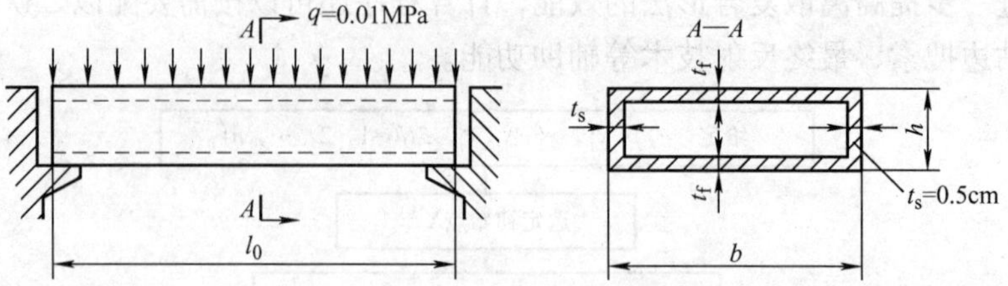

图 7-11 箱形盖板尺寸图

设箱形盖板为铝合金制成，其弹性模量 $E=7\times10^4$MPa，泊松比 $\mu=0.3$，允许弯曲应力 $[\sigma_b]=70$MPa，允许切应力 $\tau=45$MPa。经过力学分析，得出如下公式及数据。

截面的惯性矩近似取

$$I=\frac{1}{2}bt_f h^2=30t_f h^2$$

最大切应力为

$$\tau_{\max}=\frac{Q}{2t_s h}=\frac{18000}{h}$$

最大弯曲应力（翼板中间）为

$$\sigma_{\max}=\frac{Mh}{2I}=\frac{450}{t_f h}$$

式中，Q 为最大剪力，$Q=18000$N。

翼板中的屈曲临界稳定应力为

$$\sigma_k=\frac{\pi^2 E}{12(1-\mu^2)}\left(\frac{t_f}{b}\right)^2\times4\approx70t_f^2$$

最大挠度为

$$f=\frac{5}{384}\frac{q_1 l_0^4}{EI}=\frac{56.2\times10^4}{Et_f h^2}l_0\quad(q_1=q\times b)$$

盖板单位长度的质量（kg/cm）为

$$W=\rho(120t_f+h)$$

式中，ρ 为材料的密度，单位为 t/cm^3。

（2）数学模型

根据设计要求，建立如下数学模型：

设计变量为

$$\boldsymbol{X}=\begin{pmatrix}x_1\\x_2\end{pmatrix}=\begin{pmatrix}t_f\\h\end{pmatrix}$$

目标函数为

$$f(\boldsymbol{X})=120x_1+x_2$$

式中已略去密度ρ，因为它对目标函数极小化没有影响。

设计约束：按照强度、刚度和稳定性要求建立如下约束条件：

$$g_1(\boldsymbol{X})=x_1>0$$

$$g_2(\boldsymbol{X})=x_2>0$$

$$g_3(\boldsymbol{X})=[\tau]/\tau_{\max}-1=0.25x_2-1\geqslant 0$$

$$g_4(\boldsymbol{X})=[\sigma]/\sigma_{\max}-1=\frac{7}{45}x_1x_2-1\geqslant 0$$

$$g_5(\boldsymbol{X})=[\sigma_k]/\sigma_{\max}-1=\frac{7}{45}x_1^3x_2-1\geqslant 0$$

$$g_6(\boldsymbol{X})=[f]/f-1=\frac{1}{321.4}x_1x_2^2-1\geqslant 0$$

单位长度允许挠度取$[f]/l_0=1/400$。

在图 7-12 中给出了这个问题在设计平面上的几何关系：$f(\boldsymbol{X})$的等值线和约束边界曲线$g_1(\boldsymbol{X})\sim g_6(\boldsymbol{X})$。阴影线的右边为可行设计区域，其最优解在$P$点。

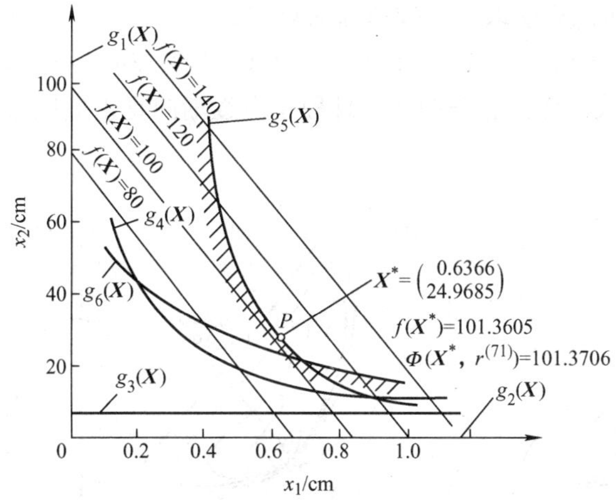

图 7-12　箱形盖板优化设计空间关系

（3）求解方法和结果

用内点惩罚函数法来解这个问题。其惩罚函数如下式：

$$\Phi(\boldsymbol{X},r^{(k)})=f(\boldsymbol{X})+r^{(k)}\sum_{u=1}^{6}\frac{1}{g_u(\boldsymbol{X})}$$

初始点取$\boldsymbol{X}^{(0)}=(1,30)^{\mathrm{T}}$，是一个可行点。取惩罚函数因子初始值$r^{(0)}=3$，缩减系数$c=0.7$，收敛精度$\varepsilon=10^{-6}$，用鲍威尔方法求函数$\Phi(\boldsymbol{X},r^{(k)})$的无约束优化极值，其计算结果见表 7-1。

表 7-1 用内点惩罚函数法求解盖板问题 （$x_1=t_f$，$x_2=$h 单位：cm）

$r^{(k)}$	X		$\Phi(X^*, r^{(k)})$	$r^{(k)}$	X		$\Phi(X^*, r^{(k)})$
	x_1	x_2			x_1	x_2	
3	1.0000	30.0000	157.5689	0.488×10^{-2}	0.6345	25.5097	102.0364
2.1	0.6519	33.3545	127.1697	⋮			
1.47	0.6460	32.1997	122.1886	0.231×10^{-4}	0.6366	24.9685	101.3803
1.029	0.6391	30.2894	115.0050	⋮			
0.7203	0.6373	29.5106	112.4360	0.45×10^{-6}	0.6366	24.9685	101.3709
0.6042	0.6361	28.8327	110.3670	⋮			
⋮				0.133×10^{-9}	0.6366	24.9685	101.3706
0.1729	0.6348	27.3077	106.2512	⋮			
⋮				0.17×10^{-11}	0.6366	24.9685	101.3706
0.0415	0.6349	26.1520	103.5664	0.6827×10^{-12}	0.6366	24.9685	101.3706

共循环 $k=71$ 次，r 值由 3 降至 0.6827×10^{-12}，迭代 129 次，其最优解为 $x_1^*=0.6366$，$x_2^*=24.9685$，$f(X^*)=101.3605$，$\Phi(X^*, r^{(71)})=101.3706$，由于 r 值几乎趋近于零，所以说明取得了较精确的解答。

在图 7-13 中给出了三个 r 值分别为 2.1，1.47 和 0.488×10^{-2} 的惩罚函数 $\Phi(X^*, r^{(k)})$ 等值线的图形，表明了条件极小点逐渐向真正最优点靠拢。

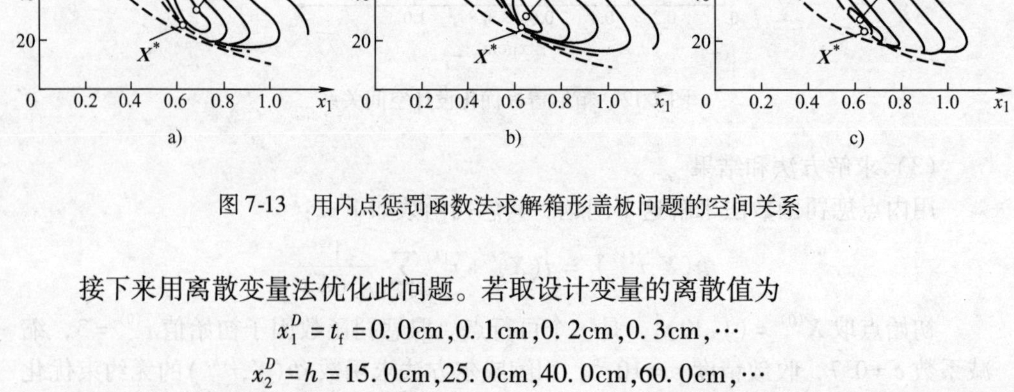

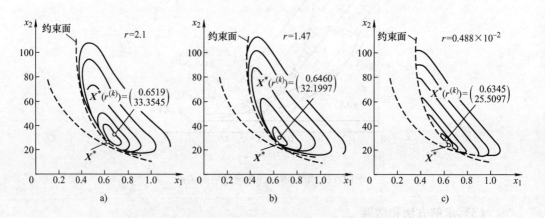

图 7-13 用内点惩罚函数法求解箱形盖板问题的空间关系

接下来用离散变量法优化此问题。若取设计变量的离散值为

$$x_1^D=t_f=0.0\text{cm}, 0.1\text{cm}, 0.2\text{cm}, 0.3\text{cm}, \cdots$$

$$x_2^D=h=15.0\text{cm}, 25.0\text{cm}, 40.0\text{cm}, 60.0\text{cm}, \cdots$$

该问题为全离散问题，其数学模型为

$$\min f(\boldsymbol{X}^D)=120x_1^D+x_2^D$$

$$\text{s.t.}\quad g_1(\boldsymbol{X}^D)=x_1^D>0$$

$$g_2(\boldsymbol{X}^D)=x_2^D>0$$

$$g_3(\boldsymbol{X}^D)=0.25x_2^D-1\geqslant 0$$

$$g_4(\boldsymbol{X}^D)=\frac{7}{45}x_1^D x_2^D-1\geqslant 0$$

$$g_5(\boldsymbol{X}^D)=\frac{7}{45}(x_1^D)^3 x_2^D-1\geqslant 0$$

$$g_6(\boldsymbol{X}^D)=\frac{1}{321.4}x_1^D(x_2^D)^2-1\geqslant 0$$

求 $\boldsymbol{X}^D=(x_1^D,\ x_2^D)^{\mathrm{T}}$

下面分别用离散随机搜索法、离散变量组合形法和离散惩罚函数法进行计算，并取得相同的离散最优解：$x_1^D=0.7$，$x_2^D=25.0$，表 7-2 列出了计算的有关数据，图 7-14 表示了按离散变量设计的设计空间关系。

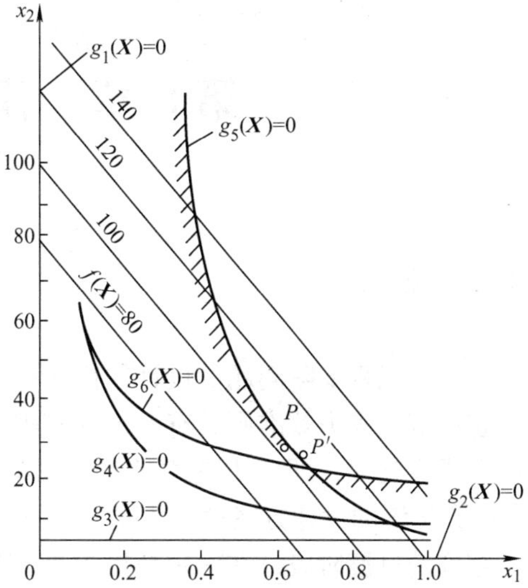

图 7-14　按离散变量设计箱形盖板的设计空间关系

表 7-2　三种离散优化方法的计算结果

	初始点		离散最优解			目标函数计算次数	约束函数计算次数	附注
	$x_1^{(0)}$	$x_2^{(0)}$	x_1^*	x_2^*	$f(\boldsymbol{X}^*)$			
离散随机搜索法	0.7	40	0.7	25.0	109.00	52	—	
离散变量组合形法	0.7	40	0.7	25.0	109.00	21	30	一维搜索用前进后退法
离散惩罚函数法	0.7	40	0.7	25.0	109.00	382	260	无约束极小化调用鲍威尔方法

由表 7-2 可以看出，虽然三种方法都能取得相同的计算结果，但其计算效率却显著不同。最后还应该说明，目前现有的离散优化方法还不能说是十分完善的，因为它们的解题能力与计算效率都与数学模型的性态有很大关系。因此，进一步研究通用性强、可靠和高效的约束非线性离散变量优化设计方法，不仅具有重要的理论价值，而且也具有非常重要的工程实际意义。

第 8 章　模糊优化设计

8.1　概述

许多工程实际问题的设计往往含有大量的不确定因素，尤其是结构设计中约束的容许范围和失效准则具有一定的模糊性，例如在轴的设计中，其承载的力越大，截面积应越大，即应力约束的形式可表达为 $F/A\leqslant[\sigma]$，这里，如果设计超出了 $[\sigma]$，传统的设计方案就认为是绝对不安全的，而实际上应力有一个从容许到完全不容许的过渡阶段，在一定范围内即使超出了 $[\sigma]$，仍然可认为是可用的，而且往往存在最优解。

机械设计中也存在大量模糊的信息，如在对结构优化设计时，通常要考虑一项或几项指标，如质量、造价、刚度、固有频率等作为设计目标；根据材料的强度、刚度性质和结构的使用要求，需要设计约束允许范围和失效准则的模糊性，以及结构在工作期间所受的载荷的模糊性和连接的边界条件的模糊性等。

模糊优化设计就是指在优化设计中考虑种种模糊因素，在模糊数学基础上发展起来的一种新的优化理论和方法。本章首先介绍模糊集合的基本概念，然后介绍几种模糊优化设计方法。

8.2　单目标模糊优化设计

8.2.1　模糊集

1. 模糊集的定义

给定论域 U 上的一个模糊集 $\tilde{A}$ 是指：对任何 $u\in U$，都指定了一个数 $\mu_{\tilde{A}}(u)\in[0,1]$ 与之对应，它叫作 u 对 $\tilde{A}$ 的隶属度，这意味着做出了一个映射，即

$$\mu_{\tilde{A}}:U\rightarrow[0,1],\ \mu\rightarrow\mu_{\tilde{A}}(u) \tag{8-1}$$

这个映射称为 $\tilde{A}$ 的隶属函数，其中的波浪号表示变量或运算中含有模糊信息，如图 8-1 所示。

模糊集完全由隶属函数刻画。特别地，当 $\mu_{\tilde{A}}(u)=\{0,1\}$ 时，$\mu_{\tilde{A}}$ 便蜕化为一个普通集合的特征函数，于是 $\tilde{A}$ 便蜕化为一个普通集合

$$\tilde{A} = \{u \in U | \mu_{\tilde{A}}(u) = 1\} \quad (8\text{-}2)$$

因此，普通集合是模糊集的特殊情况，而模糊集是普通集合的扩展。

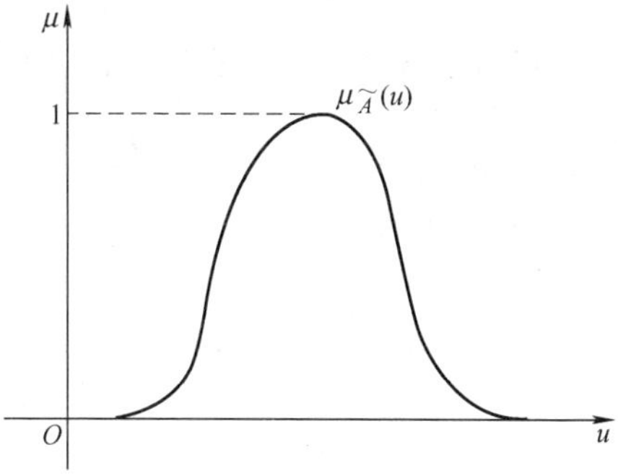

图 8-1　模糊集合的隶属函数

2. 模糊集的表示方法

模糊集的表示方法一般有三种，设 $\tilde{A}$ 为论域 U 上的模糊集合，$\tilde{A}$ 中的元素为 $\{a,b,c,d,e\}$，各元素所对应的隶属函数为 $\{1, 0.8, 0.4, 0.2, 0\}$。

（1）查德表示法

$$\tilde{A} = \frac{1}{a} + \frac{0.8}{b} + \frac{0.4}{c} + \frac{0.2}{d} + \frac{0}{e} \quad (8\text{-}3)$$

这里右端项并非分式求和，它仅仅是一种记号，分母位置为论域 U 的元素，分子位置为相应元素的隶属度。

当 U 是连续论域时，给出如下记法：

$$\tilde{A} = \int_U \frac{\mu_{\tilde{A}}(u)}{u} \text{ 或 } \tilde{A} = \{u, \mu_{\tilde{A}}(u) \mid u \in U\} \quad (8\text{-}4)$$

式中的积分号不是通常积分的意思，而是表示各个元素与其隶属度对应关系的一个总括。

（2）序偶表示法

$$\tilde{A} = \{(a,1),(b,0.8),(c,0.4),(d,0.2),(e,0)\} \quad (8\text{-}5)$$

其中每一元素是个序偶 (x,y)，第一个分量 x 表示论域中的元素，第二个分量 y 表示相应元素的隶属度。

（3）向量表示法

$$\tilde{\boldsymbol{A}} = (1, 0.8, 0.4, 0.2, 0) \quad (8\text{-}6)$$

3. 模糊集的基本运算

设 $\tilde{A}$、$\tilde{B}$ 为论域 U 上的两个模糊集合，则规定模糊集之间的包含 $\tilde{A} \supseteq \tilde{B}$、相等 $\tilde{A} = \tilde{B}$、并 $\tilde{A} \cup \tilde{B}$、交 $\tilde{A} \cap \tilde{B}$、余 $\tilde{A}^c$，运算如下：

$$\tilde{A} \supseteq \tilde{B} \Leftrightarrow \mu_{\tilde{A}}(u) \geqslant \mu_{\tilde{B}}(u)$$

$$\tilde{A} = \tilde{B} \Leftrightarrow \mu_{\tilde{A}}(u) = \mu_{\tilde{B}}(u)$$

$$\tilde{A} \cup \tilde{B} \Leftrightarrow \mu_{\tilde{A}}(u) \vee \mu_{\tilde{B}}(u)$$

$$\tilde{A} \cap \tilde{B}\ \tilde{B} \Leftrightarrow \mu_{\tilde{A}}(u) \wedge \mu_{\tilde{B}}(u)$$

$$\mu_{\tilde{A}^c} \Leftrightarrow 1-\mu_{\tilde{A}}(u)$$

模糊集的并、交、余运算的几何意义如图 8-2 所示。

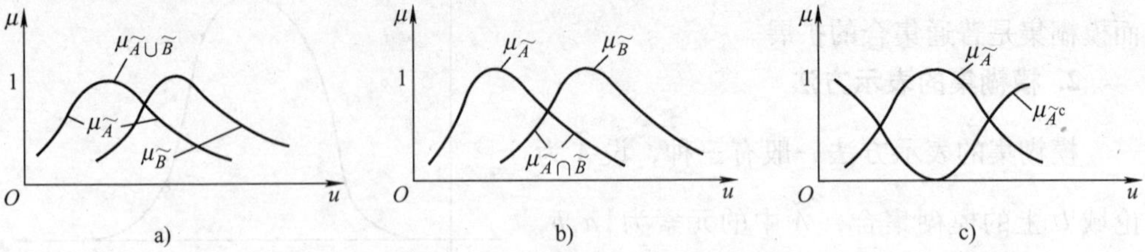

图 8-2　模糊集的基本运算

a）模糊集的并运算　b）模糊集的交运算　c）模糊集的余运算

这些运算具有幂等律、交换律、结合律、吸收律、分配律、两极律、复原律和对偶律等性质。并和交的运算还有多种其他定义，但常用的是取大和取小运算，这是由于它们计算简单，而且能为模糊决策分析提供合理的解释。

除了以上的并、交、余基本运算之外，模糊集还有许多其他运算，如模糊集的差、代数和、代数积、有界和、有界积、爱因斯坦积与和以及 Hamacher 积与和等。

8.2.2　隶属函数

隶属函数的选取在模糊优化问题的求解中是极其重要的，函数形状将直接影响最终的模糊最优解。判别隶属函数是否符合实际，不是看单个元素的隶属度的数值如何，而是要看这个函数是否正确反映了元素从属于集合到不属于集合这一变化过程的整体特性。模糊数学已总结出隶属函数的多种方法，可在实际应用中参考。

1. 常用的两种隶属函数形式

（1）正态型　这是最常见的一种分布，有以下 3 种。

1）降半正态型

$$\mu(x)=\begin{cases}1 & x\leqslant a\\ e^{-k(x-a)^2} & k>0,x>a\end{cases} \tag{8-7}$$

2）升半正态型

$$\mu(x)=\begin{cases}0 & 0\leqslant x\leqslant a\\ 1-e^{-k(x-a)^2} & k>0,x>a\end{cases} \tag{8-8}$$

3）正态对称型

$$\mu(x)=e^{-k(x-a)^2},k>0 \tag{8-9}$$

上述正态对称型适用于模糊变量具有某种对称性质，且随着偏离某中心位置，模糊变量的隶属程度将不断减小，如某零件“磨损量大约为某值”这一模糊事物，就可选用这种隶属函数加以描述。正态非对称型可用来描述模糊变量上下界取值的模糊允许范围。

(2) 梯形分布

1) 降半梯形分布

$$\mu(x)=\begin{cases}1 & x\leqslant a\\ \dfrac{b-x}{b-a} & a\leqslant x\leqslant b\\ 0 & b<x\end{cases} \tag{8-10}$$

2) 升半梯形分布

$$\mu(x)=\begin{cases}0 & x\leqslant a\\ \dfrac{x-a}{b-a} & a\leqslant x\leqslant b\\ 1 & b<x\end{cases} \tag{8-11}$$

3) 对称梯形分布小

$$\mu(x)=\begin{cases}0 & x\leqslant a\\ \dfrac{x-a}{b-a} & a\leqslant x\leqslant b\\ 1 & b<x\\ \dfrac{d-x}{d-c} & c\leqslant x\leqslant d\\ 0 & x\geqslant d\end{cases} \tag{8-12}$$

上述分布适用于模糊现象呈简单线性变化的情况。工程设计中为简化起见，通常将模糊设计变量上下界的取值区间用梯形分布隶属函数加以描述。

2. 其他常用隶属函数类型及突出重要程度参数调整方式

在多目标模糊优化中，目标之间经常是相互矛盾的，根据各目标的重要程度，选取合适的隶属函数数值，可调整最优解在设计空间的位置，使之向重要目标靠近，增加重要目标最优解的影响。其他常用隶属函数类型及参数调整方式见表 8-1。

表 8-1 常用隶属函数类型及参数调整方式

类　型	隶属函数	参数调整方式
尖 Γ 型	$\mu(x)=\begin{cases}e^{k(x-a)} & (x\leqslant a,k>0)\\ e^{-k(x-a)} & (x>a,k>0)\end{cases}$	增大 k
锥型	$\mu(x)=\begin{cases}(k-\lvert x-a\rvert)/k & (a-k\leqslant x\leqslant a+k,k>0)\\ 0 & 其他\end{cases}$	减小 k
柯西型	$\mu(x)=\dfrac{1}{1+k(x-a)^{\beta}}(\beta,k>0)$	增大 k
抛物型	$\mu(x)=\begin{cases}1-k(x-a)^2 & (a-1/\sqrt{k}\leqslant x\leqslant a+1/\sqrt{k},k>0)\\ 0 & 其他\end{cases}$	增大 k
正态型	$\mu(x)=e^{-k(x-a)^2}(k>0)$	增大 k

一般来说，从重要到不重要的目标，选取隶属函数的优先顺序依次为：尖Γ型、锥型、柯西型和抛物线型。上述顺序不是绝对的，隶属函数的形状一方面决定于其类型，另一方面还取决于其参数的大小。

8.2.3 截集

模糊集合是通过隶属函数来定义的，那么如何从模糊集合中挑选出符合设计要求的集合，实现模糊集合向普通集合的转化呢？这时可以取一定的阈值或置信水平 λ，即约定：当元素 u 对模糊集合 $\tilde{A}$ 的隶属度达到或超过 λ 时，就算作模糊集合的成员，这就引出了截集的概念，它是沟通模糊集和普通集之间的桥梁。

设 $\tilde{A}$ 是论域 U 上的模糊集合，对任意 $\lambda \in [0,1]$，记

$$\tilde{A}_\lambda = \{u \mid u \in U, \mu_{\tilde{A}}(u) \geqslant \lambda\}$$

显然，凡是一个经典集合，由论域 U 中对模糊集合 $\tilde{A}$ 的隶属度达到或超过 λ 的元素所组成的集合，当 λ 的取值由 1 逐渐减小而趋向零时，相应的 $\tilde{A}_\lambda$ 逐渐向外扩展，从而得到一系列的普通集合。从设计的观点来看，即一个模糊设计的问题转化为一系列不同置信水平 λ 的传统设计问题，如零件的许用应力存在着一个模糊区间，用降半梯形分布隶属函数表示为

$$\mu_\sigma = \frac{\sigma_2 - \sigma}{\sigma_2 - \sigma_1} \quad (\sigma_1 \leqslant x \leqslant \sigma_2) \qquad (8\text{-}13)$$

式中，σ_1 和 σ_2 为许用应力的上、下限，这样可以取一系列 $\lambda = \mu_\sigma$ 代入式（8-13），便可求出不同设计置信水平 λ 的许用应力，如图 8-3 所示。再按设计目标的要求，通过优化方法选择最佳的许用应力设计方案。

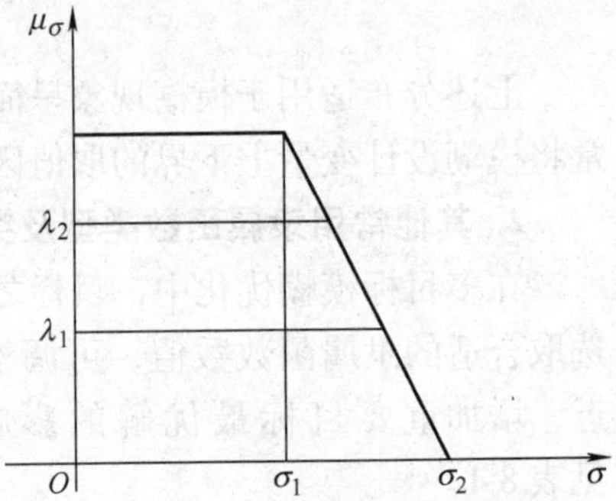

图 8-3 许用应力的隶属函数

8.2.4 模糊扩展原理

模糊扩展原理实质上是指用映射 f，将论域 U 上的模糊集合 $\tilde{A}$ 变为论域 V 上的模糊集合 $\tilde{B}$ 时，确定 $\tilde{B}$ 的隶属函数的原则和方法，可描述如下：

设 X_1，X_2，…，X_r，Y 为不同的论域；$\tilde{A}_1$，$\tilde{A}_2$，…，$\tilde{A}_r$ 为模糊集，且 $\tilde{A}_i \subseteq X_i$；$X = X_1 \times X_2 \times \cdots \times X_r$ 为笛卡儿乘积；映射 f 为

$$f = X \to Y$$

$$(x_1, x_2, \cdots, x_r) \to y = f(x_1, x_2, \cdots, x_r)$$

f在 y 上产生一个模糊集 $\tilde{B}$ 为

$$\tilde{B}=\{[y,\mu_{\tilde{B}}(y)]\mid y=f(x_1,x_2,\cdots,x_r),(x_1,x_2,\cdots,x_r)\in X\} \tag{8-14}$$

其中

$$\mu_{\tilde{B}}(y)=\bigvee_{y=f(x_1,x_2,\cdots,x_r)}\left[\bigwedge_{i=1}^{r}\mu_{\tilde{A}}(x_i)\right] \tag{8-15}$$

模糊扩展原理表明，系统模糊输入 $\tilde{A}$（模糊力、模糊位移、模糊材料属性等）通过映射 $\tilde{B}=f(\tilde{A})$，可将其隶属函数毫无保留地传递下去，这样，任意一模糊输入量的性质必将传递给一模糊响应量，如图 8-4 所示。

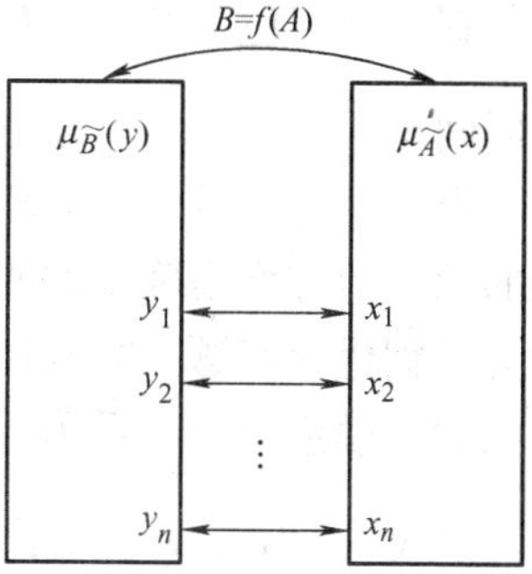

图 8-4　模糊扩展原理

8.2.5　模糊优化的数学模型

进行模糊优化设计之前，首先要建立其数学模型，与普通优化设计的数学模型一样，模糊优化的数学模型也包括设计变量、目标函数和约束条件三个基本要素。

1. 设计变量

设计变量为设计过程中所选的非相关的变化量，一般包括结构的几何参数、材料特性参数等。由于设计问题的复杂性，设计变量可以是确定的、随机的和模糊的。

2. 目标函数

目标函数是衡量设计优劣的指标，根据问题的性质，可以有一个或多个目标函数。目标函数一般包括结构的质量、造价、刚度、固有频率、惯量和可靠性等性能指标。设计方案的优劣本身就是一个模糊概念，没有确定的界限和标准，特别是对于多目标优化设计，目标函数之间通常都是相互矛盾的，往往得不到理想解，而只能得到满意解。如果目标函数是模糊的，记作 $\tilde{f}(\boldsymbol{X})$。

3. 约束条件

约束条件在设计空间中形成一个可行域，只有满足所有约束条件的设计才认为是可行设计，否则为不可行设计。约束条件一般分为三个方面：一是几何约束，如结构尺寸与形状约束等；二是性能约束、如应力约束、刚度约束、位移约束、频率约束和稳定性约束等；三是人文因素约束，如政治形式约束、经济政策约束、环境因素约束等。以上约束条件，特别是人文因素约束和性能约束条件中，包含大量的模糊信息。根据约束的模糊性质，又把模糊约束分为两类。

（1）广义模糊约束　其模糊约束条件可以表达为 $\tilde{g}_j(\boldsymbol{X})\tilde{\subset}\tilde{G}_j\ (j=1,2,\cdots,J)$。式中，$\tilde{g}_j(\boldsymbol{X})$代表应力、位移、频率等模糊物理量；$\tilde{G}_j$是$\tilde{g}_j(\boldsymbol{X})$所允许的范围，其

意义为模糊量 $\tilde{g}_j(\boldsymbol{X})$ 在模糊意义下落入模糊允许区间 $\tilde{G}_j$。

(2) 普通模糊约束　当 $\tilde{g}_j(\boldsymbol{X})$ 为非模糊量时，约束条件变为 $\tilde{g}_j(\boldsymbol{X}) \tilde{\subset} \tilde{G}_j$，这是工程设计中最常见的一种情况，其意义为确定量 $g_j(\boldsymbol{X})$ 在模糊意义下落入模糊允许区间 $\tilde{G}_j$。

设计变量、目标函数和约束条件，三者都可以是模糊的，也可以某一方面是模糊的而其他方面是确定的或随机的，但只要其中一项包含了模糊信息，该优化问题即为模糊优化问题。当设计变量、目标函数和约束条件中都具有模糊性时，模糊优化的数学模型可以表示为

$$\text{求}\ \tilde{\boldsymbol{X}} = (x_1, x_2, \cdots, x_n)^{\mathrm{T}}$$

$$\min \quad \tilde{f}(\boldsymbol{X})$$

$$\text{s. t.} \quad \tilde{g}_j(\boldsymbol{X}) \tilde{\subset} \tilde{G}_j (j=1,2,\cdots,J)$$

8.2.6 模糊允许区间上下界的确定

对于模糊优化设计，建立模糊约束的隶属函数后，还必须确定模糊允许区间的上下界，即模糊集合过渡区的范围，其方法有许多种，这里仅介绍工程中用得比较多的扩增系数法。

扩增系数法在充分考虑常规设计所积累的经验基础和常规设计规范所给出的许用值基础上，通过引入一扩增系数 β 来确定过渡区间的上下界。这里以确定许用应力的上下界为例来说明：普通的应力约束可写为 $\sigma \leqslant [\sigma]$，这里 $[\sigma]$ 由设计规范给出，是一种不合理的刚性约束，如果考虑许用应力 $[\sigma]$ 存在一个模糊区间，则可取 $[\sigma]$ 过渡区间的上、下界为

$$\underline{\sigma} \leqslant [\sigma], \overline{\sigma} \leqslant \beta[\sigma]$$

式中扩充了许用应力的上界，也可根据情况扩充下界或同时扩充上下界，β 的大小可根据约束的性质或模糊综合决策来确定。该方法在设计规范所给出的许用值的基础上，通过引入一扩增系数 β 来确定过渡区的上下界，是一种简单适用的工程方法。

8.3 单目标模糊优化设计

8.3.1 迭代法

迭代法适合于求解对称模糊优化问题。对称的模糊优化是指目标和约束在优化问题中是同等重要的，因而模糊目标集和模糊约束集的交集中存在一个点，它同时

使目标和约束得到最大程度的满足。其形式为，在论域 U 上，模糊目标集为 $\tilde{F}$，模糊约束集为 $\tilde{G}$，则它们的交集 $\tilde{D}=\tilde{F}\cap\tilde{G}$ 称为模糊优越集。

设模糊约束集 $\tilde{G}$ 的 λ 水平截集为

$$G_\lambda=\{\boldsymbol{X}\mid\tilde{G}\geqslant\lambda,\boldsymbol{X}\in U\} \tag{8-16}$$

则模糊优越集的最大值为

$$d(\boldsymbol{X}^*)=\max\ \tilde{d}(\boldsymbol{X})=\max_{\lambda\in[0,1]}[\lambda\bigwedge\max_{\boldsymbol{X}\in G_\lambda}\tilde{f}(\boldsymbol{X})] \tag{8-17}$$

利用上述定理，可以构造一个迭代寻优的准则，建立一套迭代寻优的具体方法。对于求解对称模糊优化问题可归结为求

$$\lambda^*=\max_{\boldsymbol{X}\in G_{\lambda*}}\tilde{f}(\boldsymbol{X})=\max\ \tilde{d}(\boldsymbol{X}) \tag{8-18}$$

的问题，只要求得这样的 λ^*，则在水平截集 G_{λ^*} 下极大化模糊目标函数 $\tilde{f}(\boldsymbol{X})$，便可得到问题的最优解 $\boldsymbol{X}^*$。我们称 λ^* 为最优 λ，相应的水平截集为最优水平截集。

由式（8-18）知

$$\lambda^*-\max_{\boldsymbol{X}\in G_{\lambda*}}\tilde{f}(\boldsymbol{X})=0 \tag{8-19}$$

由于 λ^* 是唯一的，只有当 λ 为最优时，式（8-19）才成立，否则将不等于零，因此，我们可以把式（8-19）作为一个准则，把寻求最优和最优解的过程，归结为使

$$\boldsymbol{\varepsilon}^{(k)}=\lambda^{(k)}-\max_{\boldsymbol{X}\in G_{\lambda(k)}}\tilde{f}(\boldsymbol{X}) \tag{8-20}$$

逐渐趋于零的过程。工程上，并不要求得到绝对满足式（8-19）的最优解，而只要求式（8-20）的 $\boldsymbol{\varepsilon}^{(k)}$ 为小于预先给定的一个非负小量即可，因此，寻求最优和最优解的过程，可归结为使

$$|\lambda^{(k)}-\tilde{f}^{(k)}(\boldsymbol{X})|\leqslant\boldsymbol{\varepsilon}$$

逐渐得到满足的过程，其中，$k=1,\ 2,\ 3,\ \cdots,\ n$，表示迭代次数；$\widetilde{f^{(k)}}(\boldsymbol{X})=\max\limits_{\boldsymbol{X}\in G_{\lambda(k)}}\tilde{f}(\boldsymbol{X})$ 表示第 k 次迭代的水平截集 $G_{\lambda(k)}$ 上 $\tilde{f}(\boldsymbol{X})$ 的最大值。一般预先给定收敛精度，通常 $\varepsilon=10^{-3}\sim10^{-5}$，可根据需要选取。

上述解法的迭代步骤如图 8-5 所示。

8.3.2　最优水平截集法

1. 求解原理

如果只有约束条件是模糊的，而目标函数是清晰的，则该模糊优化问题为非对

称模糊优化问题，可利用最优水平截集法求解。

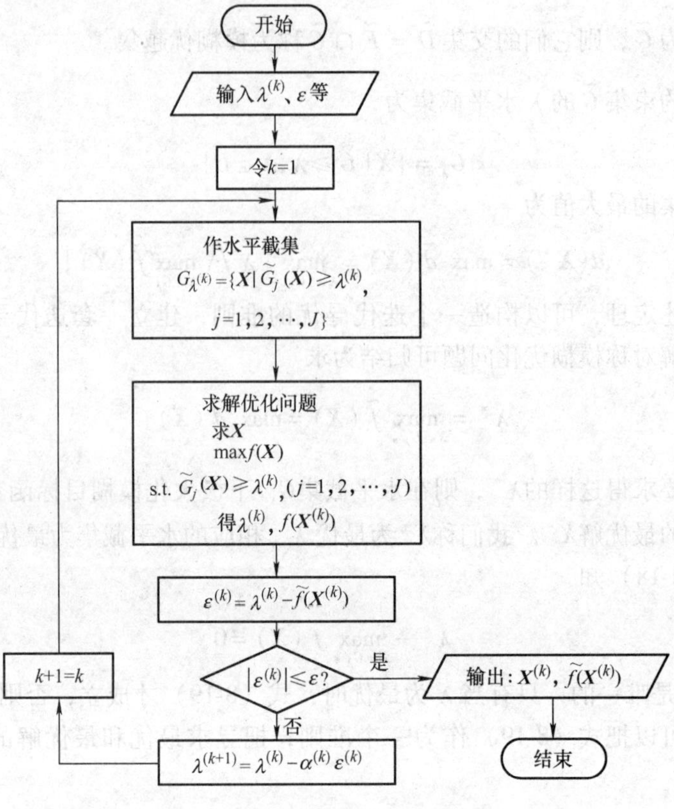

图 8-5　对称模糊优化解的迭代框图

设$\mu_{\widetilde{G}_j}(g_j(\boldsymbol{X}))$为物理量$g_j(\boldsymbol{X})$对模糊允许区间$\widetilde{G}_j$的隶属度，则$g_j(\boldsymbol{X})$对模糊约束的满足度，可记为

$$\beta_j=\mu_{\widetilde{G}_j}(g_j(\boldsymbol{X})) \tag{8-21}$$

当$\beta_j=1$时，该约束得到严格的满足；当$\beta_j=0$时，该约束未得到满足；当$0<\beta_j<1$时，该约束得到一定程度的满足。

模糊允许范围$\widetilde{G}_j$在设计空间划出一个具有模糊边界的模糊允许域和模糊不允许域，因此，所有模糊约束在设计空间围成了一个具有模糊边界的可用域，记为

$$\widetilde{\Omega}=\bigcap_{j=1}^{J}\widetilde{G}_j \tag{8-22}$$

式（8-22）表示设计空间的模糊可用域$\widetilde{\Omega}$是所有模糊约束空间$\widetilde{G}_j(j=1,2,\cdots,J)$的交集。也就是说，$\widetilde{\Omega}$中的每一个可用点是所有$\widetilde{G}_j$的可用点，它们在满足度大于零的意义下满足所有模糊约束。

对于广义模糊约束来说，可将模糊约束记为

$$\tilde{\Omega} = \{ \tilde{g}_j \subset \tilde{G}_j \} \tag{8-23}$$

式（8-23）表示广义模糊约束 $\tilde{\Omega}$ 就是要求模糊约束函数 $\tilde{g}_j$ 在模糊意义下落入模糊允许区间 $\tilde{G}_j$。因此，对此模糊约束的满足度 β_j 必须根据模糊约束函数 $\tilde{g}_j$ 的隶属函数 $\beta_j = \mu_{\tilde{g}_j}$ 的图形，以及它的模糊允许区间 $\tilde{G}_j$ 的隶属函数 $\mu_{\tilde{G}_j}$ 的图形的相对位置来定义。

如图 8-6 所示，当 $\tilde{g}_j$ 完全落入 $\tilde{G}_j$ 内时，相当于 $\tilde{g}_j$ 的隶属函数图形完全落入 $\tilde{G}_j$ 的隶属函数图形内，约束得到完全满足，此时满足度 $\beta_j = 1$；当 $\mu_{\tilde{g}_j}$ 和 $\mu_{\tilde{G}_j}$ 的图形重叠时，约束得到一定程度的满足，此时 $0 < \beta_j < 1$；

当 $\tilde{g}_j$ 的隶属函数图形落入 $\tilde{G}_j$ 的隶属函数图外时，约束完全没有得到满足，此时满足度 $\beta_j = 0$。

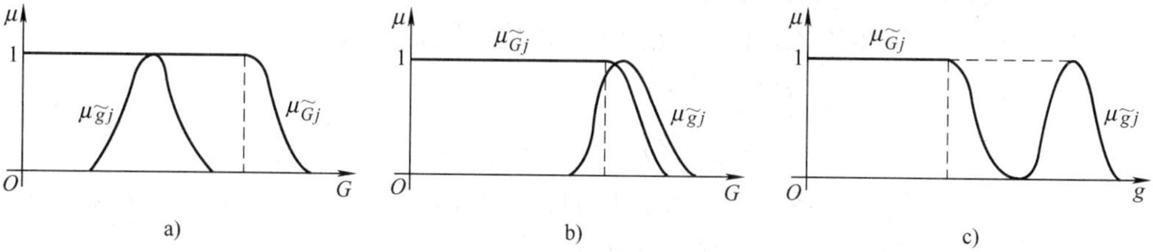

图 8-6　模糊约束满足度

a）$\beta_j = 1$　b）$0 < \beta_j < 1$　c）$\beta_j = 0$

2. 普通模糊约束的优化问题

根据上述原理，其求解的基本思想是：通过 λ 水平截集将模糊子集 $\tilde{G}$ 分解为若干个普通集合 G_λ，然后求目标函数 $f(\boldsymbol{X})$ 在 G_λ 上的极值，进而求得在 $\tilde{G}$ 上的模糊条件极值，即在模糊允许区间 $\tilde{G}$ 中，在隶属度 $\mu_{\tilde{G}}(g) \geqslant \lambda (\lambda \in [0,1])$ 的区间构成实数论域上的一个普通子集，即

$$G_\lambda = \{ g | \mu_{\tilde{G}}(g) \geqslant \lambda \}$$

可以看出，两个不同的水平截集满足

$$\lambda_1 \leqslant \lambda_2 \Rightarrow G_{\lambda_1} \supseteq G_{\lambda_1}$$

即 λ 值越小，G_λ 的区间就越大，当 $\lambda = 0$ 时，包括了全部的允许域；当 $\lambda = 1$ 时，变为最严格的区间。因此在机械结构模糊优化设计过程中，λ 可以理解为“设计水平”的概念，在实际优化过程中可以取不同的值，便得到一系列的水平最优解，供决策者选择，其中必然存在一个最优的 λ^*，与之相应的水平截集为

$$G_{j\lambda^*}=\{g\mid\mu_{\tilde{G}}(g)\geqslant\lambda^*\}\quad(j=1,2,\cdots,J)$$

$G_{j\lambda^*}$称为最优水平截集。用此水平截集代替全部的模糊允许区间，模糊优化问题可以转化为具有设计水平的非模糊优化问题，即

$$\begin{cases}\min\limits_{X\in\mathbf{R}^n}f(X)\\ \text{s. t. }\ \mu_{\tilde{G}}(g_j)\geqslant\lambda^*\quad(j=1,2,\cdots,J)\end{cases}\tag{8-24}$$

因此，具有普通模糊约束的非对称模糊优化问题的具体解题步骤如下：

1）使约束条件模糊化，建立各个模糊允许区间$\tilde{G}_j$的隶属函数；

2）寻求一最优水平值λ^*；

3）作模糊约束$\tilde{G}_j$的最优水平截集$G_{j\lambda^*}$，将模糊问题转化为$G_{j\lambda^*}$上的常规优化问题；

4）用常规的解法求式（8-24），即得到模糊优化问题的最优解X^*。

3. 广义模糊约束的优化问题

广义模糊约束的优化问题求解方法与普通模糊优化问题的基本一致，即引入一λ，将广义模糊约束的优化问题转化为求常规优化问题，即

$$\begin{cases}\min\limits_{X\in\mathbf{R}^n}f(X)\\ \text{s. t. }\ \beta_j(X)\geqslant\lambda_j\quad(j=1,2,\cdots,J)\end{cases}\tag{8-25}$$

改变λ值可得到一系列普通优化模型，从而得到一系列优化方案，如果已求得最优水平λ^*，则可得到相应的最优水平截集，即

$$\Omega_{j\lambda^*}=\{X\mid\beta_j(X)\geqslant\lambda_j^*,X\in U(j=1,2,\cdots,J)\}$$

$$\Omega_{j\lambda^*}=\bigcap_{j=1}^{J}\tilde{\Omega}_{j\lambda^*}$$

则模糊优化问题可记为

$$\left.\begin{array}{l}\min\limits_{X\in\mathbf{R}^n}f(X)\\ \text{s. t. }\ \beta_j(X)\geqslant\lambda_j^*\quad(j=1,2,\cdots,J)\end{array}\right\}\tag{8-26}$$

综上所述，求解具有广义模糊约束的非对称模糊优化问题的最优水平截集法步骤如下：

1）建立设计变量X对广义模糊约束$\tilde{\Omega}_j$的满足度$\beta_j(X)$；

2）寻求一最优水平值λ^*；

3）作模糊约束$\tilde{\Omega}_j$的最优水平截集$\Omega_{j\lambda^*}$，将模糊问题转化为$\Omega_{j\lambda^*}$上的常规优化问题；

4）用常规的解法求式（8-26），即得到模糊优化问题的最优解X^*。

4. 最优水平截集的确定

用最优水平截集法求解模糊优化问题时，关键问题是确定最优水平截集，即确

定最优的值，主要有规划法和模糊综合评判法。

1）规划法的基本思想是：由于最优λ^*值应使得结构既安全可靠，又经济节省，因此λ^*值应根据结构的初始造价 $G(\boldsymbol{X}_\lambda)$ 和结构使用中所需补充的费用（维修费用、灾害损失费用等）的期望值 $E(\boldsymbol{X}_\lambda)$ 来决定。初始造价和期望值既是$\boldsymbol{X}_\lambda$的函数，故也是 λ 的函数。随着 λ 的增大，$G(\boldsymbol{X}_\lambda)$ 值增大，$E(\boldsymbol{X}_\lambda)$ 值减小，因此，确定 λ^* 的问题，可归结为求解如下的数学规划问题，即

$$\begin{cases}\min\limits_{\lambda\in\mathbf{R}} W(\lambda)=G(\lambda)+E(\lambda)\\ \qquad \text{s. t.}\ 0\leqslant\lambda\leqslant 1\end{cases}$$

此规划问题的最优解，即为所求的最优λ^*值。

2）模糊综合评判法就是应用模糊变换原理对其所考虑的事物进行综合评价。当对上述的最优水平值进行决策时，凡是对结构安全可靠和经济节省有影响的因素，如设计水平、制造水平、材料好坏、重要程度、使用条件、维修保养费等，都可以作为集中因素加以考虑。首先建立因素集、评价集，进行单因素模糊评判，建立权重集，最后进行模糊综合评判，根据需要可采用一级模糊综合评判、二级模糊综合评判和多级模糊综合评判，详细步骤见有关的参考资料。

8.4　多目标模糊优化设计

大部分工程优化问题都含多个优化目标，并受多个等式和不等式约束。设计目标经常是互相矛盾的，所以不能同时达到最优。例如，在设计一个传动装置时，希望它的重量最轻、承载能力最高，同时又要使它的寿命最长；在设计高速凸轮机构时，不仅要求体积最小，而且要求其柔性误差最小、动力性能最好等。因此，设计者用经典数学建立系统的正确模型的困难变得更大，处理这样的问题需要借助于模糊理论。

8.4.1　对称多目标模糊优化模型的求解

对于具有 I 个模糊目标、J 个模糊约束的多目标模糊优化问题，当给出论域 U 上的模糊目标集 $\tilde{F}_i(i=1,2,\cdots,I)$ 和模糊约束集 $\tilde{G}_j(j=1,2,\cdots,J)$ 时，对称条件下的模糊判决为

$$\tilde{D}=\left(\bigcap_{i=1}^{I}\tilde{F}_i\right)\cap\bigcap_{j=1}^{J}\tilde{G}_j$$

其隶属函数为

$$\mu_{\tilde{D}}(\boldsymbol{X})=\left[\bigwedge_{i=1}^{I}\mu_{\tilde{F}_i}(\boldsymbol{X})\right]\wedge\left[\bigwedge_{j=1}^{J}\mu_{\tilde{G}_j}(\boldsymbol{X})\right]$$

最优解为使模糊判决的隶属函数取最大值的$\boldsymbol{X}^*$，即

$$\mu_{\tilde{D}}(X^*) = \max \mu_D(X)$$

采用直接解法求解时，上式可归结为求解如下的常规优化问题：

$$\begin{cases} \max\limits_{\lambda \in \mathbf{R}, X \in \mathbf{R}^n} \lambda \\ \text{s.t. } \mu_{\tilde{G}_j}(X) \geqslant \lambda (j=1,2,\cdots,J)(0 \leqslant \lambda \leqslant 1) \\ \mu_{\tilde{F}_i}(X) \geqslant \lambda (i=1,2,\cdots,I) \end{cases} \tag{8-27}$$

8.4.2 普通多目标模糊优化问题的求解

这类多目标模糊优化问题的数学模型为

$$\begin{cases} \max\limits_{X \in \mathbf{R}^n} f(X) = (f_1(X), f_2(X), \cdots, f_I(X))^{\mathrm{T}} \\ \text{s.t. } \tilde{G} = \bigcap\limits_{j=1}^{p} G_j = \{X | X \in \mathbf{R}^n, g_j(X) \tilde{\leqslant} b_j^u (j=1,2,\cdots,J), g_j(X) \tilde{\leqslant} b_j^l (j=J+1,J+2,\cdots,p)\} \end{cases} \tag{8-28}$$

对于 $\tilde{G}$ 中每一模糊约束 $\tilde{G}_j$ 的约束上下限给出容差 d_j，并采用线性隶属函数 $\mu_{\tilde{G}_j}(X)$，如图 8-7 所示，则

$$\mu_{\tilde{G}_j}(X) = \begin{cases} 1, & g_j(X) \leqslant b_j^u \\ \dfrac{(b_j^u + d_j^u) - g_j(X)}{d_j^u}, & b_j^u < g_j(X) < b_j^u + d_j^u (j=1,2,\cdots,J) \\ 0, & g_j(X) \geqslant b_j^u + d_j^u \end{cases}$$

$$\mu_{\tilde{G}_j}(X) = \begin{cases} 0, & g_j(X) \leqslant b_j^l - d_j^l \\ \dfrac{g_j(X) - (b_j^l - d_j^l)}{d_j^l}, & b_j^l - d_j^l \leqslant g_j(X) \leqslant b_j^l (j=J+1,J+2,\cdots,p) \\ 1, & g_j(X) \geqslant b_j^l \end{cases}$$

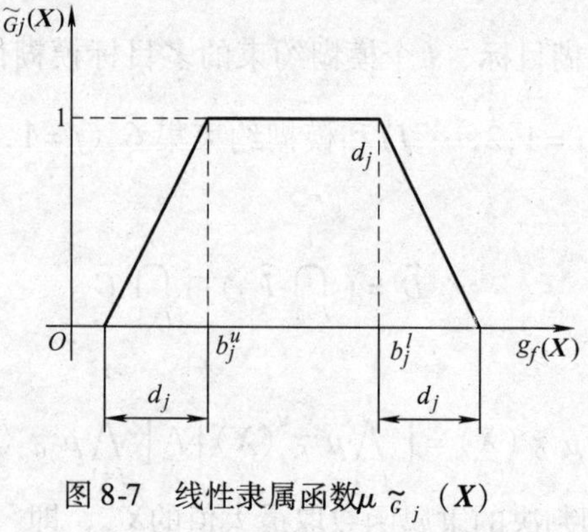

图 8-7 线性隶属函数 $\mu_{\tilde{G}_j}(X)$

应该指出，各子目标函数$f_i(\boldsymbol{X})\,(i=1,2,\cdots,I)$可能的最小值$m_i$受到约束条件模糊性的影响，而其可能的最大值$M_i$又受到其子目标函数最小点的影响。因此，在满足模糊约束条件的多目标优化情况下，各子目标函数$f_i(\boldsymbol{X})$将在特定的区间内变化，形成模糊目标最小集$\tilde{F}_i$。构造隶属函数$\mu_{\tilde{F}_i}(\boldsymbol{X})$的具体步骤如下

1）求各子目标函数在约束条件最宽松情况下可能的最小值，即

$$\min_{\boldsymbol{X}\in\mathbf{R}^n} f_i(\boldsymbol{X})\,(i=1,2,\cdots,I)$$
$$\text{s. t. } g_j(\boldsymbol{X})\leqslant b_j^u+d_j^u(j=1,2,\cdots,J)$$
$$g_j(\boldsymbol{X})\geqslant b_j^l-d_j^l(j=J+1,J+2,\cdots,p)$$

用常规优化方法求得其解为$\boldsymbol{X}_i^*$，最小值为$f_i(\boldsymbol{X}_i^*)$。将X_i^*代入其余的子目标函数，得$f_l(\boldsymbol{X}_i^*)\,(l=1,2,\cdots,I,l\neq i)$。

2）找出各子目标函数可能的最小值m_i和最大值M_i，即

$$\left.\begin{aligned} m_i &= \min_{1\leqslant l\leqslant I} f_i(\boldsymbol{X}_l^*)=f_i(\boldsymbol{X}_i^*)\\ M_i &= \max_{1\leqslant l\leqslant I} f_i(\boldsymbol{X}_l^*)\end{aligned}\right\}\quad(i=1,2,\cdots,I)$$

3）构造各子目标函数模糊目标集$\tilde{F}_i$的隶属函数

$$\mu_{\tilde{F}_i}(\boldsymbol{X})=\begin{cases}1, & f_i(\boldsymbol{X})\leqslant m_i\\ \dfrac{M_i-f_i(\boldsymbol{X})}{M_i-m_i}, & m_i<f_i(\boldsymbol{X})<M_i(i=1,2,\cdots,I)\\ 0, & f_i(X)\geqslant M_i\end{cases}$$

4）构造综合模糊目标集$\tilde{F}$和综合模糊约束集$\tilde{G}$的模糊判决$\tilde{D}$的隶属函数，求出最优点$\boldsymbol{X}^*$使最优判决为

$$\mu_{\tilde{D}}(\boldsymbol{X}^*)=\max\mu_{\tilde{D}}(\boldsymbol{X})$$

为适应对工程设计不同决策思想的需要，可采用不同形式的模糊判决：交模糊判决、凸模糊判决和积模糊判决。

交模糊判决的隶属函数定义为

$$\mu_{\tilde{D}}(X)=\Big[\bigwedge_{i=1}^{I}\mu_{\tilde{F}_i}(\boldsymbol{X})\Big]\wedge\Big[\bigwedge_{j=1}^{p}\mu_{\tilde{G}_j}(\boldsymbol{X})\Big]$$

则式（8-28）所示的普通多目标模糊优化问题转化为

$$\begin{cases}\max\limits_{\boldsymbol{X}\in\mathbf{R}^n}\mu_{\tilde{D}}(\boldsymbol{X})=\lambda\\ \text{s. t. } \mu_{\tilde{F}_i}(\boldsymbol{X})\geqslant\lambda(i=1,2,\cdots,I)\\ \quad\mu_{\tilde{G}_j}(\boldsymbol{X})\geqslant\lambda(j=1,2,\cdots,p)\\ \quad 0\leqslant\lambda\leqslant 1\end{cases}\tag{8-29}$$

凸模糊判决的隶属函数定义为

$$\mu_{\tilde{D}}(\boldsymbol{X}) = \sum_{i=1}^{I} \bar{\omega}_i \mu_{\tilde{F}_i}(\boldsymbol{X}) + \sum_{j=1}^{p} \bar{\omega}_{I+j} \mu_{\tilde{G}_j}(\boldsymbol{X}) \tag{8-30}$$

其中

$$\sum_{i=1}^{I} \bar{\omega}_i - \sum_{j=1}^{p} \bar{\omega}_{I+j} = 1$$

$$\bar{\omega}_i \geqslant 0$$

$$\bar{\omega}_{I+j} \geqslant 0$$

则式（8-28）所示的普通多目标模糊优化问题转化为

$$\begin{cases} \max\limits_{\boldsymbol{X} \in \mathbf{R}^n} \mu_{\tilde{D}}(\boldsymbol{X}) = \sum\limits_{i=1}^{I} \bar{\omega}_i \mu_{\tilde{F}_i}(\boldsymbol{X}) + \sum\limits_{j=1}^{p} \bar{\omega}_{I+j} \mu_{\tilde{G}_j}(\boldsymbol{X}) \\ \text{s. t. } g_j(\boldsymbol{X}) \leqslant b_j^u + d_j^u (j = 1,2,\cdots,J) \\ \qquad g_j(\boldsymbol{X}) \geqslant b_j^l - d_j^l (j = J+1, J+2,\cdots,p) \end{cases} \tag{8-31}$$

积模糊判决的隶属函数定义为

$$\mu_{\tilde{D}}^{PT}(\boldsymbol{X}) = \left[\left(\prod_{i=1}^{I} \mu_{\tilde{F}_i}(\boldsymbol{X}) \right) \cdot \left(\prod_{j=1}^{p} \mu_{\tilde{G}_j}(\boldsymbol{X}) \right) \right]^{\frac{1}{1+p}}$$

则式（8-28）所示的普通多目标模糊优化问题转化为

$$\begin{cases} \max\limits_{\boldsymbol{X} \in \mathbf{R}^n} \mu_{\tilde{D}}^{PT}(\boldsymbol{X}) = \left[\left(\prod\limits_{i=1}^{I} \mu_{\tilde{F}_i}(\boldsymbol{X}) \right) \cdot \left(\prod\limits_{j=1}^{p} \mu_{\tilde{G}_j}(\boldsymbol{X}) \right) \right]^{\frac{1}{1+p}} \\ \text{s. t. } g_j(\boldsymbol{X}) \leqslant b_j^u + d_j^u (j = 1,2,\cdots,J) \\ \qquad g_j(\boldsymbol{X}) \geqslant b_j^l + d_j^l (j = J+1, J+2,\cdots,p) \end{cases} \tag{8-32}$$

经过严格的理论证明，应用上述不同形式的模糊判决求得的满意解均为弱有效解。交模糊判决反映了使各子目标和各约束中最差分量得到改善的谨慎思想，其结果仅使最差分量极大化，而其余量在一定范围内变化并不直接影响结果，丢失了不少信息。凸模糊判决属于算术平均型判决，它涉及各子目标、各约束之间的相对重要性，反映了对各方面均有所考虑的平均思想，表达明确、直观，且对重要指标的作用易于掌握。积模糊判决属于几何平均型判决，即从几何平均意义上考虑各子目标、各约束分量的影响。

8.4.3 多目标模糊优化的分层序列法

在某些多目标优化设计问题中，存在着一些特别重要的目标，如果这些重要的目标没有达到最优，则不考虑其他目标。例如，进行精密机床设计时首先需要考虑主轴的刚度满足要求，然后再考虑质量等其他目标。针对这些问题，多目标优化分层序列法已能很好地解决，推广到多目标模糊优化情况，可将模型表示为

$$
\begin{cases}
\min\limits_{X \in \mathbf{R}^n} F(\boldsymbol{X}) = (f_1(\boldsymbol{X}), f_2(\boldsymbol{X}), \cdots, f_I(\boldsymbol{X}))^{\mathrm{T}} \\
\text{s. t. } g_j(\boldsymbol{X}) \tilde{\leqslant} b_j (j = 1, 2, \cdots, l) \\
\quad g_j(\boldsymbol{X}) \leqslant b_j (j = l+1, l+2, \cdots, m) \\
\quad h_j(\boldsymbol{X}) \tilde{=} c_j (j = 1, 2, \cdots, n) \\
\quad h_j(\boldsymbol{X}) = c_j (j = n+1, n+2, \cdots, q)
\end{cases}
\tag{8-33}
$$

该模型中既包含模糊不等式、等式约束，又包含非模糊不等式、等式约束。

为求解该模型，首先将式（8-33）中的 I 个目标按重要程度分成 r 组，每组中的目标函数个数分别为 p_1，p_2，…，p_r，$p_1 + p_2 + \cdots + p_r = I$，其中第一组中的 p_1 个目标函数优先级最高，应首先得到满足，这样原多目标模糊优化问题便化为 r 个多目标模糊优化子问题。

第一个模糊优化子问题为

$$
\begin{cases}
\min\limits_{X \in \mathbf{R}^n} F_1(\boldsymbol{X}) = (f_1(\boldsymbol{X}), f_2(\boldsymbol{X}), \cdots, f_{p_1}(\boldsymbol{X}))^{\mathrm{T}} \\
\text{s. t. } g_j(\boldsymbol{X}) \tilde{\leqslant} b_j (j = 1, 2, \cdots, l) \\
\quad g_j(\boldsymbol{X}) \leqslant b_j (j = l+1, l+2, \cdots, m) \\
\quad h_j(\boldsymbol{X}) \tilde{=} c_j (j = 1, 2, \cdots, n) \\
\quad h_j(\boldsymbol{X}) = c_j (j = n+1, n+2, \cdots, q)
\end{cases}
\tag{8-34}
$$

式（8-34）可用下列模型求解

$$
\begin{cases}
\min\limits_{X \in \mathbf{R}^n} \lambda_1 \\
\text{s. t. } \lambda_1 \leqslant \mu_{f_i}(\boldsymbol{X}) (i = 1, 2, \cdots, p_1) \\
\quad \lambda_1 \leqslant \mu_{g_j}(\boldsymbol{X}) (j = 1, 2, \cdots, l) \\
\quad g_j(\boldsymbol{X}) \leqslant b_j (j = l+1, l+2, \cdots, m) \\
\quad \lambda_1 \leqslant \mu_{h_j}(\boldsymbol{X}) (j = 1, , 2, \cdots, n) \\
\quad h_j(\boldsymbol{X}) = c_j (j = n+1, n+2, \cdots, q)
\end{cases}
\tag{8-35}
$$

上述模型共含有原模型式（8-33）中的 p_1 个目标函数，可用前述的普通多目标优化方法求解。

第二个模糊优化子问题与第一个子问题形式类似，只是目标函数为

$$F_2(\boldsymbol{X}) = (f_{p_1+1}(\boldsymbol{X}), f_{p_1+2}(\boldsymbol{X}), \cdots, f_{p_1+p_2}(\boldsymbol{X}))^{\mathrm{T}}$$

约束条件在第一个子问题约束条件的基础上再加上下式：

$$\alpha \mu_{f_i^*} - \mu_{f_i} \leqslant 0 (i = 1, 2, \cdots, p_1)$$

式中，α 为系数，一般取 0.9 ~ 0.95。该系数的大小限制了前面已求得的较重要的目标函数隶属度的取值范围，这样就在求解过程中，使重要目标的隶属度得到保

证，同时优化其他次要目标的隶属度。

第二个模糊优化子问题为

$$\begin{cases}\max\limits_{X\in\mathbf{R}^n}\lambda_2\\ \text{s. t.}\ \ \alpha\mu_{f_i^*}\leqslant\mu_{f_i}(i=1,2,\cdots,p_1)\\ \lambda_2\leqslant\mu_{f_i}(\boldsymbol{X})(i=p_1+1,p_1+2,\cdots,p_1+p_2)\\ \lambda_2\leqslant\mu_{g_j}(\boldsymbol{X})(j=1,2,\cdots,l)\\ g_j(X)\leqslant b_j(j=l+1,l+2,\cdots,m)\\ \lambda_2\leqslant\mu_{h_j}(\boldsymbol{X})(j=1,2,\cdots,n)\\ h_j(\boldsymbol{X})=c_j(j=n+1,n+2,\cdots,q)\end{cases}\tag{8-36}$$

依此类推，直到求解第 r 个子问题，最后得到的模糊最优解即为所求的解。

8.4.4 基于模糊综合评判的多目标优化设计方法

对设计方案优劣进行评判必须要有一定的基础（如设计指标等），而评判结果通常以评语集的形式表示。设评语集 V 中有 p 类评语 v_1，v_2，…，v_p，如很好、好、一般、差、很差等。设计方案 M 的评语 $\tilde{B}(M)$ 用模糊形式可写为

$$\tilde{B}(M)=(b_1,b_2,\cdots,b_p)$$

式中，$b_k(k=1,2,\cdots,p)$ 是对应于评语 $v_k(k=1,2,\cdots,p)$ 的隶属度，且 b_k 表征的是方案 M 隶属于评语 v_k 的程度。如果 $b_k=1$，$b_i=0(i=1,2,\cdots,k-1,k+1,\cdots,p)$，则模糊评判就蜕化为确定性评判 $\tilde{B}(M)=(v_k)$。

在多个目标共存的情况下，决策者对设计方案 M 的评判常用模糊关系矩阵 $\tilde{\boldsymbol{R}}(M)$ 表示，即

$$\tilde{\boldsymbol{R}}(M)=\begin{pmatrix}b_{11}&b_{12}&\cdots&b_{1p}\\ b_{21}&b_{22}&\cdots&b_{2p}\\ \vdots&\vdots&&\vdots\\ b_{l1}&b_{l2}&\cdots&b_{lp}\end{pmatrix}$$

式中，b_{ij} 为设计方案 M 的第 i 个目标对应于第 j 个评语 v_j 的隶属度，且 $b_{ij}\geqslant0$，$\sum\limits_{j=1}^{p}b_{ij}=1$。

引入权重集

$$\tilde{\boldsymbol{W}}=(w_1,w_2,\cdots,w_l)$$

式中，$w_i\geqslant0$，$\sum\limits_{i=1}^{l}w_i=1$。

$\tilde{W}$反映了对诸目标因素的一种权衡。一般地，决策评判集$\tilde{\boldsymbol{J}}$可由模糊关系矩阵$\tilde{\boldsymbol{R}}$与权重集$\tilde{\boldsymbol{W}}$通过模糊变换求得，即

$$\tilde{\boldsymbol{J}} = \tilde{\boldsymbol{W}} \cdot \tilde{\boldsymbol{R}} = \vee [\mu_W \wedge \mu_R] = (j_1, j_2, \cdots, j_p)$$

式中，$\wedge$代表某种合成运算。

在多目标情况下，由于各目标相互制约，一般不存在绝对最优解。决策者追求的是对方案的评价尽可能的优越。在评判集中，方案“优”的隶属度应尽可能地大，而方案“差”的隶属度应尽可能地小。

设方案评语集为$\boldsymbol{V} = (v_1, v_2, \cdots, v_p)$，其中$v_1$为“最理想”，$v_2$为“次理想”，$v_p$为“最不理想”。在$p$维评判空间中定义理想评判集为

$$\tilde{\boldsymbol{J}}^* = (j_1^*, j_2^*, \cdots, j_p^*) = (1, 0, 0, \cdots, 0)$$

与之相应的点称为理想评判点。在评判空间上引进某个模$\|\cdot\|$，并考虑在这个模的意义下实际评判点与理想评判点之间的“距离”，即

$$d(\tilde{\boldsymbol{J}}) = \| \tilde{\boldsymbol{J}} - \tilde{\boldsymbol{J}}^* \|$$

以$d(\tilde{\boldsymbol{J}})$为新的优化目标，求得评判点尽可能接近理想点的解即为原优化问题的解。每一评判点代表着一个评判集，因此$d(\tilde{\boldsymbol{J}})$表示的是两模糊子集之间的“距离”。

两模糊子集$\tilde{A}$、$\tilde{B}$间的距离可采用下列的带权的q——模闵可夫斯基（Minkowski）表示式进行计算。

$$d_M(\tilde{A}, \tilde{B}) = \left[\sum_{i=1}^{p} w'_i |\mu_{\tilde{A}_i} - \mu_{\tilde{B}_i}|^q \right]^{\frac{1}{q}}$$

$$q > 0, w'_i \geqslant 0, \sum_{i=1}^{p} w'_i = 1$$

式中，$\mu_{\tilde{A}_i}$表示模糊子集$\tilde{A}$的第i个隶属度；$\mu_{\tilde{B}_i}$表示模糊子集$\tilde{A}$与$\tilde{B}$的第i个隶属度；w'_i表示第i个隶属度的权重。

当$q=1$时，上式即为带权的汉明距离（Hamming distance）$d_H(\tilde{A}, \tilde{B})$；当$q=2$时，上式即为带权的欧氏距离（Euclid distance）$d_E(\tilde{A}, \tilde{B})$，即

$$d_H(\tilde{A}, \tilde{B}) = \sum_{i=1}^{p} w'_i |\mu_{\tilde{A}_i} - \mu_{\tilde{B}_i}|$$

$$d_E(\tilde{A}, \tilde{B}) = \sqrt{\sum_{i=1}^{p} w'_i (\mu_{\tilde{A}_i} - \mu_{\tilde{B}_i})^2}$$

这样基于模糊综合评判的优化模型可归结为

$$\min_{X\in \mathbf{R}^n}\left[\sum_{i=1}^{p} w'_i \| \tilde{J} - \tilde{J}^* \|^q\right]^{\frac{1}{q}} \tilde{J} - \tilde{J}^*$$

$$\text{s.t. } g_j(\boldsymbol{X})\leqslant 0$$

式中，$\tilde{J}$ 为方案综合评判集隶属度；$\tilde{J}^*$ 为理想评判集隶属度。

8.5 模糊优化设计实例

弹簧是通用机械零件，在一些机器（如内燃机、压缩机）中所用弹簧性能的好坏直接影响到机器的整体性能，而弹簧设计的正确与否是前提条件，本节对弹簧设计引入模糊优化方法。

试设计一内燃机气门弹簧。气门完全开启时，弹簧最大变形量 $\bar{\delta}=16.59\text{mm}$，工作载荷 $F=680\text{N}$，工作频率 $\omega=25\text{Hz}$，最高工作温度150°，材料为50CrVA 钢丝。结构要求为：弹簧丝直径 $2.5\text{mm}\leqslant d\leqslant 10\text{mm}$，弹簧中径 $30\text{mm}\leqslant D_2\leqslant 60\text{mm}$，工作圈数 $3\leqslant n\leqslant 15$，旋绕比 $C\geqslant 6$，质量尽可能少。

1. 设计变量

影响弹簧质量的设计变量为

$$\boldsymbol{X}=(d,D_2,n)^{\mathrm{T}}=(x_1,x_2,x_3)^{\mathrm{T}}$$

2. 目标函数

弹簧质量为

$$W=\frac{\pi}{4}d^2(\pi D_2)(n+n_2)\rho$$

式中，n_2 为弹簧支承圈数，取 $n_2=2$；ρ 为钢丝密度，取 $\rho=7.8\times10^3\ \text{kg/m}^3$。

代入 n_2、ρ 值，并引入设计变量 x_1，x_2，x_3，整理后可得目标函数为

$$f(\boldsymbol{X})=1.925\times10^{-5}x_1^2x_2(x_3+2)$$

3. 约束条件

考虑到许用应力、高径比、旋绕比及设计变量的界限均存在有从完全许用到完全不许用的过渡区间，都应视作设计空间的模糊子集，这样得约束条件如下。

（1）强度条件

$$\tau=\frac{8k_1FD_2}{\pi d^3}\tilde{\leqslant}[\tau]$$

式中，k_1 为曲度系数，当 $C=\dfrac{D_2}{d}=4\sim9$ 时，经曲线拟合得 $k_1=1.95C^{-0.244}$；$[\tau]$ 为弹簧丝许用切应力，常规下 $[\tau]=\dfrac{\tau_0}{1.3}\times1.1=405\text{MPa}$。

（2）稳定性条件

$$H_0/D_2 \tilde{\leqslant} \bar{b}$$

式中，H_0 为弹簧自由高度，$H_0=(n+n_2-0.5d)+1.1\delta$；$\bar{b}$ 为高径比，常规下弹簧两端均为固定端时，$\bar{b}=5.3$。

（3）无共振条件（弹簧两端均为固定端时）

$$3.56\times10^5\times\frac{d}{(n+n_2)D_2^2}\tilde{\geqslant}10\,\underline{\omega}$$

式中，$\underline{\omega}$为工作频率，$\underline{\omega}=25\text{Hz}$。

（4）刚度条件

$$\frac{8FD_2^3n}{Gd^4}\tilde{\leqslant}\bar{\delta}$$

式中，G 为弹簧丝材料切变模量，对 50CrVA，$G=80000\text{MPa}$；$\bar{\delta}=16.59\text{mm}$。

$$\underline{C}\tilde{\leqslant}C=\frac{D_2}{d}\tilde{\leqslant}\bar{C}$$

式中，C 为旋绕比，常规下取 $4\leqslant C\leqslant16$，按题目要求，$C\geqslant6$ 时，取 $\underline{C}=6$，$\bar{C}=16$。

（5）设计变量取值界限

$$\underline{d}\leqslant d\leqslant\bar{d},\ \underline{D}_2\leqslant D_2\leqslant\bar{D}_2,\ \underline{n}\leqslant n\leqslant\bar{n}$$

式中，$\underline{d}=2.5\text{mm}$，$\bar{d}=10\text{mm}$；$\underline{D}_2=30\text{mm}$，$\bar{D}_2=60\text{mm}$；$\underline{n}=3$，$\bar{n}=15$（题目要求的值）。

4. 优化结果

采用最优化水平截集法求解，当转化为常规优化模型后，用约束变尺度法上机求解，其模糊优化结果为

$$\boldsymbol{X}^*=(5.221,28.886,2.724)^{\mathrm{T}},\ f(\boldsymbol{X}^*)=0.07126$$

按标准处理弹簧各参数后得

$$d=6\text{mm},\ D_2=35\text{mm},\ n=2.75,\ W=0.115\text{kg}$$

第 9 章　优化设计软件简介

9.1　ISIGHT 优化设计简介及实例

9.1.1　ISIGHT 优化设计简介

任何一项产品的开发、生产都是多领域知识综合、多方面需求协调的结果，对复杂产品来说更是如此。基于多方面知识的支持及满足多方面需求的设计称为多学科设计。因此，多学科有两方面的含义：其一是指设计产品所需知识所属的知识领域；其二是指产品需满足的各种性能。例如，汽车设计需要机构学、固体力学、材料学、流体力学、电工电子等学科的知识，同时在性能方面有燃油消耗、寿命、安全性等方面的要求。从这一角度来说，多学科设计思想由来已久，它体现在任何一项产品的设计过程中。然而根据传统的设计思想，不易实现多学科相互影响、相互制约下产品有效的并行协同优化设计，因此人们提出了多学科设计优化的思想（Multidisciplinary Design Optimization，MDO）。要实现多学科设计优化的任务，首先要有一个集成化的设计环境，目前已有多种集成设计优化软件，其中美国 Engenious 公司开发的 ISIGHT 软件应用较广。除 ISIGHT 这样的集成设计优化软件外，一些商业软件如 ANSYS、IDEAS 等也具有多学科分析优化的功能，但这些软件基本上都是按顺序的方式进行工作。ISIGHT 的运行流程如图 9-1 所示。

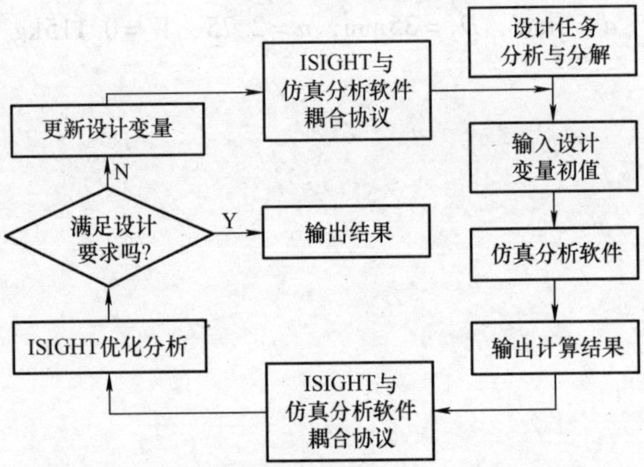

图 9-1　ISIGHT 集成设计优化工作流程

ISIGHT 最早是由美籍华人唐兆成（Siu Tong）在 20 世纪 80 年代左右提出并领

导开发完成的，经过这些年的发展已经成为同类软件中的佼佼者。ISIGHT 自身并不会进行计算，但是它通过相应的方法调用其他软件（如 ABAQUS、ANSYS 等）进行计算；ISIGHT 是一种过程集成、优化设计和稳健性设计的软件，可以将数字技术、推理技术和设计探索技术有效融合，并把大量的需要人工完成的工作由软件实现自动化处理，好似一个软件机器人在代替工程设计人员进行重复性的、易出错的数字处理和设计处理工作，ISIGHT 软件可以集成仿真代码并提供设计智能支持，从而对多个设计可选方案进行评估、研究，大大缩短了产品的设计周期。

自 2003 年正式成立进入中国市场以来，ISIGHT 迅速获得了国内航空、航天、船舶、汽车、电子、兵器、高校等领先的研究部门认可，以下简要介绍 ISIGHT 设计流程。

下面通过 ISIGHT 集成 C 语言，如何使用 ISIGHT 软件完成优化设计任务。其主要步骤如下。

1. 编写目标函数及状态变量计算程序

编写文本文件作为 ISIGHT 输出输入数据流。ISIGHT 通过对这两个文件进行解析，建立 ISIGHT 与应用程序数据流传输协议，实现数据传输。应用程序需预先调试通过。

2. 启动 ISIGHT 软件建立一个新的设计任务

进入主界面。该界面控制 ISIGHT 的整个工作流程，包括：①集成应用仿真软件或程序（Integrate）；②设置优化模型参数（Parameters），这一操作的目的是设定目标函数，告诉 ISIGHT 是求目标函数最大值还是最小值，设定设计变量初值及上、下限，设置状态变量约束；③设置优化策略；④设置数据库文件（Database）；⑤设置执行过程数据监视（Monitor）；⑥执行设计任务（Execute）；⑦分析计算结果。

3. 集成应用仿真软件或程序

通过单击 Integrate 按钮进入集成应用仿真软件或程序界面。单击工具栏上的 Simcode 按钮，调出集成应用程序导航菜单及模块集成工作区，单击菜单栏 Simcode( ) 节点下 Program( ) 菜单项左边的属性按钮，在模块工作区出现输入、输出、程序 3 个模块，在每一模块左边有对应的属性按钮及进入输入、输出文件解析界面的按钮。首先单击应用程序 Program（ ）左边的文件属性按钮，进入导入应用程序界面，按要求的路径输入应用程序名后，再返回集成环境界面。接着导入数据输入文件。ISIGHT 并不是将更新后的设计变量值直接写入应用程序的输入文件，而是写入中间模板文件，因此在导入数据输入文件时还要给出数据输入中间模板文件，该文件可直接通过复制输入文件并更名建立。然后单击输入文件模块左边的输入内容按钮，进入输入文件解析界面。

文件解析界面工作区显示输入文件中的内容，并有一红色光标出现在字符串的左端，高亮选中该字符串及冒号后的空格，自动进入查找字符串界面，确认字符串文本框内的文字后再返回本界面。接着单击替换按钮，进入用设计变量名替换选中字符串界面，完成后按确认键，返回本界面。在动作列表区显示执行的命令。文件解析命令告诉 ISIGHT 更新数据文件，光标如何移动，数据传给哪个变量。如果有多个设计变量，则重复这样的操作。输出文件的导入与文件解析和对输入文件的操作类似。

4. 设置优化模型参数

完成第 3 步的操作后，保存相应的设置，返回主界面。单击参数设置按钮，进入优化模型参数设置界面。按设计要求确定目标函数，并说明是求最大值还是求最小值；设置设计变量初值、状态变量约束条件。

5. 选择优化策略

ISIGHT 有多种优化算法可供用户选择。为了便于用户选择，ISIGHT 软件能够根据用户设置的优化模型参数为用户推荐优化算法，供用户参考，用户也可将其作为选定的优化算法，这里用其推荐的算法。

6. 设置数据库文件

7. 设置运行过程监视方式

8. 执行设计任务

单击执行按钮后，迭代过程的有关变量值在预先设置的监视界面中显示。

运行结束后可在参数界面、运行监视界面查看和分析计算结果。

9.1.2 ISIGHT 优化设计实例

例 9-1 一个农夫用周长为 100m 的篱笆来围一块矩形菜地，试问长和宽为多少时所围菜地面积最大?

解：(1) 启动 ISIGHT 并插入一计算器

单击集成按钮进入集成开发环境，单击图中标示处插入计算器，如图 9-2 所示。

图 9-2 集成开发界面

（2）编写计算公式

单击图 9-3 中的任一标示处。

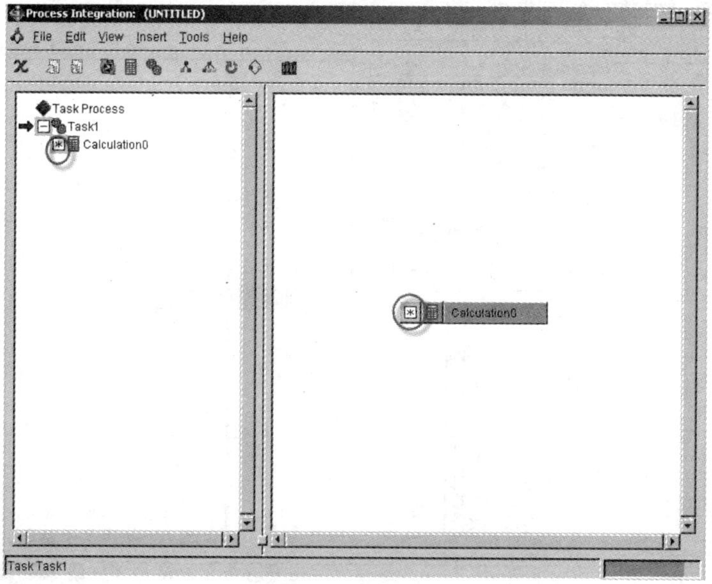

图 9-3　计算器界面

弹出的界面内编写计算公式如图 9-4 所示。

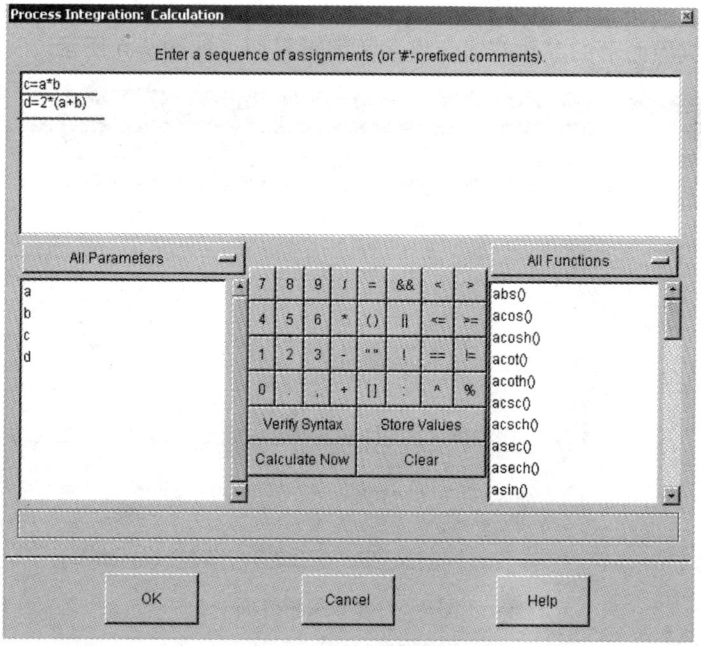

图 9-4　编写计算公式

单击确定，可以看到集成环境下界面多了输入输出数据流如图 9-5 所示。

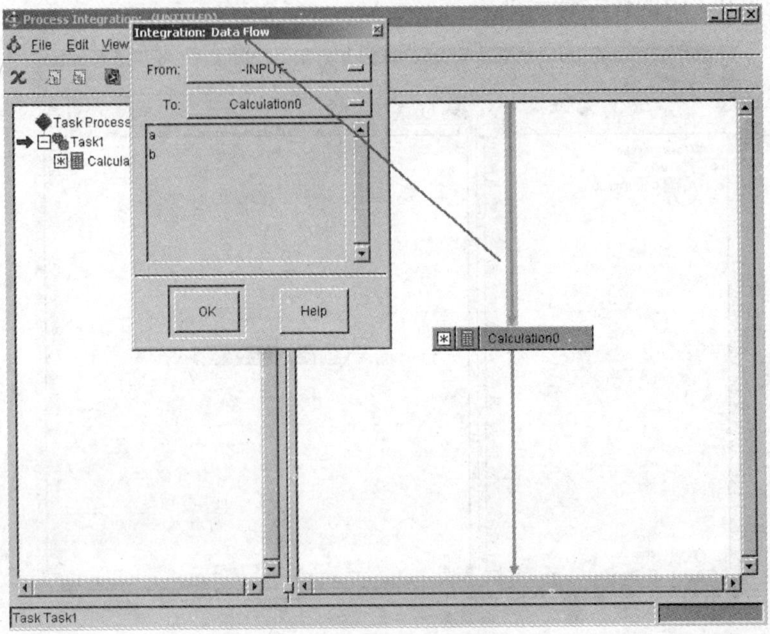

图 9-5　输入输出数据流

双击选定数据线可以看到输入参数和输出参数。

（3）编辑参数

单击集成界面下的参数按钮弹出参数编辑界面，如图 9-6 所示。

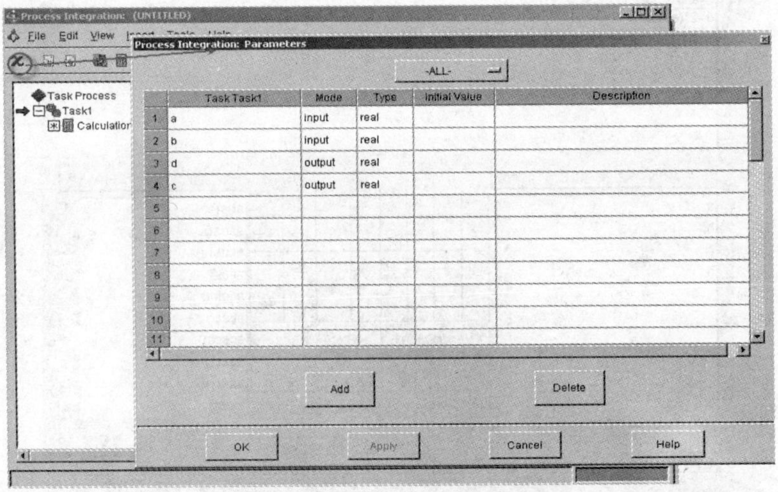

图 9-6　参数编辑界面

可以对参数进行编辑，鼠标左键单击对应的表格就可以更改参数 Mode、Type 等。

（4）保存文件

弹出如图 9-7 所示对话框，单击“Save（need）”，再在随后弹出的类似于 word 文件存储的对话框中，选择存储路径、定义文件名、保存文件，然后关闭集成开发界面，进入 ISICHT 主界面。

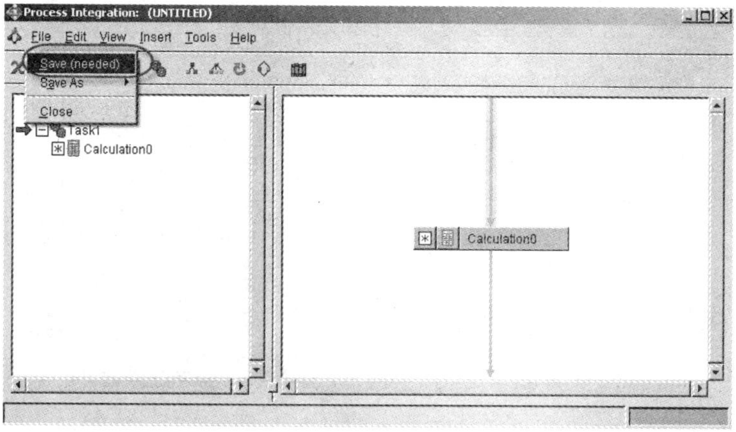

图 9-7　计算器保存界面

（5）定义约束和目标参数

单击主界面的参数按钮弹出参数编辑界面，定义参数和约束如图 9-8 所示。

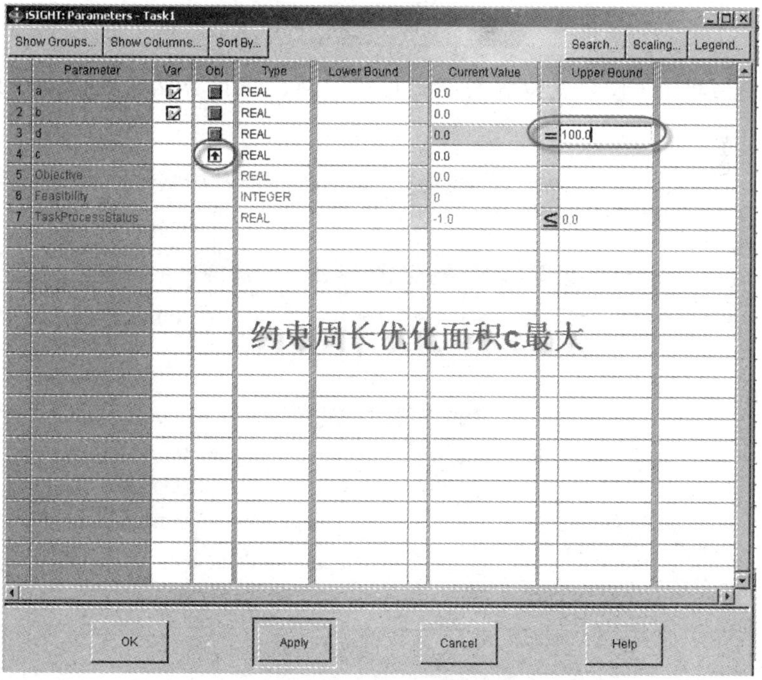

图 9-8　定义参数约束

（6）选择优化算法

单击主界面的标示图标弹出算法定义对话框选择优化算法，如图 9-9 所示，默认情况下 ISIGHT 会自动选择算法。

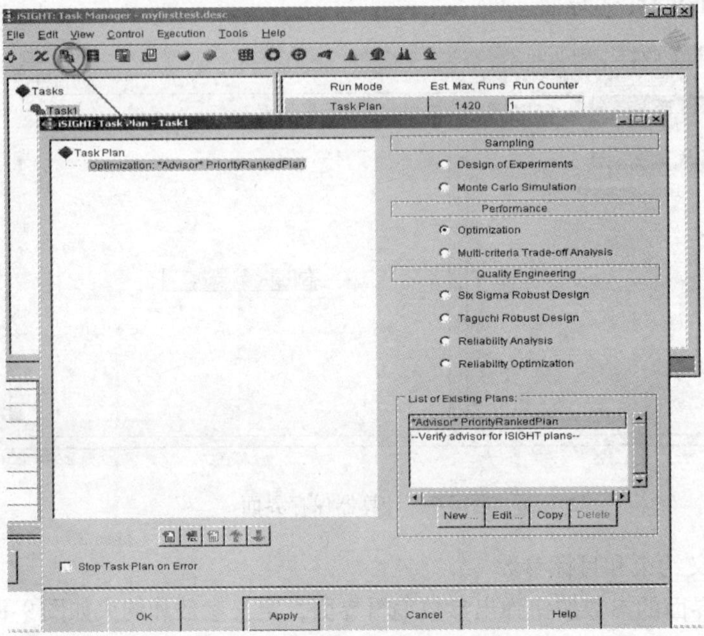

图 9-9 优化算法对话框

可以直接单击 OK 接受默认算法，也可以自己选择算法，具体操作如图 9-10 所示。

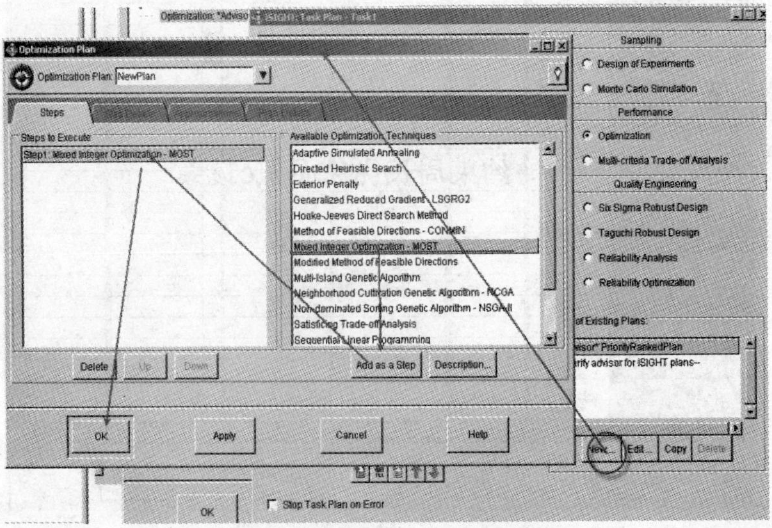

图 9-10 自己定义优化算法

（7）设置输出显示

设置输出显示，如图 9-11 所示。

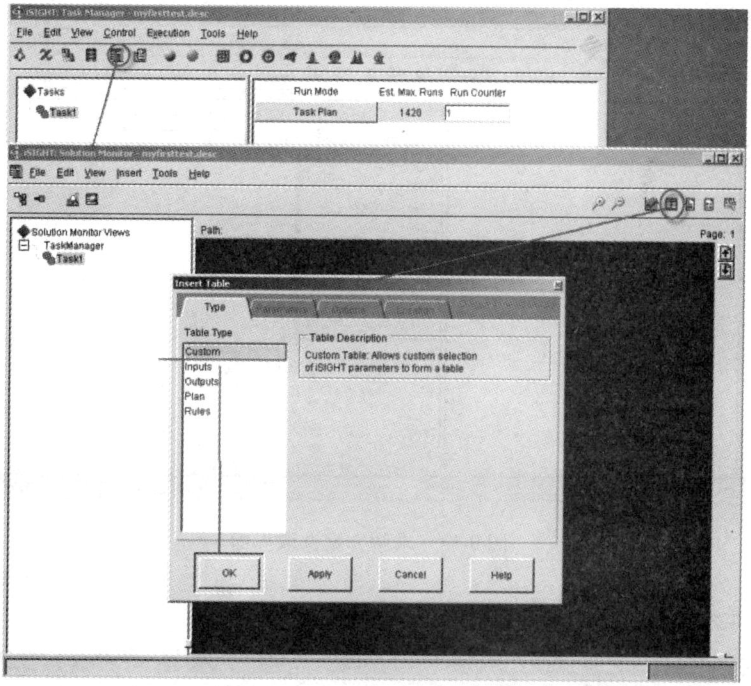

图 9-11　设置输出显示界面

单击 OK 弹出如图 9-12 所示界面。

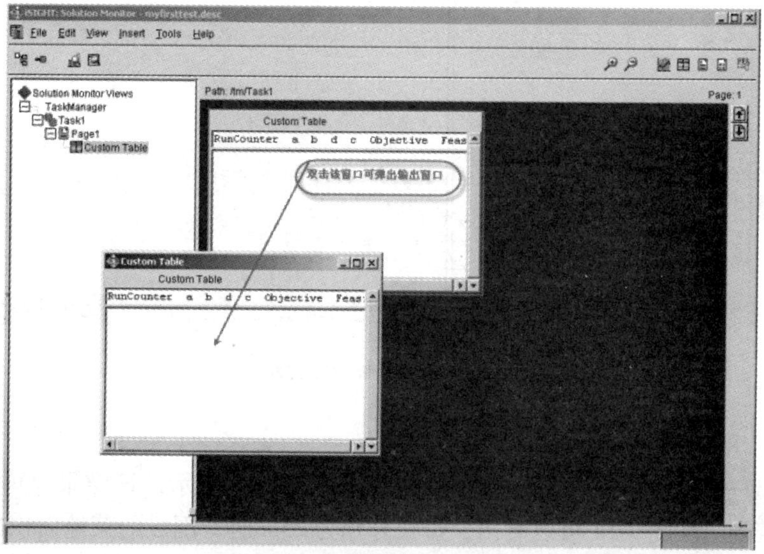

图 9-12　输出显示界面

（8）求解

鼠标左键弹出图9-13所示标示可以选择求解方案。

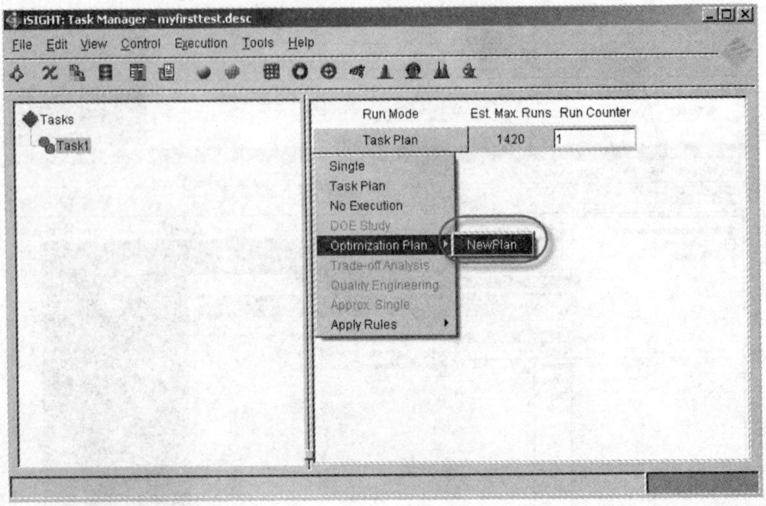

图9-13 求解方案选取界面

单击主界面图9-14计算按钮进行求解。

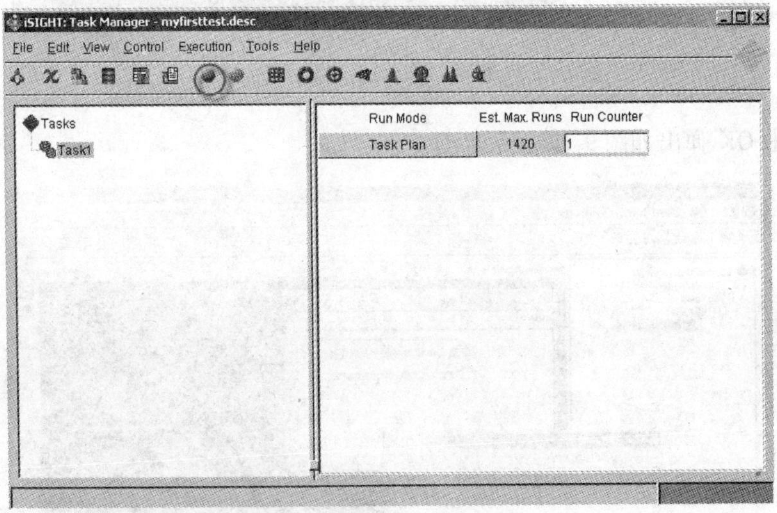

图9-14 求解按钮标示

（9）求解结果显示

弹出一个对话框显示最优解的相关信息如图9-15所示，该结果也可以在结果文件内查到。从图9-14可以看出，边长分别为25m时，围成的菜地面积最大。

（10）保存关闭ISIGHT

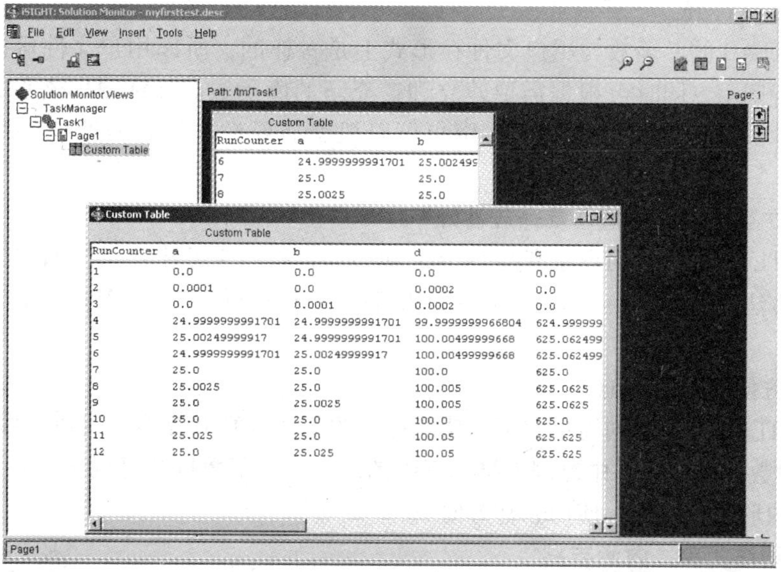

图 9-15　结果显示

9.2　MATLAB 优化设计简介

MATLAB 是一种面向科学与工程计算，被广泛用于自动控制、机械设计、流体力学和数理统计等工程应用领域的编程计算工具软件。MATLAB 名字由 matrix 和 laboratory 两词的前三个字母组合而成，意为矩阵实验室。MATLAB 专门以矩阵形式来处理数据，它将计算和可视化集成到一个灵活的计算机环境中，并提供了大量的内置函数，可以在广泛的工程问题中直接使用这些函数，尤其是在优化设计中具有编程简单、可用内置函数多、概念明确等特点。

9.2.1　主要特点

1. 编程容易，效率高

MATLAB 包含丰富的可供直接调用的库函数，避免了对大量算法的重复编程；并且允许用户使用接近“数学形式”的语言编写程序，被誉为高级“数学演算纸和图形显示器”的科学算法语言。和其他编程语言相比，其编程工作量少、效率高。

2. 调试方便

MATLAB 是一种解释执行性语言，它将其他语言使用过程的编辑、编译、连接、执行和调试等步骤融为一体，并且在同一个窗口上处理程序中可能出现的语法错误或逻辑错误，因此程序调试比 VB 更加简单方便。

3. 扩充性好

MATLAB 的库函数与用户文件在形式上是一样的，所以用户文件可以作为库函数进行调用，同时可根据需要建立和扩充新的库函数。MATLAB 核心文件和工具箱文件都是可读写的源文件，用户可以根据需要对其进行修改或编制新的工具箱。

4. 交互性、可移植性及开放性好

MATLAB 可以对用户原有的 Fortran 和 C 语言程序通过建立 M 文件形式的混合编程的方法进行调用；在 Fortran 和 C 语言中也可以方便地使用 MATLAB 的数值计算功能。

5. 方便的绘图功能

MATLAB 有一系列简单明了、功能齐全的绘图函数和命令，可以在线性坐标、(半) 对数及极坐标系中绘制二维和三维图形，实现了数据的可视化，并且可以方便地对图形进行注释，使用非常方便。

6. 语法简单，内涵丰富

MATLAB 语言中最重要的部分是函数，其库函数功能丰富，大大减小了需要的磁盘空间，使得 MATLAB 编写的 M 文件简单、短小而高效。

7. 高效、方便的矩阵和数组运算

MATLAB 可以像 C 语言等高级语言一样进行矩阵的算术、关系、逻辑、条件及赋值运算。另外，不用预先定义数组的维数并给出矩阵函数、特殊矩阵专门的库函数，从而在系统辨识、系统仿真、信号处理、控制及优化等领域的应用显得简捷、高效、方便，这是其他高级语言所不能比拟的。

9.2.2 MATLAB 程序设计流程简介

M 文件分脚本文件和函数文件两种。脚本文件一般用来实现相对独立的功能或作为主函数，而函数文件则实现特定的函数功能，可以有参数的传递，函数文件有独立的内部变量空间，在函数调用结束后内部变量空间将释放。函数文件的编制有利于提高程序的可读性、稳定性，减少程序间变量的相互干扰。注意在函数的命名规则上有字母、数字和下画线三种合法的字符，首字母必须为字母。

在文件的结构上，函数文件需要采用 function 进行声明。

M 文件的结构主要还是根据需要，合理地设计三大结构（顺序、选择、循环）的组合。

选择结构有 if、else、esleif、end；switch、case、otherwise 等关键词。

循环结构有 for、end 结构和 while、end 结构，以及 continue、break 等控制语句。

注意：MATLAB 语言是注释性语言，在编程的过程中要及时调试、保存并对程序进行合理注释，变量的命名做到见名知意，对于调试过程中的出错信息要认真研读并改正。M 文件相互调用前应将各文件保存在同一路径下，注意虚参的传递顺序要相同。

9.2.3　MATLAB 优化工具箱简介

MATLAB 6.5 的优化工具箱（optimization toolbox）中含有一系列优化算法函数，可以用于解决以下工程实际问题：求解无约束条件非线性极小值；求解约束条件非线性极小值，包括目标逼近问题、极大极小值问题、半无限极小值问题；求解线性规划和二次规划问题；非线性最小二乘逼近和曲线拟合；非线性方程求解；约束条件下的线性最小二乘优化；求解复杂结构的大规模优化问题。MATLAB 常用的工具箱函数见表 9-1。

表 9-1　MATLAB 常用的工具箱函数

问题分类	函　数
线性规划	linprog
多变量优化	fminunc fminsearch
曲线拟合	lsqcurvefit
最小二乘法	lsqnonlin
单变量优化	fiminbnd
多变量优化	fmincon
二次项优化	quadprog
半无穷优化	fseminf
多目标优化	fminimax fgoalattain

优化工具箱的一般使用步骤如下：首先，根据实际文件建立最优化问题的数学模型，确定变量，列出约束条件和目标函数。其次，对建立的模型进行具体分析和研究，选择合适的优化求解方法。最后，根据优化方法的算法，列出程序框图，选择优化函数和编写程序并求解。实际使用时请参看 MATLAB 帮助文件。

9.2.4　MATLAB 优化设计实例

例 9-2　有 A、B 两种产品，A 产品在第一车间的加工时间为 0.8h，在第二车间的加工时间为 1.2h；B 产品在第一车间的加工时间为 1.4h，在第二车间的加工时间为 0.6h。两个车间每月有 200h 的时间可供加工产品 A、B，B 产品的市场需求为 150 件/月，假定每件 A、B 产品的利润分别为 4 元和 5 元，求利润最大时 A、B 产品的月产量。

解：假定 A 产品的月产量为 x_1，B 产品的月产量为 x_2，则目标函数和约束条

件为

$$\min \quad f(x_1,x_2) = -4x_1 - 5x_2$$
$$\text{s. t.} \quad 0.8x_1 + 1.2x_2 \leqslant 200$$
$$1.4x_1 + 0.6x_2 \leqslant 200$$
$$x_2 \leqslant 150$$
$$x_1, x_2 \geqslant 0$$

所以 $\nabla f = [-4, -5]$

不等式约束关系可表示为

$$\begin{pmatrix} 0.8 & 1.2 \\ 1.4 & 0.6 \\ 0 & 1 \end{pmatrix} \begin{pmatrix} x_1 \\ x_2 \end{pmatrix} \leqslant \begin{pmatrix} 200 \\ 200 \\ 150 \end{pmatrix}$$

程序清单如下：

```
f=[-4,-5]
A=[0.8,1.2;1.4,0.6;0,1];
B=[200,200,150]
LBnd=[0,0];
x=linprog(f,A,B,[],[],LBnd,[])
```

程序执行的结果是 A 产品的月产量为 100 件，B 产品的月产量为 100 件。

9.3 ANSYS Workbench 优化设计简介

ANSYS 提供了两种优化的方法，这两种方法可以处理绝大多数的优化问题。零阶方法是一个很完善的处理方法，可以很有效地处理大多数的工程问题。一阶方法基于目标函数对设计变量的敏感程度，因此更加适合于精确的优化分析。

对于这两种方法，ANSYS 提供了一系列的分析—评估—修正的循环过程。就是对于初始设计进行分析，对分析结果就设计要求进行评估，然后修正设计。这一循环过程重复进行直到所有的设计要求都满足为止。除了这两种优化方法，ANSYS 还提供了一系列的优化工具以提高优化过程的效率。例如，随机优化分析的迭代次数是可以指定的。随机计算结果的初始值可以作为优化过程的起点数值。

ANSYS Workbench 可以用 Design Explorer 来实现产品性能的快速优化，本节就简单介绍 Design Explorer 优化设计基础。

9.3.1 Design Explorer 基础

Design Explorer 主要帮助设计人员在产品设计和使用前确定哪些不确定因素对产品零部件究竟有多大的影响，而且能确定如何才能更好地提高产品的可靠性，在

Workbench 中所有这些任务都是利用响应面来完成的。用户使用参数是 Design Explorer 的基本语言，而各类参数可以来自 Mechanical，DesignModeler 和不同的 CAD 系统。下面简单介绍 Design Explorer 的基本功能。

1. 定义参数

Design Explorer 中共有三类参数：

(1) 输入参数（Input Parameters）　输入参数可以从几何体、载荷或材料的属性中设定。如可以在 CAD 系统或 DesignModeler 中定义厚度、长度等作为 Design Explorer 中输入参数，也可以在 Mechanical 中定义压力、力或材料的属性作为输入参数。

(2) 输出参数（Output Parameters）　典型的输出参数有体积、质量、频率、应力、热流、临界屈曲值、速度和质量流等输出值。

(3) 导出参数（Derived Parameters）　导出参数是指不能直接得到的参数，所以导出参数可以是输入和输出参数的组合值，也可以是各种函数表达式等。

2. 优化方法设定

Design Explorer 中进行优化设计分析是通过面（线）响应来完成的，其支持方法是实验数据法（The Design of Experiment method），简称 DOE 法，一旦运算结束，响应面（线）的曲面（线）的拟合点就是通过设计点来完成的。

3. Design Explorer 的特征

Design Explorer 作为 ANSYS WORKBENCH 中的快速优化工具，我们从上面的内容知道实际上它是通过设计点（可以增加设计点）的参数来研究输出或导出参数的，但因一般输入设计点是有限的，所以也是通过有限个设计点拟合成响应曲面（线）来研究的，其中包括：

(1) 目标驱动优化（Goal—Driven Optimization）　简称 GDO。实际上它是一种多目标优化技术，是从给出的一组样本中来得到一个“最佳”的结果。其一系列的设计目标都可用于优化设计。

(2) 相关参数（Parameter Correlation）　这用于得到输入参数的敏感性，也就是说可以得出某一输入参数对相应曲面的影响究竟是大还是小。

(3) 响应曲面（Response Surface）　这主要用于能直观地观察到输入参数的影响，图表形式能动态地显示输入与输出参数间的关系。

(4) 6σ 设计（six sigma）　这主要用于评估产品的可靠性概率，其技术上是基于 6 个标准误差理论。判断产品是否符合达到 6σ 标准。

4. Design Explorer 的特点

作为快速优化工具，Design Explorer 有很多特点，主要有：

各种类型的分析均可被研究，如可以对线性、非线性、模态、温度、流体、电磁、多物理场等进行优化；

Design Explorer 支持本机上不同 CAD 系统中的参数，这一点对熟悉在 CAD 软件中进行参数化建模的用户带来了很大的方便；

支持 Mechanical 中的参数，在 ANSYS Workbench 中的许多仿真都是在 Mechanical 中进行的，而 Design Explorer 能直接使用 Mechanical 中的参数；

利用目标驱动优化技术就能创建一组最佳的设计点，还能观察响应曲线和响应曲面的关系；

可以方便地进行 6σ 设计，还支持从 APDL 语言中定义的参数。

一个典型 ANSYS Workbench 的优化过程通常需要经过参数化建模、后处理求解、优化参数评价、优化循环、设计变量状态修正等步骤来完成，其数值优化的流程如图 9-16 所示。

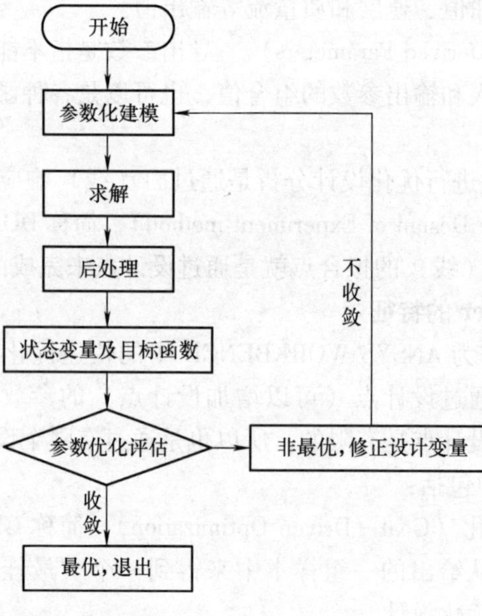

图 9-16　典型的 ANSYS Workbench 优化过程

9.3.2　ANSYS Workbench 拓扑优化设计简介及实例

拓扑优化是指形状优化，有时也称为外形优化。拓扑优化的目标是寻找承受单载荷或多载荷的物体的最佳材料分配方案。这种方案在拓扑优化中表现为“最大刚度”设计。

本节对一支架原始模型进行了形状拓扑优化计算，目的是在确保其承载能力的基础上减重 40%，分析使用的软件针对普通设计工程师的快速分析工具 Design Explorer，该软件具有使用方便、快捷，不需要具备有限元基本知识的特点。利用 DesignExplorer 的拓扑优化功能，得到了支架模型在承受固定载荷下，以减小的材料重量为状态变量，保证结构刚度最大的拓扑形状，为后期的详细设计提供了依据。为了节省时间和提高运算速度，计算中把一些不影响精度的特征去掉，所使用的可以进行拓扑优化的原始几何模型如图 9-17 所示。

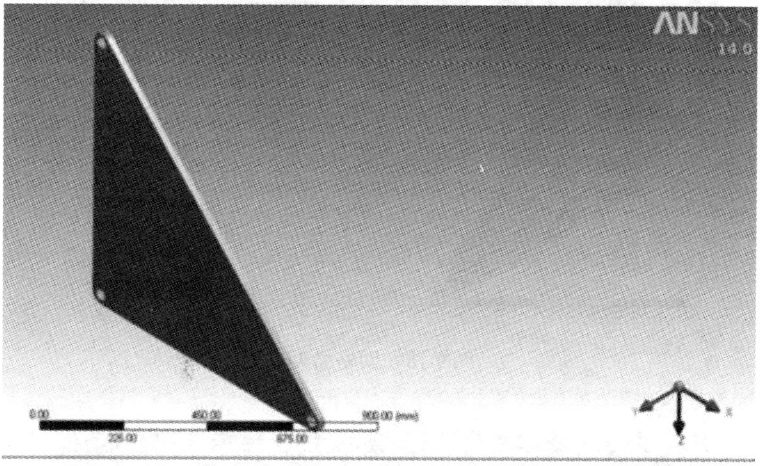

图 9-17　几何模型

DesignExplorer 定义拓扑优化问题同定义其他线弹性结构问题做法一样。需要定义材料特性（弹性模量和泊松比，也许还有材料密度），选择拓扑优化合适的单元类型，生成有限元模型，并根据特定的拓扑优化问题需要的判据，进行施加载荷和边界条件做单载荷或多载荷线性结构静力分析，或者施加边界条件做模态分析。本例做支架的结构静力分析。其具体的分析过程如下。

（1）选择分析类型。选择拓扑优化分析 ShapeOptimization。

（2）导入 PROE 软件创建的几何模型。

（3）添加材料信息。支架材料为 ANSYS Workbench 默认材料结构钢 structural Steel。

（4）设定网格划分参数并进行网格划分。

1）选择 Mesh，右击，选择网格尺寸命令 Sizing。

2）在 Sizing 的属性菜单中，选择整个支架，并指定网格尺寸为 20 mm。

3）选择 Mesh，右击，选择网格尺寸命令 Method。

4）在 Method 的属性菜单中，选择整个支架，并指定剖分方法为四面体单元 Tetrahedrons，网格模型如图 9-18 所示。

（5）施加载荷以及约束。

1）选择 Supports-Fixed Support。

2）在支架模型中选择支撑端两孔面，施加固定约束，如图 9-19 所示。

3）在支架模型自由端孔上施加力载荷，选择 Loads-Force，力的方向和大小为 X = 10 N，Y = 5 N，如图 9-20 所示。

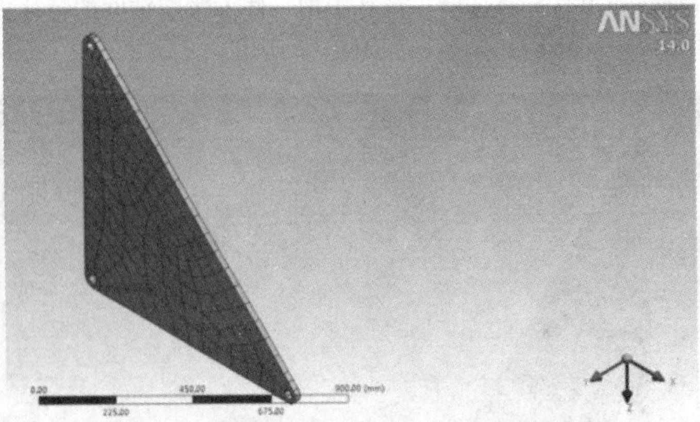

图 9-18　网格模型

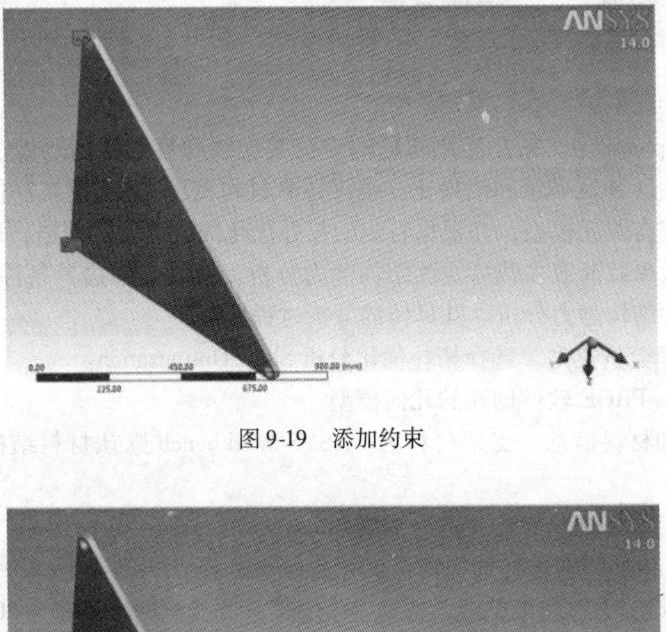

图 9-19　添加约束

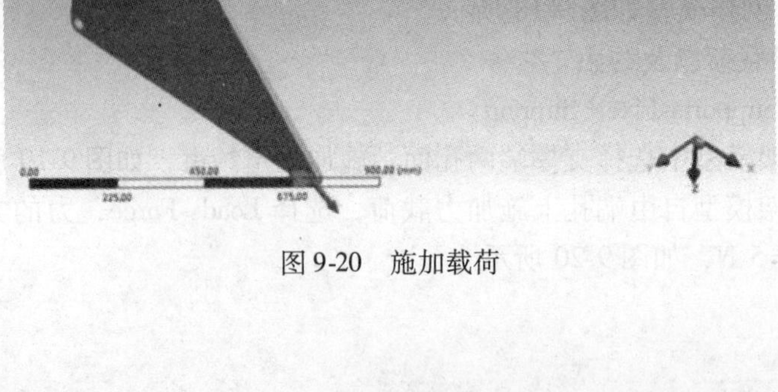

图 9-20　施加载荷

（6）设定求解（结果）参数，即设定要求解何种问题、哪些物理量。

1）激活 Solution，右击，在弹出菜单中选择 Insert-Shape Finder。

2）在 Shape Finder 属性菜单中，定义拓扑优化目标 Target Reduction 为 40%，如图 9-21 所示。

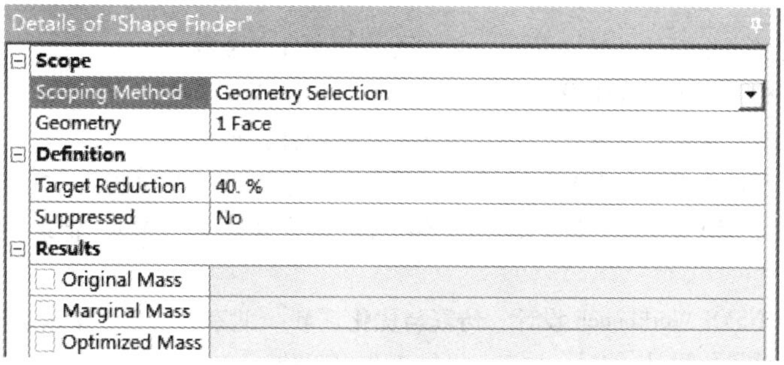

图 9-21　设置拓扑优化目标

（7）单击 Solve，得到的支架优化结果如图 9-22 所示。

从图 9-22 中可以看到，①区域为建议保留部分，②区域为建议挖去部分。在得到拓扑优化的计算结果后，可以回到 DesignModeler 几何建模中，新生成几何模型，再加载载荷工况，对优化结果进行检验。

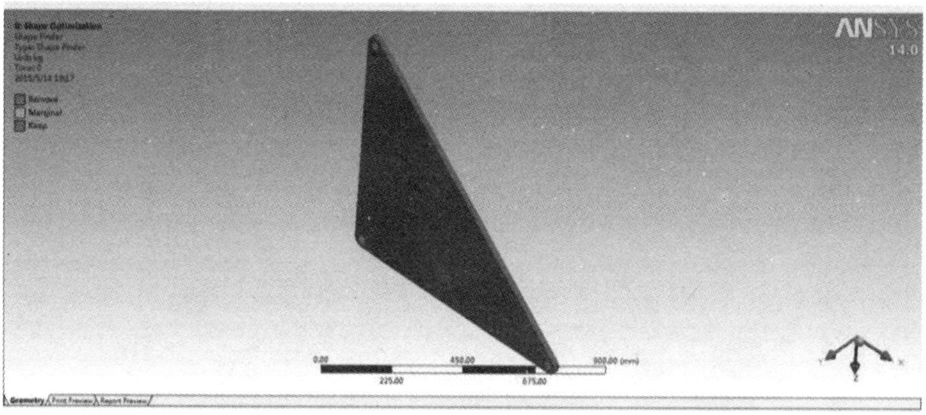

图 9-22　优化结果

参考文献

[1] 陈秀宁. 机械优化设计 [M]. 杭州：浙江大学出版社，1999.

[2] 方世杰，綦耀光. 机械优化设计 [M]. 北京：机械工业出版社，2003.

[3] 王科社. 机械优化设计 [M]. 北京：国防工业出版社，2007.

[4] 李万祥. 工程优化设计与 MATLAB 实现 [M]. 北京：清华大学出版社，2010.

[5] 史丽晨. 基于 MATLAB 和 Pro/ENGINEER 的机械优化设计 [M]. 北京：国防工业出版社，2011.

[6] 李兵，等. ANSYS Workbench 设计、仿真与优化 [M]. 北京：清华大学出版社，2011.

[7] 孙靖民. 机械优化设计 [M]. 北京：机械工业出版社，2012.

[8] 孙权颖. 机械优化设计 [M]. 哈尔滨：哈尔滨工业大学出版社，2012.

[9] 赖宇阳. ISIGHT 参数优化理论与实例详解 [M]. 北京：北京航空航天大学出版社，2012.

[10] 黄志新，刘成柱. ANSYSworkbench 14.0 超级学习手册 [M]. 北京：人民邮电出版社，2014.